水煤浆气化渣复配改土机理及农业资源化应用

刘　虎　赵　举　刘忠义　尹春艳　等著

地质出版社

·北　京·

内 容 提 要

本书是以内蒙古自治区鄂尔多斯市中西部地区煤气化工业生产中产生的固废水煤浆气化渣大量堆积尚无合理的开发利用途径为背景，主要依据内蒙古自治区中西部地区水煤浆气化渣复配改土机理及农业资源化应用技术等方面的试验研究成果编写而成的。本书主要内容包括综述、研究区概况与材料基本性状、研究方案与试验方法、气化渣改良土壤可行性分析、气化渣复配土的保水保肥特性、气化渣复配土的作物室内生长适应性、气化渣复配土的大田作物选育及生长适应性、施加气化渣对环境与生态的影响、结论与展望等。

本书可供从事煤化工残渣处理、土壤改良增效、作物栽培管理等领域的工程技术人员、科研人员和管理人员参考，也可供高等院校相关专业师生参阅。

图书在版编目（CIP）数据

水煤浆气化渣复配改土机理及农业资源化应用 / 刘虎等著. —北京: 地质出版社, 2022.12

ISBN 978-7-116-13466-9

Ⅰ. ①水… Ⅱ. ①刘… Ⅲ. ①水煤浆－煤气化－废物处理－应用－土壤改良－研究 Ⅳ. ①X752②S156.99

中国版本图书馆 CIP 数据核字（2022）第 216660 号

SHUIMEIJIANG QIHUAZHA FUPEI GAITU JILI JI NONGYE ZIYUANHUA YINGYONG

责任编辑：肖莹莹　蔡卫东　赵俊磊
责任校对：关风云
出版发行：地质出版社
社址邮编：北京市海淀区学院路 31 号，100083
电　　话：（010）66554528（邮购部）；（010）66554628（编辑室）
网　　址：https://www.gph.clmpg.com
传　　真：（010）66554686
印　　刷：北京地大彩印有限公司
开　　本：787mm × 1092mm 1/16
印　　张：9.75
字　　数：220 千字
版　　次：2022 年 12 月北京第 1 版
印　　次：2022 年 12 月北京第 1 次印刷
定　　价：60.00 元
书　　号：ISBN 978-7-116-13466-9

前　　言

近年来，煤气化技术在我国大规模推广，现代煤化工企业在生产过程中产生的大量水煤浆气化渣导致煤气化渣的堆存量逐年增加，如果以传统处理方式（多为堆放和填埋）进行处理，会造成严重的环境污染和土地资源浪费，会对当地的生态环境和经济发展造成严重的制约。随着国家固体废物源头减量和资源化利用政策的提出，如何对煤气化渣进行处理和开发利用已经成为热点问题。

基于上述背景，本研究采取因地制宜、以废治废的试验方案，将废弃的水煤浆气化渣作为盐碱土、风沙土和酸土等劣质土壤的改良材料，与盐碱土、风沙土和酸土分别按照一定配方混合，并通过室内试验与大田试验对水煤浆气化渣复配土的土壤理化性质、保水性能和不同作物生长、产量状况等方面进行研究，探究水煤浆气化渣对盐碱土、风沙土和酸土等劣质土壤的改良效果。

本书第 1 章概述了水煤浆气化渣的成因和对环境的影响、农业资源化应用的背景意义，以及本研究的具体内容。第 2 章介绍了研究区的选择依据、概况，以及气化渣和供试劣质土壤的理化性状等。第 3 章系统地阐述了研究方案和试验方法。第 4 章从水煤浆气化渣的基本性状、扫描电镜结果、重金属含量的角度，并结合淋溶试验结果，分析了气化渣改良土壤的可行性。第 5 章从不同配方气化渣复配土的容重、粒径组成、质地、孔隙度、水分常数、土壤水分特征曲线、扩散率等指标，采用主因子方法，分析了不同土壤配方的综合保水能力。第 6 章采用盆栽试验，从作物出苗、叶绿素含量、土壤养分含量等方面研究了作物在气化渣复配土中的生长适应情况。第 7 章在大田环境下，进一步分析了水煤浆气化渣复配土种植作物的生长适应性情况。第 8 章分析了施加气化渣后对环境与生态方面的影响。第 9 章对本研究的总体情况进行了总结和展望。本书可为水煤浆气化渣的批量化和资源化利用提供更为可靠的实证，可为煤化工行业的水煤浆气化渣形成各种土壤调理剂、修复剂、新型基质等产品的开发利用提供系统的技术支撑和理论依据。

本书主要由刘虎、赵举、刘忠义、尹春艳编写，参加编写的人员还包括王健、高天明、李红芳、苗恒录、李锦荣、田秀民、荣浩、阿比亚斯、葛楠、董雷、朱波、祁世平、高建强、李彬、刘晓宇、于治广、王耀、高建民、吴凡凡、边伟、赵炜、陈功、刘云韩。

由于作者水平有限，书中谬误之处在所难免，敬请读者不吝赐教。

作者

2021 年 11 月

目　　录

第1章 综 述

1.1 煤炭气化技术意义、发展与方法

1.1.1 煤炭气化技术意义

我国是世界上最大的煤炭生产和消费国，煤炭储量占世界总储量的13.3%，居世界第三位。目前世界煤储量估计可供人类使用200多年，我国煤储量可供使用500年左右，而现已探明的石油和天然气资源，最多可供人类使用50年，能源的综合利用已刻不容缓。

当前，世界各国都充分认识到能源结构必须向多元化结构发展，中国石油消费已经超过日本，仅次于美国，近年来我国一直为解决缺油问题而努力，但是，要想从根本上走出困境，使经济可持续发展，必须根据我国特点，利用丰富的煤炭资源，来化解能源危机。

煤的综合利用包括将煤本身作为一次能源，用煤制造二次能源和化工原料等几个方面。随着经济的发展，经过化学加工对煤的综合利用越来越受到人们的关注，将煤炭加工转化成清洁、高效的二次能源，用煤制造油和甲醇燃料等化工原料，不仅提高了煤炭利用率和附加值，而且深加工后可增值几十倍甚至几百倍，这为新型煤化工发展奠定了基础。煤化工发展除受石油和天然气的价格供求影响外，很大程度上取决于自身技术的发展，如洁净煤技术的发展、燃煤发电技术的发展、气化技术的发展、碳－化学技术的发展和有关环境保护技术的发展。

新型的煤化工产业必将迎来一个蓬勃发展的新时期，成为21世纪高新技术产业的重要组成部分。作为新型煤化工的一个重要单元技术——大型先进的煤炭气化技术及气化产品的进一步合成利用，将成为今后发展的主要方向。

煤炭气化技术广泛应用于下列领域。

（1）作为工业燃气

一般热值为4620 ~ 5670 kJ/m^{3}的煤气，采用常压固定床气化炉、流化床气化炉均可制得。主要用于钢铁、机械、卫生、建材、轻纺、食品等部门，用以加热各种炉、窑，也可直接加热产品或半成品。

（2）作为民用煤气

一般热值在12600 ~ 16800 kJ/m^{3}之间的煤气，要求CO含量小于10%，除焦炉煤气外，用直接气化也可得到，采用鲁奇炉较为适用。与直接燃煤相比，民用煤气不仅可以明显提高用煤效率和减轻环境污染，而且能够极大地方便人民生活，具有良好的社会效益与环保效果。出于安全、环保及经济等因素的考虑，要求民用煤气中的H_2、CH_4及其他烃类可燃气体含量应尽量高，以提高煤气的热值；而CO有毒，其含量应尽量低。

（3）作为化工合成和燃料油合成的原料气

早在第二次世界大战时，德国等就采用费－托（Fischer-Tropsch，简称 F-T）合成技术合成航空燃料油。随着合成气化工艺和碳－化学技术的发展，以煤炭气化制成合成气，进而直接合成各种化学品的路线已经成为现代煤化工的基础，主要包括合成氨，合成甲烷，合成甲醇、醋酐、二甲醚以及合成液体燃料等。化工合成气对热值要求不高，主要对煤气中的 CO、H_2 等成分有要求。一般德士古气化炉、Shell 气化炉较为合适，目前中国合成氨的甲醇产量的 50% 以上来自煤炭气化合成工艺。

（4）作为冶金用还原气

煤气中的 CO 和 H_2 具有很强的还原作用。在冶金工业中，利用还原气可直接将铁矿石还原成海绵铁；在有色金属工业中，镍、铜、钨、镁等金属氧化物也可用还原气来冶炼。因此，冶金还原对煤气中的 CO 含量有要求。

（5）作为联合循环发电的燃气整体煤炭气化联合循环发电（简称 IGCC）

IGCC 是煤在加压下气化，产生的煤气经净化后燃烧，高温烟气驱动燃气轮机发电，再利用烟气余热产生高压过热蒸气驱动蒸气轮机发电。用于 IGCC 的煤气，对热值要求不高，但对煤气净化度（如粉尘及硫化物）含量的要求很高。与 IGCC 配套的煤炭气化一般采用固定床加压气化（鲁奇炉）、气流床气化（德士古气化炉）、加压气流床气化（Shell 气化炉）、加压流化床气化工艺等，煤气热值在 9240 ~ 10500 kJ/m^3 之间。

（6）做煤炭气化燃料电池

燃料电池是由 H_2、天然气或煤气等燃料（化学能）通过电化学反应直接转化为电的化学发电技术。目前主要由磷酸盐型（PAFC）熔融碳酸盐型（MCFC）、固体氧化物型（SOFC）等。它们与高效煤炭气化结合的发电技术就是 IG-MCFC 和 IG-SOFC，其发电效率可达 53%。

（7）煤炭气化制氢

氢气广泛用于电子、冶金、玻璃生产、化工合成、航空航天、煤炭直接液化及氢能电池等领域。目前世界上 96% 的氢气来源于石化燃料转化，同时煤炭气化制氢也起着很重要的作用。一般是将煤炭转化成 CO 和 H_2，然后通过变换反应将 CO 转换成 H_2 和 H_2O，再将富氢气体经过低温分离或变压吸附及膜分离技术，即可获得氢气。

（8）煤炭液化的气源

不论煤炭直接液化还是间接液化，都离不开煤炭气化工艺。煤炭液化需要煤炭气化制氢，而可选的煤炭气化工艺同样包括固定床加压气化、加压流化床气化和加压气流床气化工艺。

1.1.2　煤炭气化技术发展

煤的气化是煤或煤焦与气化剂在高温下发生化学反应，将煤或煤焦中有机物转变为煤气的过程。

煤化工发展始于 18 世纪后半叶，用煤生产民用煤气；在欧洲当时用煤干馏方法，生产的干馏煤气用于城市街道照明；1840 年由焦炭制发生炉煤气来炼铁；1875 年将增热水煤气作为城市煤气。中国 1934 年在上海建成第一座煤气厂，用立式炉和增热水煤气炉生产城市煤气。

第二次世界大战时期，煤炭气化工业在德国得到迅速发展。1932年采用一氧化碳与氢通过费－托（F-T）合成技术生产液体燃料获得成功；1934年德国鲁尔化学公司应用此研究成果创建了第一个F-T合成油厂，1936年投产。1935 ~ 1945年期间德国共建立了9个合成油厂，总产量达57×10^4 t。

南非开发煤炭间接液化历史悠久，早在1927年南非当局注意到依赖进口液体燃料的严重性，基于本国有丰富的煤炭资源，开始寻找煤基合成液体燃料的新途径；1939年首先购买了德国F-T合成技术在南非的使用权；在20世纪50年代初，成立了SASOL公司；1955年建立了SASOL-I J，1980年和1982年又相继建成了SASOL-Ⅱ厂和SASOL-Ⅲ厂。

第二次世界大战后，煤炭气化工业因石油、天然气的迅速发展而减慢了步伐，进入低迷时期，煤气主要作为城市煤气及合成氨原料的生产等，直到20世纪70年代成功开发由合成气制甲醇技术，由于甲醇的广泛用途，煤炭气化工业又重新引起人们重视。

1975年，美国依斯曼（Eastaman）公司开始了合成醋酐的实验室研究，重点是开发适用的催化剂，以便在工业化生产时能达到需要的条件下，减少副产物的生成。他们采用醋酸甲酯与一氧化碳为原料碳基合成制取醋酐，并于1977年中试验成功，到20世纪80年代末，由煤炭气化制合成气，碳基合成生产醋酸、醋酐开始大型化生产，这是煤制化学品的一个非常重要的突破。

现在，随着气化生产技术的进一步发展，以生产含氧燃料为主的煤炭气化合成甲醇、二甲醚有广阔的市场前景。其中二甲醚不仅是从合成气经甲醇制气油、低碳烯烃的重要中间体，而且也是多种化工产品的重要原料。从近年供需情况来看，甲醇除作基本有机化工原料、精细化工原料外，还可作为替代燃料应用，预计需求量将达（800 ~ 1000）$\times 10^4$ t/a，到2020年，甲醇需求量已达5000×10^4 t/a。

煤炭气化是发展新型煤化工的重要单元技术，煤化工联产是发展的重要方向。研究表明，煤炭气化技术在单元工艺（如煤炭气化和气体净化）、中间产物（如合成气、氢气）、目标产品等方面有很大的互补性。将不同工艺进行优化组合实现多联产，并与尾气发电、废渣利用等形成综合联产，达到资源、能源综合利用的目的，有效减少工程建设投资，降低生产成本，减少污染物或废物排放。如F-T合成技术与甲醇合成联产等就是一个较好的应用示范。

1.1.3 煤炭气化技术方法

煤炭气化是煤化学工业的一种重要方法，煤炭气化已有150多年的历史，气化方法有70 ~ 80种。开发、选定新型煤炭气化技术，不仅是经济、合理、有效地利用煤炭资源的重要途径，而且也是发展煤化工的基础。

目前常采用的煤炭气化方法较多，根据不同的分类方式有不同的气化方法。按气化技术可分为地面气化、地下气化；以气化介质可分为富氧气化、纯氧气化、加氢气化、水蒸气气化；以传热方式可分为外热式、内热式、热载体式气化；也可按气化炉的类型来分类等。

许多技术已经相当成熟并广泛应用于生产实际，根据技术大类可分为地面气化和地下气化。

（1）地面气化

将煤从地下挖掘出来后经过各种气化技术获得煤气的方法称为地面气化。地面气化现已被世界各国广泛采用，该方法可利用煤炭气化获得气化煤气，生产工艺也很成熟。

（2）地下气化

煤炭地下气化是将未开采的煤炭有控制地燃烧，通过对煤的热化学作用生产煤气的一种气化方法。一般可用于煤层薄、深部煤层、急倾斜煤层等。这一方法有效地提高了煤炭资源的利用率，并将建井、采煤、转化工艺融为一体，减少了煤炭生产过程中的危险和对环境造成的破坏。

如图 1.1 所示，地下气化基本过程是从地表沿煤层开掘两个钻孔 1 和 2，两钻孔底部有一水平通道 3 相连，图中 1、2、3 所包围的整体煤堆为气化盘区 4。气化时，在钻孔 1 处点火并鼓入空气燃烧，此时在气化通道的一端形成燃烧区，其燃烧面称为火焰工作面。生成的“高温煤气”沿水平通道 3 向前渗透，同时把热量传给周围的煤层，随着煤层的燃烧，火焰工作面不断地向前向上推进，火焰工作面下方折空区不断被烧剩的灰渣和顶板垮落的岩石所充填，同时煤块也可下落到折空区，形成一反应性很高的块煤区。随着系统的扩大，气化区逐渐扩及整个气化盘区的范围，并以很宽的气化前沿向出口推进，高温气体流向钻孔 2，由钻孔 2 获得焦油和煤气。

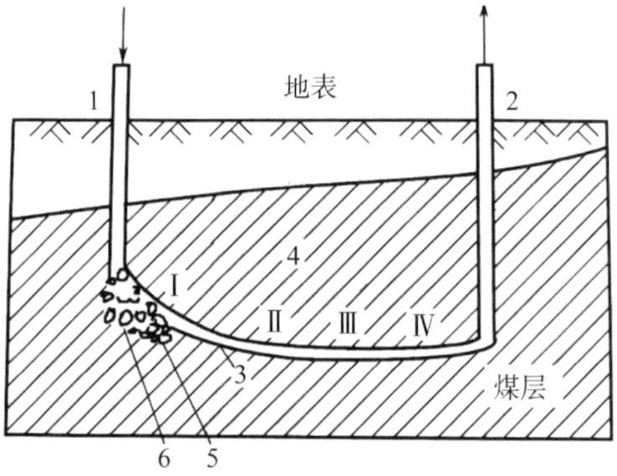

图 1.1　地下气化示意图

1，2—钻孔；3—水平通道；4—气化盘区；5—火焰工作面；6—崩落的岩石

Ⅰ—燃烧区；Ⅱ—还原区；Ⅲ—干馏区；Ⅳ—干燥区

在气化过程中，水平通道 3 内由 4 个区来共同完成整个气化过程，即燃烧区（Ⅰ）、还原区（Ⅱ）、干馏区（Ⅲ）和干燥区（Ⅳ）。煤气组成：φ（CO_2）为 9% ~ 11%；φ（CO）为 15% ~ 19%；φ(H_2）为 14% ~ 17%；φ(CH_4）为 1.4% ~ 1.5%；φ(O_2）为 0.2% ~ 0.3%；φ（N_2）为 53% ~ 55%。煤炭地下气化是世界煤炭开发利用的方向之一，将常规的物理采煤变为化学采煤，把煤炭在地下燃烧气化，一次性转化为清洁的可供终端用户应用的能源与化工原料，实现地下无人、无生产设备采煤，与传统采煤和煤炭气化工艺相比，具有显著的经济和社会效益以及良好的环保效果。此技术可节省开采投资 78%，节约成本 62%，提高工效 3 倍以上，每吨煤价值提高 10 倍以上，煤炭气化后灰渣留在地下，避免了传统采煤和煤炭气化造成的“三废”污染，并可减少地面下沉。

煤炭地下气化原理与地面气化相同，是煤在高温下发生热化学作用转化为煤气的过程。煤的地下气化是一种有效利用煤炭的方法，可从根本上消除煤炭开采的地下作业，将煤中可利用部分以洁净方式输出地面，残渣和废液留于地下，对环境保护与开发有很重要意义。

1.1.4 煤炭地面气化技术分类

地面气化技术是目前最常用的技术，随着新工艺、新设备、新技术的开发和利用，地面气化技术越来越成熟和完善，各种方法也都广泛推广应用到实际生产过程中。

1.1.4.1 按给热方式分类

煤炭气化过程是一个热化学过程，根据给热方式不同可分为外热式气化过程和内热式（即自热式）气化过程。

（1）内热式（即自热式）气化过程

煤在气化过程中不需外界供热，而是利用煤与氧反应放出热量来达到反应所需温度，即燃烧一部分气化所用燃料，将热量积累到燃料层里，再通入水蒸气发生化学反应制取煤气。其原理如图 1.2 所示，此过程的反应式如下：

$$C+O_2 \rightarrow CO_2 \qquad \Delta H = 394.1\text{kJ/mol} \tag{1.1}$$

$$C+H_2O \rightarrow H_2+CO \qquad \Delta H = -135.0\text{kJ/mol} \tag{1.2}$$

$$C+CO_2 \rightarrow 2CO \qquad \Delta H = -173.3\text{kJ/mol} \tag{1.3}$$

在上述反应中也可用空气代替氧气，这样可有效降低成本，但所制得的煤气中约有 50% 左右氮气，这种方法已在利用煤气制合成氨生产中使用。这一操作过程，由燃烧阶段和制气阶段反复使用构成整个工作循环。

（2）外热式气化过程

外热式气化过程是指利用外部给气化炉提供热量的过程。其热源可由加热外部炉壁来加热燃料，炉壁需选用耐火度高且导热性好的材料；同时也可用高度过热水蒸气（1100℃）；另外也可用加热水蒸气和粉末燃料的混合物到 1100℃，达到水煤气反应温度。其原理如图 1.2 所示。

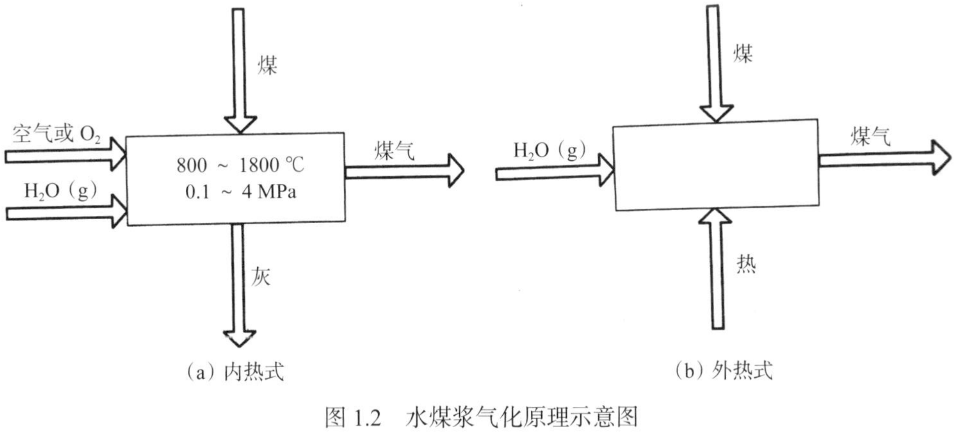

图 1.2 水煤浆气化原理示意图

1.1.4.2 按气化介质分类

根据气化介质不同，煤炭气化又分为富氧气化、纯氧气化、水蒸气气化、加氢气化等。

以上4种气化方式按所得煤气组成不同又分为空气煤气、混合煤气、水煤气和半水煤气。

由氧气、水蒸气做气化剂，反应温度在800 ~ 1800℃之间，压力在0.1 ~ 4MPa下生成的发生炉煤气又常分为以下几种。

（1）空气煤气

空气煤气是以空气为气化剂生成的煤气。其中含有60%（体积分数）的氮及一定量的一氧化碳、少量二氧化碳和氢气。在煤气中，空气煤气的热值最低，主要作为化学工业原料、煤气发动机燃料等。

（2）混合煤气

混合煤气是以空气和适量的水蒸气的混合物为气化剂所生成的煤气。这种煤气在工业上一般用作燃料。

（3）水煤气

水煤气是以水蒸气作为气化剂生成的煤气。其中氢气和一氧化碳的含量共达85%（体积分数）以上，用作化工原料。

（4）半水煤气

半水煤气是以水蒸气为主，加适量的空气或富氧空气同时作为气化剂制得的煤气。

合成氨时较多使用半水煤气，此时氢气与一氧化碳的总质量是氮气质量的3倍。

加氢气化是由煤与氢气在温度为800 ~ 1000℃、压力在1 ~ 10MPa时反应生成甲烷的过程。煤与氢的反应中仅部分碳转变成甲烷。此时可加水蒸气、氧气与未反应的碳进行气化生成H_2、CO、CO_2等。

1.1.4.3　其他分类

（1）以入炉煤块度分类

此分类可分为粉煤炭气化、块煤炭气化等。

（2）以燃料在炉内的状况分类

此分类可分为移动床气化、沸腾床气化、气流床气化、熔融床气化等。

1.2　水煤浆气化渣来源、残余量计算及危害

1.2.1　水煤浆气化渣来源

煤气化工艺的主要产品是煤气。首先是煤通过气化工艺技术变为煤气，然后经过煤气变换工艺，将煤气中的CO与水蒸气反应生成CO_2和H_2，以满足合成气的要求。在煤气变换、煤气化及合成气加工等过程中产生的残渣主要为硫黄、废催化剂等。根据煤在气化炉中的流体力学行为，其气化工艺通常分为固定床、流化床和气流床气化工艺。

（1）固定床气化工艺

固定床气化工艺又被称为移动床气化炉，从气化炉顶部加入的块煤与气化炉炉底通入的气化剂逆流接触，进行充分的热交换并发生气化反应，煤在重力作用下在气化炉内向下慢慢移动，使得块煤与气化剂接触。固定床气化过程中产生的残渣主要为中低温煤焦油和灰渣。

（2）流化床气化工艺

流化床气化工艺又称为沸腾床气化，煤粉由气化炉下部进入气化炉，气化剂则从气化炉底部经分布器进入气化炉，使得煤颗粒在炉内呈沸腾状态并与气化剂进行气化反应。流

化床气化过程中产生的主要残渣为粉尘和灰渣。

（3）气流床气化工艺

气流床气化工艺是目前煤气化技术发展的重点，极细的原料煤粉与气化剂同时经喷嘴在顶部喷入气化炉内，在高温、高压下发生快速气化反应，产生以 CO 和 H_2 为主要成分的粗煤气，煤中矿物质部分形成熔渣。气流床气化过程中产生的残渣主要为灰渣。

三种气化工艺过程中产生的残渣不尽相同，固定床气化工艺过程中会产生中低温煤焦油，同时煤制气过程中也会产生粉尘、灰渣等其他残渣。煤气化工艺中低温煤焦油的产生及处置方式见表 1.1。

表 1.1 煤气化工艺主要残渣及处置方式

残渣名称	产生环节	残渣性质	每年残渣量 / （$10^4 t \cdot a^{-1}$）	处理方式
中低温煤焦油	固定床气化炉	高碳、高芳烃、高硫的复杂混合物	14.65 ~ 36.6	集中加工处理

1.2.2 水煤浆气化渣残余量计算

我国煤气化企业众多，主要集中在河南、山西、山东、河北等地，有代表性的企业包括中国神华煤制油化工有限公司煤化工分公司、内蒙古远兴能源股份有限公司、兖矿国泰化工有限公司、山西天脊煤化工集团有限公司、河南晋开投资控股集团有限责任公司等。

现已工业化的先进煤气化工艺有 Shell 粉煤气化、GSP 粉煤气化、Texaco 水煤浆加压气化和 Lurgi 固定床加压气化。在国家科技部和大型煤炭集团的资金支持下，国内煤气化技术的研究呈现欣欣向荣，新的煤气化技术不断出现。目前正在研究的技术有 6 种，包括四喷嘴水煤浆气化技术、两段炉干煤粉气化技术、灰熔聚流化床气化技术、非熔渣分级水煤浆气化技术、干粉煤气流床气化技术（航天炉）、多元料浆气化技术等。

（1）Shell 粉煤气化

自 1997 年以来（截至 2009 年 2 月），Shell 粉煤气化工艺（SCGP）在我国约有 23 套装置建成，如表 1.2 所列。

表 1.2 近年引进的部分 SCGP 装置

序号	公司（厂家）名称	最终产品
1	湖北双环化工集团有限公司	合成氨
2	广西柳州化工股份有限公司	合成氨
3	湖南岳阳中石化壳牌煤气化有限公司	合成氨、H_2
4	中石化湖北化肥分公司	合成氨
5	中石化安庆分公司	合成氨、H_2
6	云南天安化工有限公司	合成氨
7	大连大化集团有限责任公司	甲醇
8	云南化工有限责任公司	合成氨
9	中国神华煤制油化工有限公司	H_2
10	河南永城煤电（集团）有限责任公司	甲醇
11	河南中原大化有限公司	甲醇

续表

序号	公司（厂家）名称	最终产品
12	河南义马开祥化工有限责任公司	甲醇
13	大唐国际发电公司	甲醇
14	天津化工集团天律碱厂	甲醇、合成氨
15	贵州天福化工有限公司	甲醇、合成氨
16	河南鹤壁煤电股份有限公司	甲醇
17	云南云天化股份有限公司	甲醇
18	大同煤矿集团有限责任公司	甲醇
19	河南龙宇煤化工有限公司	甲醇

（2）GSP 粉煤气化

神华煤业集团已建成并投用了 5 台 500 MWt/h（单台日投煤量约 2000 t）GSP 气化炉。山西某煤化工公司合成氨项目，建成了 2 台 500 MWt/h（单台日投煤量约 2000 t）GSP 气化炉。投资建设项目规划中，新疆某煤制气项目投资建成了 8 台 500 MWt/h GSP 气化炉，某煤业集团煤制油项目，建成了 24 台 500 MWt/h GSP 气化炉。

（3）Texaco 水煤浆加压气化

Texaco（德士古）水煤浆加压气化技术工艺简称 TCGP，目前国内使用 TCGP 技术的装置如表 1.3 所列。

表 1.3　国内使用 TCGP 技术的装置

序号	公司（厂家）名称	最终产品
1	鲁南化肥厂	合成氨
2	上海焦化厂	燃料气
3	渭河化肥厂	合成氨
4	安徽淮化集团有限公司	合成氨
5	中国石化集团金陵石油化工有限责任公司	合成氨

（4）Lurgi 固定床加压气化

Lurgi 固定床气化炉在我国主要用于城市燃气并联产甲醇、合成氨、二甲醚、甲醇、煤间接液化及生产天然气。国内 Lurgi 气化技术使用情况如表 1.4 所列。

表 1.4　国内 Lurgi 气化技术使用情况

序号	公司（厂家）名称	最终产品
1	云南解放军化肥厂	合成氨
2	山西天脊煤化工集团	合成氨
3	哈尔滨煤气厂	城市燃气、甲醇
4	义马煤气厂	城市煤气、甲醇
5	山西路安煤集合成油有限责任公司	煤制油
6	大唐电力集团	天然气
7	新疆广汇新能源有限公司	二甲醚、联产合成天然气（SNG）

根据原料煤中所含灰分和炉渣残碳量的变化范围，以及各类炉型的数量和产能，初步测算全国气化炉渣的排放强度在（1.8 ~ 3.2）$\times 10^7$ t之间，具体产生量与气化炉开工率有关。其中固定床气化炉由于数量较多，炉渣的排放强度最大，排放量在（1.525 ~ 2.596）$\times 10^7$ t之间，其排放强度占气化炉渣总排放强度的 80%左右。

1.2.3 水煤浆气化渣的环境风险

其环境风险包括气化渣在内的煤化工残渣多含有多环芳烃、重金属等有害物质，在储存、堆存、运输过程中，通过风吹、日晒、雨淋等自然因素或突发性事故，可能对水环境、大气环境、土壤环境及生态环境等环境介质造成不同程度的危害。

（1）煤化工残渣对水环境的危害

煤化工残渣，如每生产万吨焦炭就会产生 300 t 焦油、160 t 沥青，每年约产生上百万吨气化灰。为了缓冲有关生产运输和使用环境之间短时期内出现的不平衡，如煤焦油深加工企业和运输部门之间，残渣堆积可达几十吨，甚至上万吨。这些残渣被雨水冲洗后，如地势较高就会出现淋溶水，如地势较低则有可能产生浸析水。淋溶水中的污染物主要产生于残渣表面，因此其浓度与该表面暴露在水中的机会及其接触时间有关。浸析水与淋溶水不同，浸析时水与残渣各表面接触的机会基本上是均等的，其污染物的浓度要比淋溶水低。因此，为了降低浸析水中污染物的浓度，应避免将残渣长期浸泡在水中。

虽然残渣中的多环芳烃和重金属不溶于水，但是被水析出的有毒物质在水中成乳化状态或吸附在悬浮性的固体上，不管是淋溶水还是浸析水，其中都含有重金属、多环芳烃等有毒物质，而且其中的 COD 含量较高，pH 值也会相应改变。含有有毒物质的污水经下水管等排水系统混入地下水、消防水和雨水中，经厂区排水管线流入地表水体，造成水体污染。煤焦油、煤沥青、污泥等煤化工残渣由于随意堆放、雨水冲刷等原因，导致其中的重金属等有害物质污染地表水及地下水环境，也会改变水体的 pH 环境。水体的污染不仅影响人们生活，而且也会影响农业生产、工业生产和渔业生产，因此煤化工残渣不可以露天堆放，堆放残渣的地方要做防渗处理。

（2）煤化工残渣对大气环境的危害

煤化工残渣对大气环境的危害可以分为两种：一种是残渣本身含有有毒物质对大气的危害；另一种是残渣不合理利用产生的废气对大气造成的危害。煤焦油、煤沥青、焦油渣、酸焦油等残渣具有特殊臭味，因为其中含有各种可挥发性的芳香烃，含氮、氧、硫的杂环芳烃混合物等，可以用来提取化工原料；其挥发的有机物也是造成雾霾的成分之一。气化灰渣、除尘灰等多环芳烃、重金属等有毒物质含量较低的残渣，也可以对大气造成一定的影响。如气化灰渣、除尘灰等露天堆积，在风吹日晒下会产生扬尘，会对当地的环境造成影响。

煤化工残渣的不合理利用也会对大气环境造成危害。如有些地方将焦油渣、煤焦油等残渣用作燃料，因不完全燃烧而产生大量含有多环芳烃的废气排入大气，对环境造成危害。

大气污染对人体健康、动植物、气候等都有危害。

（3）煤化工残渣对土壤环境的危害

煤化工残渣中富含大量的挥发性有机物，并有致癌性，进入空气中可与其他物质组成颗粒物。研究表明，污染的空气给土壤带来的损害最大。因为大气流能把有毒物质带到离排放源很远的地方，所有进入空气中的物质迟早都会落到地面，参与土壤和水中进行的自然变化。在重力的作用下，由于颗粒物的沉降作用和雨水的冲洗，吸附有多环芳烃的颗粒物被土壤吸附，或与水分相互作用而转变为其他化合物随降水落到地面，这些有害物质进入土壤会产生不良后果，如改变环境的 pH 值、破坏土壤吸收综合体，会对腐殖质成分产生不良影响等。

煤化工残渣由于随意堆放、雨水冲刷等原因不仅会对水环境造成污染，而且从残渣中浸出的重金属、多环芳烃等有害物质还会进入土壤中，污染土壤环境。

土壤与空气、水的不同点在于它的自净速度特别慢，土壤中重金属蓄积可以达到对生物有毒的浓度。而且过量的重金属能够抑制植物生长发育，对植物造成危害，直至死亡。土壤直接影响水和近地层空气的化学成分，影响动植物产品的质量，并通过它们影响人体健康。

（4）煤化工残渣对生态环境的危害

汞、镍等重金属进入水环境和土壤环境后，能够在植物及水生动物体内发生生物蓄积作用，当积蓄重金属含量超出正常含量的植物进入食物链时，就会影响其他动物乃至人类的健康，从而对污染区域内的整个生态环境造成污染。美国地质调查局将煤焦油和煤焦油沥青（对人体致癌）列为 I 类致癌物。

1.3 水煤浆气化渣农业资源化应用背景与意义

2019 年国务院办公厅印发的《“无废城市”建设试点工作方案》(国办发〔2018〕128 号)提出“以创新、协调、绿色、开放、共享的新发展理念为引领，持续推进固体废物源头减量和资源化利用，最大限度减少填埋量”的城市发展理念；同时，国家发改委、工信部联合发布《关于推进大宗固体废弃物综合利用产业集聚发展的通知》，提出“以集聚化、产业化、市场化、生态化为导向，以提高资源利用效率为核心，着力技术创新和制度创新，探索大宗固体废弃物区域整体协同解决方案，带动资源综合利用水平的全面提升，推动经济高质量可持续发展。”

截至 2015 年，我国煤炭已探明储量占全球的 12.84%，煤炭消费量更是占全球的 50%。我国的“富煤、少油、贫气”的资源禀赋，以及我国经济处于发展期和能源消耗高峰期的现状，决定了我国仍长期将煤炭作为一次能源消费的主导能源。2016 年 12 月发布的《能源技术创新“十三五”规划》中列入多项煤化工示范工程。规划当时提出，到 2020 年，将形成煤制油产能 1200×10^4 t/a，煤制天然气产能 200×10^8 m^3/a，煤制烯烃产能 1600×10^4 t/a，煤制芳烃产能 100×10^4 t/a，煤制乙二醇产能 600 ~ 800×10^4 t/a。

“十三五”期间，内蒙古现代煤化工产业发展的重点从打造国家级现代煤化工示范单个项目，转变为走集群化道路并向下游延伸，集中力量打造国家级现代煤化工示范基地，将形成以煤制油、煤制烯烃、煤制天然气、煤制乙二醇等为主的国家新型煤化工产业示范工程集群，构建起更加成熟稳定的循环经济产业链。目前，内蒙古煤制油、煤制化工品和煤制天然气实际年产量分别为 104.4×10^4 t/a、278.5×10^4 t/a 和 37.68×10^4 t/a。煤化工的巨大产能及其相关产品有力地支持了内蒙古自治区乃至全国的经济社会发展。

在煤化工业作出了卓越贡献的背景下，也产生了大量的水煤浆气化渣。以地处鄂尔多斯市的内蒙古博大实地化学有限公司为例，公司年产 100×10^4 t/a 合成氨、100×10^4 t/a 尿素、120×10^4 t/a 联碱，年增产值 41 亿元，利税 12 亿元，是当地在煤化工和化肥工业的龙头企业，但同时每年也产生了将近 20×10^4 t 水煤浆气化渣。通过试验分析，气化渣中含有大量的 0.5 ~ 300 μm 微小粒径，在干燥条件下为松散堆积物，在季风的影响下，长期堆放将产生大量的扬尘，严重污染空气质量，并且气化渣堆放占用了大量的土地。由于年排放水煤浆气化渣体量巨大，水煤浆气化渣的资源化利用急需研究解决，对当地的生态环境治理具有重要的现实意义。

2018 年 6 月 30 日，内蒙古生态环境保护大会上提出，坚决打好污染防治攻坚战，加快构筑祖国北疆万里绿色长城，对当地环境发展提出更高的要求，坚决打赢打好蓝天、碧水、净土保卫战，大力开展农村牧区人居环境综合整治，加强生态系统保护与修复，全面夺取污染防治攻坚战的胜利。2018 年 8 月 22 日，内蒙古自治区人民政府在《关于全面加强生态环境保护坚决打好污染防治攻坚战的实施意见》中提出，到 2020 年全区生态环境质量总体改善，主要污染物排放总量大幅减少，全区空气质量优良天数比例达到 83.8% 以上，细颗粒物（PM2.5）未达标地级市浓度比 2015 年下降 12% 以上。因此，批量处理和消纳水煤浆气化渣对构建我国北方生态绿色屏障、改善农牧区人居生活环境意义重大。

据数据分析，水煤浆气化渣中，仍含有 20% ~ 30% 的类似活性炭的单质碳元素，以及含量约 20% 的三氧化二铝成分，因而具有强烈的保水特性，同时，气化残留物富含硅、钙、镁等元素，其结构成分总体与土壤类似，是改良劣质土壤的优质原料。以气化残留物为主要原料生产土壤调理剂，可以有针对性地调节土壤通透性，提高土壤保水保肥性，更有利于作物生长，达到有效改良土壤的目的。水煤浆气化渣的复配成土高效利用机理及资源化利用技术研发与应用，以水煤浆气化渣为源头进行开发利用，通过资源化利用技术的转化所形成的各种土壤调理剂、修复剂、新型基质等产品，不仅能缩减化肥、煤化工产业的产能，延长产业链条，而且能带动绿色环保的土壤提质改良产业发展，对内蒙古产业结构优化的战略性调整将起到积极的促进作用。

同时，水煤浆气化渣的复配成土高效利用机理及资源化利用技术研究作为国内外环境保护、资源利用的研究热点，水煤浆气化渣中成分分析、复配成土、水肥高效利用机理等研究内容的提出，推动了地下水动力学、环境科学、作物栽培、土壤改良与修复等学科的融合，并且将形成新的学科增长点，通过机理研究所形成的技术方法和模式，将对进一步解决水煤浆气化渣等类似固废的资源化利用问题提供支撑，为破解水煤浆气化渣的资源化利用中的瓶颈问题提供新的思路和方法。

1.4 水煤浆气化渣农业资源化应用国内外研究进展

煤气化技术的应用是我国能源战略的重要一环，但同时也会出现产生大量水煤浆气化渣等固废的问题。目前关于水煤浆气化渣的资源化再利用的研究成果尚少，在农业领域的应用更是未见报道，亟待研究可批量消纳水煤浆气化渣的资源化再利用技术。包括水煤浆气化渣在内的许多固体废弃物的成分和性质与土壤所具有的成分类似，如无机固废中的粉煤灰就具有多孔状结构，粒径在 0.5 ~ 300 μm 之间，密度为 21 ~ 24 g/cm^3，容重为 0.5 ~ 10 g/cm^3，具有较大的比表面积（2000 ~ 4000 cm^2/g），这些性质类似于轻土壤的颗粒组成（武继承，2006）。有机固废畜禽粪便等则含有丰富的有机质和氮、磷、钾等植物必需的营养元素以及其他微量元素。有机固废中还常含有大量细菌、真菌、放线菌等微生物。此外，废弃物在自然界中经历着和土壤同样的自然风化过程，受气候、地形、生物和时间的协同作用，废弃物中的元素和土壤元素一样参与生物地球化学循环。

1.4.1 气化渣开发利用研究进展

近些年随着煤气化技术在我国的大规模推广，煤气化渣的产生量和堆存量越来越大，既造成了严重的环境污染，又严重浪费了珍贵的土地资源，也对以煤化工为主的各企业的可持续高质量发展造成很不利的影响，所以对煤气化渣处理和开发利用迫在眉睫。目前，国内外针对气化渣开发利用的研究主要集中于以下几个方面：

（1）建筑工程中材料的制备

主要包括作为骨料制备陶粒、水泥、混凝土、墙体材料以及砖材等，是煤气化渣规模化消纳的重要途径。Zhao et al.（2019）使用煤气化粗渣制备了非烧结陶粒，抗压强度为 6.76 MPa，吸水率为 20.12%，是一种安全的渣处理方式。刘开平等发现在混凝土中掺入研磨后的气化粗渣，其抗压强度远高于基准混凝土，且随着龄期延长后期强度持续上升，掺煤气化渣还有利于减小混凝土干缩率，煤气化渣研磨后比表面积增大，混凝土干缩率略有增大，所以综合考虑下，提出在混凝土中使用研磨后的气化粗渣部分替代天然砂作为细集料。袁蝴蝶等以 Texaco 气化炉渣、石灰石、黏土和铁粉为原料制备硅酸盐水泥熟料，在掺加适量石膏后，依据国标检测水泥的标准推断其标号为 42.5 水泥。王军龙等（2018）研究了煤矸石和气化渣在水泥生料配料中的应用发现，在生料配料中掺加煤矸石和气化渣均能起到降低熟料热耗、提高余热发电量、改善熟料质量的效果。Chen et al.（2019）以壳牌炉气化渣和钢渣为原料合成了一种新型地质聚合物复合材料。章丽萍等（2015）以气化渣和锅炉渣为主材料，以生石灰、水泥、除尘灰为辅料，以石膏为激发剂制备了免烧砖。Aineto et al.（2006）研究了煤气化渣作为黏土添加剂在建筑陶瓷中的应用。结果表明，将 IGCC 气化渣添加到中等塑性的黏土中，压制成试样，在 900℃下焙烧，能够改善烧结体的吸收、饱和以及力学性能，且对收缩、变色或风化无负面影响。

（2）用于土壤水体修复

目前许多学者尝试将气化渣用作水处理吸附剂、污泥调理剂等，由于气化渣中富含铝、硅、碳元素，是制备聚合氯化铝、硅吸附材料、碳吸附材料以及碳硅复合材料等水处理剂的优良原料，这也是气化渣资源化利用的重要途径之一。胡文豪等（2016）以煤气化渣酸浸液为原料，制备出氧化铝含量为 10% ~ 11%、盐基度为 44% ~ 50% 的聚合氯化铝絮凝剂。凌琪等（2016）采用研磨和氢氟酸改性后的煤气化渣对污泥进行调理，在改性煤气化渣添加量为污泥干重的 20% 时，污泥脱水性能最佳，为改性煤气化灰渣的工业应用提供一定的理论依据。鲍超等（2016）发现研磨和氢氟酸改性后的煤气化渣对 Pb^{2+}、Cu^{2+}、Cd^{2+} 的最大吸附量分别为 112.07 mg/g、40.18 mg/g、31.21 mg/g。徐怡婷等（2016）以煤气化渣为原料制备出高比表面积的活性炭，并采用浸渍法负载 Fe^{3+}，用于非均相 Fenton 体系降解染料废水中的甲基橙，在最佳条件下甲基橙降解率可达 97%。

（3）残渣利用以及高附加值材料制备

董永波通过对水煤浆气化细渣形成和特性、循环利用现状以及存在的问题进行了分析，提出了气化细渣碳回收资源化、气化细渣掺烧循环流化床锅炉以及蒸气干燥用作燃料 3 种气化细渣碳资源利用的三种方法，并对各方法的技术和经济进行了简要分析，为企业创造了经济效益，提高了资源利用率。晁岳建等（2015）研究了气化渣的理化特性及入炉燃烧的可行性，提出控制含水量为30% ± 2% 时，气化渣与煤泥以质量比 1 : 1 混合成浆后泵送至循环流化床锅炉进行掺烧，气化渣、煤泥与原煤掺烧的综合发热量满足锅炉设计的燃料要求，可实现气化渣中碳资源的利用，经济效益显著。对于高附加值材料的制备，由于研究时间较短，因此制备技术还不成熟，无法实现规模化利用。Teoh et al.（2019）以气化渣为载体，合成了高机械强度的萘水蒸气重整镍基催化剂，Ni 的活性约为商业催化剂的 3.2 倍。Han et al.（2018）研究了煤气化渣负载钒催化剂对 NO 的选择性催化还原活性。结果表明，浸渍 1% 钒的煤气化渣基催化剂具有最佳的脱硝活性，随着温度的升高（200 ~ 250℃），NO 转化率可从 60% 提高到 100%。

（4）土壤改良

目前，很少有人将其应用到土壤改良的，还正处于起步阶段。Zhu et al.（2019）研究了煤气化细渣在碱沙地土壤改良中的应用，发现在土壤中添加 20% 的煤气化细渣能有效改善碱性沙地土壤的容重、pH 值、阳离子交换能力、保水能力等理化性质。他们还利用化学和植物吸收试验对煤气化细渣用作硅肥的潜力进行了研究。试验结果表明，在相同的工艺条件下，煤气化细渣的盐酸浸出硅含量高于其他硅源样品；水稻生长试验茎的强度指数和总硅含量表明，5% 的煤气化细渣对水稻的生长有明显的促进作用。

1.4.2 固废开发利用的国内外研究进展

许多废弃物因具有良好的物理性状或含有较高的养分和有机质含量，都有被利用于土壤改良的历史，它们可在不同方面、不同程度上改善土壤某些性状。姚晶晶等（2020）研究发现，炉渣 + 煤矸石、生物炭和木醋液均具有一定降盐碱、提高土壤养分含量、促进盐地碱蓬种子萌发和植株生长作用。武琳等（2020）的试验表明，粉煤灰的养分含量较为丰富，作为改良剂可以有效提升土壤的肥力，促进动植物生长。王波等（2020）通过研究将吸附除磷后的载镁橘皮生物炭应用于改良土壤，能提高土壤的 pH 值、有机质含量、阳离子交换量、有效磷含量、总磷含量、磷素的释放量以及持水性能。何莉莉等（2020）通过探讨猪粪炭对茶园土壤的改良作用，发现适量猪粪炭的添加可以改善茶园土壤的酸碱环境和微生物活性，促进土壤的生物化学反应和土壤养分元素的循环，从而提高土壤养分的可利用性和土壤质量。潘攀等（2020）基于室内土培试验，通过将蚯蚓粪、零价铁和磷矿粉进行不同形式的组配，分析其对土壤理化性质和重金属镉、铅活性的影响，最终筛选出适宜的酸性土壤改良剂，结果表明，加入改良剂后均显著改善了土壤理化性质。张旭等（2020）研究了利用天然多孔矿物对土壤的改善作用，天然多孔矿物在孔隙结构、吸附特性、离子交换特性、催化特性、微溶效应等多方面呈现出明显的特殊性和优异性，能够有效地改善土壤微环境和修复污染的土壤。

几十年来随着人类对土地的不合理开发利用，生态环境持续恶化，土壤退化现象越加严重。土壤退化导致土壤生产力降低，作物品质下降，甚至有毒元素富集。这一问题引发了科研工作者的关注，经过长期的研究及应用实践发现，从不同的物理化学以及生物方面都可以对此有所改善。邵将等（2020）利用蚯蚓在土壤生态毒理试验中的应用研究，发现蚯蚓对土壤中大多污染物较其他生物更为敏感，能很好地指示土壤污染状况，并且蚯蚓活动可以改善土壤结构，缓解土壤污染状况；土壤改良剂也可以有效改善土壤结构，增加水土保持能力和提高土壤肥力。土壤结构改良剂的研究开始于 19 世纪末，最先出现在 1986 年的美国 *Soil Science* 杂志上，认为土壤结构改良剂的应用研究具有广阔的前景，认为通过新的技术可以较容易且经济地排除土壤水分的运动阻碍、改善土壤通气不良和根系生长的土壤物理性状，并提出了土壤结构改良剂可为人类用于生产粮食所需的土地发挥出应有的作用。李赟等（2020）综述了土壤改良剂的种类、作用机制及其对土壤性状和作物生长与产量等的影响，指出了土壤改良剂研究中存在的问题及今后的研究方向。20 世纪 80 年代初，国内很多研究者开始进行土壤改良剂的研究与应用。研究者们从天然有机物、无机物的提取，到合成高分子化合物，针对不同土壤类型研制成不同的改良剂，解决了土壤矿物质、粉煤灰、纤维素、高分子吸水材料、稀土和植物营养等有机结合的复配问题，都为土壤改良剂的发展提供了新途径。

1.4.3 基于固废的重构改良土壤的国内外研究进展

有关改良土壤的实践可追溯到人类农业生产活动的早期，巴西黑土就是一个典型。人们将一些生产生活中产生的废弃物添加到土壤后，发现作物产量有所提高。但经过长期的改良土壤研究后发现，单一废弃物的施用会出现土壤不良状况：①土壤物理性质改良不协调；②微量营养元素（如 B、Mn、Al 等）过量引起植物中毒以及重金属元素（如 As、Hg 等）通过食物链危害人类健康；③常量营养元素缺失；④废弃物过酸或者过碱导致土壤过酸或过碱，从而使营养元素释放速度缓慢或者引起某些元素再次被固定而使植物营养供应不足；⑤营养（特别是 N、P、K）供应比例失调引起营养不足等问题。现在很多学者针对这些问题都提供了不同的解决方案，在研究新的土壤改良时也会将这些问题考虑在内。武琳等（2020）的试验表明，参照土壤养分分级标准，粉煤灰中的速效磷和速效钾均达到三级水平，有机质达到四级水平，含量均较为丰富。Co、Cd、Cr、Ni、Zn、Pb 和 Cu 这几种重金属元素含量多以残渣态存在，较为稳定，不易迁移转化，不会造成土壤重金属污染。将有机废弃物与无机废弃物混合后施入土壤，可以促进植物常量和微量营养均衡，提高土壤营养水平。多种废弃物混合施用于土壤，除了其自身释放营养元素之外，它们也会相互发生作用，增加土壤中生物化学作用强度。通过互相的物理、化学和生物化学作用，促使一些难以被植物吸收利用的元素得以活化，由此可以使土壤中更多的营养元素被植物吸收利用。多种废弃物配施可起到长效缓释肥的作用。因此将有机与无机废弃物混合后施入土壤，可以改善单一废弃物的不良性质，这种有机与无机的混合物便是重构改良土壤的原型。

废弃物形成重构改良土壤的关键是保证其实现土壤的基本功能。土壤功能是土壤质量概念的分解和具体化，包括支持生物活动，调节分割水流对有机、无机物质的过滤、隔离、降解、固定、解读、保存循环营养元素等。法国学者 Thoumazeau 等整合的一种评价农用地管理对土壤功能影响的指标集“Biofunctool^{R}”，它是由土壤活性有机碳、土壤基础呼吸、蚯蚓活性、速效氮、入渗率、土壤团聚体稳定性等 12 个省时、经济的田间指标组成，用以评价碳转化、养分循环、结构保持三种动态土壤功能。吴克宁等（2020）在我国耕地土壤健康评价探讨中将土壤功能（土壤生态系统服务）作为土壤健康评价的重要组成和指标。土壤功能概括为三个方面：①生产力，即土壤肥力质量，指土壤提供植物养分和生产物质的能力；②环境功能，即土壤容纳、吸收和降解各种环境污染物和病菌损害的能力；③土壤的生态功能，即土壤影响或促进人类和动植物健康的能力。

固废充填复垦土壤首先需要应用某种基质进行土壤剖面重构。土壤剖面重构，是指土壤多相介质组分及其剖面层次性质的重新构造。这种重新构造的土壤环境需要适宜植物、动物和微生物的活动，并借助于合理的充填重构工艺（胡振琪等，2005）。McBratney et al.（2000）指出两种土壤剖面重构所依据的数学模型：基于地形资料的等面积二次样条曲线拟合（TR 模型）和基于明显分层电导率数据的吉洪诺夫正则化模型（EQS 模型）。两种土壤剖面重构模型各有优缺点，根据现有土壤数据可进行合理选择。当少有或没有土壤数据、仅能依靠电磁感应仪器读数时，应用 TR 模型进行土壤剖面的重构，否则即可选择 EQS 模型。Seong et al.（2008）应用偏微分方程的约束优化方法求解了土壤剖面重构的一维逆问题，在此基础上建立了时域方法（time-domain approach，TDA）模型，并与 TR 模型进行了对比，认为 TDA 模型在性能上存在明显的优越性。同时，应用不同剖面重构方法复垦的矿区土壤理化性质及其植物效应研究也逐渐受到重视（Tedesco et al.，1999；Bowen et al.，2005）。中国矿业大学（北京）的胡振琪教授在我国煤矿区土壤剖面重构研究方面作出了重要的贡献。他提出了"分层剥离、交错回填"的土壤剖面重构原理与方法，并基于此建立了土壤剖面重构的数学模型；同时概括了煤矿区土壤剖面重构的一般方法，即在考虑具体采矿工艺和岩土条件、重构后的"土壤"物料组成和介质层次要与区域自然成土条件相协调，复垦后土地利用方向、法律法规要求、复垦资金保证等其他相关因素的基础上，重塑地貌景观，重构土壤剖面层次，并实行重构土壤培肥改良措施（胡振琪等，2005；魏忠义等，2001）。

为了恢复劣质土壤生产力和生态系统，通过采取物理、化学和生物措施，对重构土壤的成土条件、理化性质和土壤环境质量进行生态修复（李玲等，2007），但这种充填重构剖面复垦的土壤无论其物理性质，还是水分、养分和溶质的条件与运移，相对于自然农业土壤来说均存在较大的差异。

前期的一些工作证明，水煤浆气化渣固体废弃物对改良沙地和盐渍化土壤有比较好的效果，但对重构土壤的水分、养分及可溶性离子在孔隙中的迁移规律尚不明显，关于其植物生长适应性研究成果更为少见。因此，分析现有水煤浆气化渣的基本理化性状，有针对性地提出基于水煤浆气化渣的改良沙化和盐渍化重构土壤配方，从土壤水动力学的角度分析其保水保肥过程，分析植株在重构土壤中的生长适宜性，建立重构土壤肥力质量评价的多因子层次分析指标体系，依托机理研究成果开发形成各种土壤调理剂、土壤改良剂、新型复合肥料，并示范与推广改良沙化和盐渍化土壤的综合开发利用技术，对促进我国水煤浆气化渣资源化再利用具有积极作用。

1.5 水煤浆气化渣农业资源化应用需求分析

本研究解决了水煤浆气化渣资源化开发利用的技术瓶颈问题，研究形成的复配成土技术和开发利用模式，不仅可有效地回收水煤浆气化渣，减少了扬尘、土地侵占等环境和社会问题，节省了消纳成本，而且为开发新型的土壤基质、土壤调理剂等多种形式的生态修复、土壤改良产品提供了坚实的理论基础支撑，将产生更大的经济价值和生态社会效益，所以具有广阔的市场前景。

以内蒙古博大实地化学有限公司为例，公司年产 100×10^4 t 合成氨、100×10^4 t 尿素、

120×10^4 t联碱项目，年产值41亿元，年利税12亿元，产生的水煤浆气化渣为20×10^4 t，目前处理1 t水煤浆气化渣的费用为50元，每年处理水煤浆气化渣的费用为1000万元。

该公司开展气化渣资源化应用技化攻关，所形成的技术成果和模式转化为产品后，按照1 t水煤浆气化渣形成1.5 t土壤调理剂分析，博大实地公司每年可形成30×10^4 t土壤调理剂，如果以每吨土壤调理剂按150元计算，将形成价值4500万元的产品，那么年产100×10^4 t合成氨、100×10^4 t尿素、120×10^4 t联碱、年产值41亿元、利税12亿元的内蒙古博大实地化学有限公司将增加5500万元的产值。根据《内蒙古自治区“十三五”工业发展规划》提出的“采取与煤炭转化项目联合重组、市场化配置煤炭资源等方式，保障重大能源战略项目和重大煤化工项目用煤，到2020年，能源产业产值达到9000亿元，建成国家重要能源基地”，按照9000亿元产值计算，水煤浆气化渣开发利用将形成高达98.8亿元的新产业，产业化前景可观。

该项目所形成的技术成果和模式转化后，一方面减少水煤浆气化渣的堆积，使得水煤浆气化渣资源化利用，延伸了煤化工的产业链，减少了扬尘以及PM2.5的含量，改善了当地的景观和生态环境，以及人居生活环境；另一方面通过改良劣质土壤，扩大了土壤面积和耕地资源，增加企业产值和当地税收的同时还增加了当地农牧民收入。因此，本项目的实施对地区产业结构调整、生态环境改善、经济效益提高、实现可持续发展具有重要意义。

1.6 研究目标和内容

1.6.1 研究目标

本研究以内蒙古中西部地区煤气化工业生产中产生的大量固废水煤浆气化渣大量堆积尚无合理的开发利用途径为背景，开展基于水煤浆气化渣改良沙化、盐渍化、酸化土壤的研究，探索水煤浆气化渣砂土、盐渍化及酸化土壤保水保肥的机理；通过试验研究，分析作物在重构土壤中的生长适宜性，建立重构土壤肥力质量评价的多因子层次分析指标体系。依托机理研究成果开发形成各种土壤调理剂、土壤改良剂、新型复合肥料，并通过示范与推广，为水煤浆气化渣的批量化和资源化消纳提供可靠的理论支撑和实证，实现当地生态优先、绿色发展的高质量发展新思路。

1.6.2 研究内容

1.6.2.1 基于水煤浆气化渣的改良沙化、盐渍化、酸化土壤复配改土技术研究

分析本项目区使用的水煤浆气化渣的基本理化性状，包括物理性质（密度、容重、孔隙度、质地、粒径组成等）、化学性质（酸缓冲曲线、阳离子交换量、pH值、有机质含量、析出液主要离子成分含量）、养分含量（全氮、氨氮、硝态氮、速效P、速效K、微量元素及其含量等）和水煤浆气化渣中的重金属含量（全量和有效态），并根据酸缓冲曲线的原理和颗粒级配曲线，遴选出符合基于水煤浆气化渣的填充改良沙化、盐渍化、酸化土壤的原料；根据填充重构土壤原料的不同组成，分析通过不同土壤配方重构土壤的理化指标，以及重构土壤的可行性。

1.6.2.2 水煤浆气化渣重构改良土壤保水保肥机理研究

建立不同配方的水煤浆气化渣改良沙化、盐渍化、酸化土壤中水分的一维和二维运动

方程，分析不同配方水煤浆气化渣重构土壤的孔隙度、导水率、入渗率等土壤水分运动特征值，以重构土壤中土壤水分运动为中心，分析其水分及溶质（各种可溶性养分离子等）运移机理，进而得到不同重构土壤的保水保肥机理。通过盆栽试验，研究水煤浆气化渣重构土壤的可溶离子含量、阳离子交换量、养分离子含量等肥效指标，验证水煤浆气化渣重构土壤的保水保肥特性。

1.6.2.3 基于水煤浆气化渣重构土壤的植物抗沙、抗盐渍化、酸化生长适应性研究

通过室内培养法对重构土壤的饱和析出液进行生态毒理学发芽试验，研究不同配方对重构土壤的生物毒理学性质的影响；在以水煤浆气化渣的重构土壤为基质的沙化和盐渍化、酸化农田，通过开展田间试验，研究不同作物生长期内土壤水分变化规律，揭示重构土壤水分剖面特征，并且通过监测田间小区的作物芽率、根深、根密度、株高、产量、生物量和叶面积指数等参数，分析其在重构土壤中的抗沙、抗盐碱、抗酸化生长适宜性；在田间小区试验的基础上，分析重构土壤质地、pH 值、电导率、有机质、养分含量等阶段性变化情况，依据重构土壤理化性质和养分含量数据，以及土壤水分含量的试验结果，建立重构土壤肥力质量评价的多因子层次分析指标体系。

1.7 研究技术路线

研究技术路线图详见图 1.3。

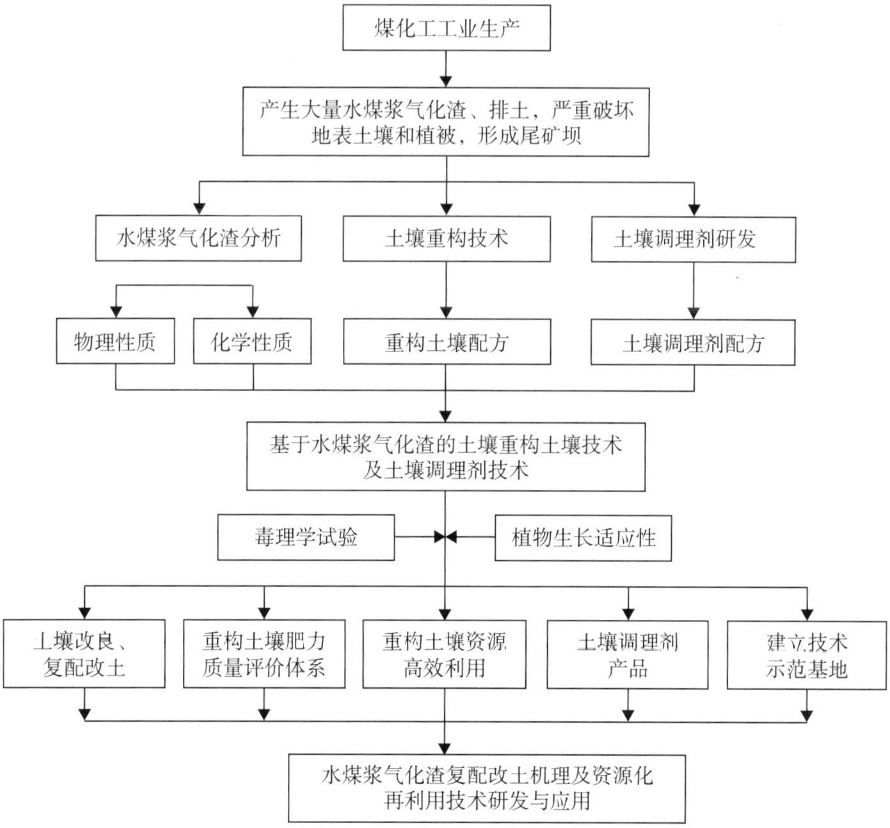

图 1.3 研究技术路线图

第2章　研究区概况与材料基本性状

2.1　研究区选择依据

本研究区之一选在鄂尔多斯乌审旗。乌审旗位于毛乌素沙地腹地，其土壤类型主要为风沙土。毛乌素沙地在历史时期曾经历了多次沙丘活化、沙漠扩张与沙丘固定、沙漠收缩，尤其在过去几十年间，由于过度放牧、过度开垦和滥樵采等不合理的人类活动以及风沙活动强烈，致使沙漠化更加严重，是我国荒漠化比较严重的地区之一。风沙土是风成沙性母质上发育的土壤，其特征是成土作用经常受到风蚀和沙压，很不稳定，致使成土过程十分微弱，且主要分布在中国北部的半干旱、干旱和极端干旱地区。风沙土自身就存在很严重的问题，主要有质地疏松、结构性差、供给养分含量低、保水保肥能力差等，再加上严重的水土流失还造成土壤水分、养分不断丧失，致使当地土地生产力逐年下降，生态环境日趋恶化，其改良应用难度大，严重影响和制约着当地生产和经济的可持续发展，亟待进行治理。风沙土作为重要的后备耕地资源，对其进行改良的重要性不言而喻。

盐碱土主要选自巴彦淖尔市杭锦后旗。盐碱土的主要成土过程是盐化过程和碱化过程。当土壤中的中性盐大量积累达到一定浓度后，在毛管作用下，盐分随水上升到地表，当表层土壤中的盐分达到一定含量后，使植物无法生长，主要的盐分是氯化物和硫酸盐，土壤 pH 为中性，称为盐土。碱土是在碱化作用形成的，土壤在碱性水溶液的作用下，产生钠盐使土壤胶体发生钠－钙交换，当土壤胶体上的钠离子达到一定比例时，土壤的 pH 值大于 9.0，使土壤呈强碱性，土壤物理性质变坏，植物无法生长，就形成碱土。我国是盐碱土危害比较严重的国家，耕地的盐渍化和次生盐渍化对农业生产的影响极大，经常是遍地白茫茫，十年有九荒。通过调查统计，截至目前，全国的盐碱土资源总面积大约居世界的第三位，约占耕地总面积的 7%，主要分布在西北、华北、东北及沿海，受多种因素的影响，如区域气候、地形、母质、水文地质及生物等。盐碱地的类型繁多，具有比较明显的特点，如具有季节性、表聚性、异质性、类型复杂性以及积盐和脱盐的反复性等。这些明显的特点就决定了对盐碱土进行改良利用有一定的复杂性和多样性。盐碱地作为重要的后备耕地资源，在杭锦旗开展改良试验意义重大。

酸土主要选自湖南省益阳市赫山区。其土壤多为红壤土。酸性土壤是 pH 值小于 7 的土壤总称，包括砖红壤、赤红壤、红壤、黄壤和燥红土等土类。酸性土壤地区降水充沛，淋溶作用强烈，盐基饱和度较低，酸度较高。我国热带、亚热带地区，广泛分布着各种红色或黄色土壤的酸性土壤。当地气温高、雨量大，年降水量多在 1500 mm 以上。这种高温多雨、湿热同季的特点，使土壤的风化和成土作用均甚强烈，生物物质的循环十分迅速。盐基高度不饱和，pH 值一般在 4.5 ~ 6 之间。同时铁、铝氧化物有明显积聚，土壤呈酸性。酸性土壤一个严重的问题是养分有效性低，而且所涉及的养分种类也比较多。例如，酸性土壤普遍缺氮、磷和钾，很多土壤缺钙和镁，有些土壤缺钼。这些养分的缺乏主要是由酸性土壤组成的特性及气候特点所决定的。由于酸性土壤风化比较彻底，黏土矿物又以 1∶1 型的高岭石为主，因而阳离子交换量低，对阳离子的吸附能力弱。在湿润条件下，土壤发生强烈的淋溶作用，造成 K^+、Ca^{2+}、Mg^{2+} 等矿质养分离子的大量淋失，其中一价离子 K^+ 淋失尤为严重。这是我国南方酸性土壤地区严重缺钾的主要原因。酸性土壤在世界范围内分布广泛，在农业生产中占有重要地位，因此，采用固体废弃物有针对性对酸土开展质地、肥力等方面的改良试验意义重大。

2.2 社会经济与自然概况

2.2.1 社会经济概况

乌审旗位于内蒙古自治区鄂尔多斯市西南部。乌审旗北靠伊金霍洛旗、杭锦旗，东、南两面隔长城与陕西省接壤，西与鄂托克旗、鄂托克前旗搭界。全旗总面积 11645 km²，与鄂托克前旗并誉为“鄂尔多斯南大门”。乌审旗辖 5 个镇、1 个苏木，是一个以蒙古族为主体、汉族占多数的少数民族聚居区，截至 2017 年，乌审旗境内人口共 13.34 万人，其中蒙古族 3 万人。2019 年全旗完成地区生产总值 309.13 亿元，按第四次全国经济普查修订数据后同口径可比价计算，比上年增长 9.0%。分产业看，第一产业增加值 15.79 亿元，增长 1.5%；第二产业增加值 214.46 亿元，增长 12.5%；第三产业增加值 78.88 亿元，增长 1.8%。三次产业增加值比例调整为 5.1∶69.4∶25.5。按常住人口计算，人均地区生产总值 22.8 万元。全旗地方财政总收入累计完成 779601 万元，同比增加 21.9%。其中，公共财政预算收入 261132 万元，同比增加 24.3%；上划中央税收收入 248127 万元，同比增长 12.3%；上划自治区税收收入 184727 万元，同比增长 29.4%；上划市级税收收入 85615 万元，同比增长 30.5%。内蒙古博大实地化学有限公司位于乌审旗纳林河工业园区内，地理坐标为东经 109° 0′ 19.53″、北纬 38° 5′ 18.48″。公司位于毛乌素沙地腹部，大部分为风积地貌，沙丘、滩地彼此镶嵌，“沙滩相间，沙甸结合”呈现了毛乌素沙地特有的自然景观。项目区土壤以风沙土为主，地带性植被属于草原植被带，但主体组成是沙生植被、草甸植被等隐域性植被，沙蒿、柠条、沙蓬、猪毛菜、沙米等组成固定、半固定沙地优势群落，植被覆盖度 10% ~ 30%，滩地发育草甸植被，主要优势草种有寸草、碱茅、芨芨草、马蔺，植被盖度 15% ~ 35%。项目区平均植被盖度在 20% 左右。

杭锦后旗位于内蒙古自治区巴彦淖尔市中西部，地处河套平原。东与临河区接壤，西傍乌兰布和沙漠与磴口县毗邻，南临黄河与鄂尔多斯市杭锦旗相望，北靠阴山与乌拉特后旗交界。地理坐标为东经 106° 34′ ~ 107° 34′、北纬 40° 26′ ~ 41° 13′，南北长约 87 km，东西宽约 52 km，总面积 1644 km²。杭锦后旗是一个以汉族为主体，蒙古族、回族、满族、达斡尔族等民族聚居的边疆少数民族地区。2019 年全旗常住人口为 25.94 万人，比上年末增加 0.04 万人，其中城镇人口 12.37 万人，占总人口的比重为

47.7%；乡村人口 13.57 万人，占总人口的比重为 52.3%。出生率为 7.00‰，死亡率为 5.01‰，自然增长率为 1.99‰。全旗实现地区生产总值 110.52 亿元，按不变价格计算，同比增长 4.2%。其中，第一产业增加值 40.92 亿元，同比增长 4.3%；第二产业增加值 21.67 亿元，同比增长 9.1%；第三产业增加值 47.94 亿元，同比增长 1.2%。三次产业结构由上年的 36.4∶18.8∶44.8 演进为 37.0∶19.6∶43.4。杭锦后旗是第一批国家农业可持续发展试验示范区。2018 年 7 月 27 日，经内蒙古自治区人民政府批准，退出贫困旗 。2019 年，被列为第二批国家农产品质量安全县。2019 年 12 月 31 日，入选全国农村创新创业典型县。

湖南省益阳市赫山区，位于湘中偏北，地理坐标为东经 112° 11′ ~ 112° 43′、北纬 28° 16′ ~ 28° 53′。地处洞庭湖畔，东邻湘阴、望城，南界宁乡，西接桃江，北临资水，是益阳市政治、经济、文化中心，石长铁路、洛湛铁路在此交会；资水经洞庭湖口与长沙直接相通，内河四季通航，为全区主要农产品基地。区域总面积 1285 km^2（不含高新区），辖 12 个乡镇、4 个街道及 1 个工业园，264 个行政自然村、48 个社区居委会。总人口 82.4 万人，其中农业人口 56.6 万人，属于湖南省典型的杂散居少数民族地区。该区经济平稳良性发展。2019 年，全区实现地区生产总值 394.89 亿元，增长 7.5%。其中，第一产业增加值 42.28 亿元，增长 3.6%；第二产业增加值 195.44 亿元，增长 8.8%；第三产业增加值 157.17 亿元，增长 6.6%。三次产业结构比由上年的 10.3∶49.5∶40.2 调整为 10.7∶49.5∶39.8。

2.2.2 自然概况

2.2.2.1 地形地貌

乌审旗地处毛乌素沙地腹部，地势由西北向东南倾斜，海拔一般在 1300 ~ 1400 m 之间。乌审旗内地貌类型分为构造剥蚀地形、堆积地形、风积地形、黄土地形、河成地形 5 类；按形态分为波状高原、梁地、内陆湖淖、滩地（冲积湖积平原）、流动与半流动沙丘、固定沙地、黄土墚和河谷地 8 种地类。地形分布特点：大部分为“梁地、滩地、沙地”相间，北部全为沙源，内多有柳丛，伴有沼泽、湖泊 70 多处；沙漠、滩地、梁地呈西北—东南条带状分布。

杭锦后旗均为平原地带（属河套平原）。杭锦后旗在新构造运动中形成内陆断陷盆地，下部为巨厚的湖相沉积层，上部由于黄河的多次改道变迁、黄河水的长期冲积、沿山一带山洪的大量淤积，使境内的土层逐渐加厚，形成了地势高、表面平坦的冲积、洪积平原。海拔为 1032 ~ 1046 m。全旗地形为西南高（最高部位在头道桥镇境内，海拔 1050.4 m）、东北低（最低部位在团结镇境内，海拔 1031.3 m），东西高差 14 m。由于受黄河冲积扇和洪积扇的影响，造成了明显的分带性地貌特征。乌加河以南为黄河冲积平原，约占全旗总面积的 84%，土壤表层沉积物由黄河冲积物形成，土层深厚，呈现出由西南向东北方向逐渐为沙岗地→沙黏之间的壤质缓斜平地→红泥洼地。在冲积平原内部由于黄河改道和风力作用，形成大小不等的湖泊和沼泽洼地，约占总面积的 1.8%。另外乌加河以北为洪积平原，约占总面积的 13%，靠近黄河的河漫滩约占全旗总面积的 3%。全旗地形乌加河南是西南高、东北低，微度倾斜，坡度为 1/7000 ~ 1/10000；乌加河北是北高南低，这样就沿乌加河一线形成一条西高东低的槽形地带。

益阳市赫山区位于雪峰山隆起与洞庭湖凹陷交接处，西南山丘起伏，东北江湖交错。

地势自西南向东北呈Ⅲ级阶梯状倾斜递降，地面高程大部分在海拔 100 m 以下，区境以平原为主，山、丘、岗地貌齐全，具有“一分丘山两分岗，五分平原两水乡”的特点。最高点为沧水铺镇南部之碧云峰，海拔 502 m，赫山区地势比降为 1.3%。雪峰山余脉在区境西南部 402 km^2 范围内呈钳形集结，突起为高埠，地势起伏较大，切割深度 50 ~ 150 m，有 18 座海拔 300 m 以上的山峰；中部地面起伏平缓，丘岗与平原相间并列，地表切割微弱；东北部为滨湖平原，平坦开阔，耕地连片，河湖广布。

2.2.2.2 气候特征

内蒙古鄂尔多斯市乌审旗地区所处纬度较高，距离海洋较远，边沿有山脉阻隔，气候以温带大陆性季风气候为主。项目区多年平均降水量 360.4 mm，年内分配不均，冬春季降水稀少，夏秋季降水集中，6 ~ 9 月降水量为 274.9 mm，占全年降水量的 76.28%，年平均气温 8℃，蒸发量 2425.8 mm，≥ 10℃积温 2336.8℃，多年平均无霜期 177 d，平均风速 2.8 m/s，年最大风速 19.0 m/s，年平均大风日数 15.9 d，沙尘暴天数为 9.2 d。乌审旗的水土流失的形式以风力侵蚀为主，占全旗总面积的 80.32%。土壤侵蚀强度共分为轻度、中度、强烈和极强烈侵蚀 4 个等级，以强烈侵蚀为主，中度侵蚀次之，平均侵蚀模数 5800 t/（km^2 · a）。

杭锦后旗气候特征属于典型的中温带半干旱高原大陆性气候，太阳辐射强烈，日照较丰富，干燥少雨，蒸发量大，风大沙多，无霜期短，10 月初上冻，于次年 4 月解冻，四季冷热多变，冬季漫长寒冷，夏季炎热短暂，春季回暖升温快，秋季气温下降显著。全年大部分时间受西伯利亚及蒙古高原气流控制，年平均气温 6.8℃，冬季严寒而漫长，1 月平均气温 −11.8℃，极端低温 −32℃，夏季温热而短暂，7 月平均气温 22.1℃，极端高温 38.7℃，受地形影响，气温自东向西递减。多年平均日照时间为 3193 h。杭锦后旗干旱少雨，十年九旱，年年春旱。全旗降水量由东向西递减，多年平均降水量 245 mm，降水量的 60% 集中在夏季的 7 ~ 9 月，多年平均蒸发量 2720 mm，相对湿度 49%，干燥度 1.98。风速一般较大，年平均风速 3.0 m/s，一般春季多见，最大风速达 28.7 m/s，并伴随沙尘暴天气。平均无霜期 155 d，多年土壤冻结深度 1.5 m。

赫山区属于中亚热带向北亚热带过渡的季风湿润性气候。其特点是四季分明，光热丰富，雨量充沛，盛夏较热，冬季较冷，春暖迟，秋季短，夏季多偏南风，其他季节偏北为主导风向，气温年较差大、日较差小，地区差异明显。年平均气温 16.9℃，最热月（7 月）平均气温 29℃，最冷月（1 月）平均气温 4.5℃，气温年较差 24.5℃，高于同纬度地区；日较差年平均 7.3℃，低于同纬度地区，尤以夏季昼夜温差小。年无霜期 272 d。年日照 1553.7 h。年雨量 1432.8 mm，降水时空分布不均，主要集中在 4 ~ 8 月，这段时间雨水集中，年平均雨量 844.5 mm，占全年雨量的 58.9%。年平均相对湿度 85%，干燥度 0.71，2 ~ 5 月为湿季，7 ~ 9 月为干季，10 ~ 1 月及 6 月为过渡季节。

2.3 气化渣与研究区供试样品采集

2.3.1 气化渣样品采集

（1）气化粗渣采集

从内蒙古博大实地化学有限公司采集不同来源的煤做生产原料产生的气化粗渣。并且分多点、多次在落渣车间采样，每次从卡车车顶采集 3 kg，采集 20 次，共计 60 kg，用编织袋封装。

（2）气化细渣采集

分别采集不同来源的煤做生产原料产生的气化细渣。并且分多点、多次从气化细渣分离车间真空抽滤床末端采样，每次 3 kg，采集 20 次，共计 60 kg，用编织袋封装。

2.3.2 试验区土样样品采集

（1）样地表层土样品采集

采集用于测定土壤基本理化性质和营养成分含量的土样样品时采用土钻取样，具体方法如下：针对不同改良方案的地块，每块地用土钻采集 6 点样品，避开边界，“之”字形布点，6 点土样最终混合处理，自封袋密封封装。由于每种作物、每种处理都是多地布设，所以每种作物、每种处理至少采集样点 24 点以上。同时为了测定表层土壤的容重，用环刀采集样品。具体方法如下：针对不同改良方案的地块，每块地块钻采样 3 点，避开边界，“Z”字形布点，3 点土样单独封装，并且可以同时用于含水率测定。

（2）剖面采样

采集用于分析垂向容重、含水率、养分及重金属含量的土样样品时采用剖面采样法：每个地块挖一个 60 cm × 80 cm × 100 cm 的样坑，包含一个垂直立面和一个斜面，垂直立面上方不堆放土壤，同时用小刀清洁垂直立面。以垂向 0 ~ 25 cm、25 ~ 50 cm、50 ~ 100 cm 为界限，分别采集剖面环刀样品及土壤样品。每个对照地块，垂向 0 ~ 25 cm、25 ~ 50 cm、50 ~ 100 cm 分别采集 10 kg、10 kg 及 20 kg。

2.4 气化渣及试验区土壤基本理化指标与参数

为保证试验成果的准确性和可靠性，按规范要求，在进行试验研究之前，需要对与试验用土有关的田间基本参数进行化验测试。现将主要测试结果分述如下。

2.4.1 气化渣基本理化性状

（1）气化细渣物理性质

粒径 0 ~ 0.002 mm 含量为 0，0.002 ~ 0.05 mm 含量为 6.81%，0.05 ~ 0.1 mm 含量为 1.88%，0.1 ~ 0.2 mm 含量为 23.46%，大于 0.2 mm 含量为 67.85%；容重为 0.36 g/cm^3；pH 值为 8.20；饱和含水率为 54%，田间持水率为 97%；土壤阳离子交换量为 3.88 c mol/kg；烧失率为 29%。

（2）气化细渣化学性质

钾含量为 9.59 mg/kg；全磷含量为 43.61 mg/kg；有效磷含量为 23.84 mg/kg；硝态氮（NO_3^-）含量为 10.25 mg/kg；铵态氮（NH_4^+）含量为 2.29 mg/kg；全氮含量为 0.09%。

（3）气化粗渣物理性质

粒径 0 ~ 0.002 mm 含量为 21.16%，0.002 ~ 0.05 mm 含量为 30.02%，0.05 ~ 0.1 mm 含量为 28.15%，0.1 ~ 0.2 mm 含量为 14.95%，大于 0.2 mm 含量为 5.72%；容重为 0.88 g/cm^3；pH 值为 9.30；饱和含水率为 65%，田间持水率为 24%；土壤阳离子交换量为 7.81 c mol/kg；

烧失率为 16%。

（4）气化粗渣化学性质

钾含量为 8.05 mg/kg；全磷含量为 41.74 mg/kg；有效磷含量为 22.84 mg/kg；硝态氮（NO_3^-）含量为 8.44 mg/kg；铵态氮（NH_4^+）含量为 1.75 mg/kg；全氮含量为 0.09%。

2.4.2 风沙土基本理化性质

风沙土物理性质：粒径 0 ~ 0.002 mm 含量为 5.9%，0.002 ~ 0.05 mm 含量为 85.8%，0.05 ~ 0.1 mm 含量为 7.41%，0.1 ~ 0.2 mm 含量为 0.89%，大于 0.2 mm 含量为 0；容重为 1.60 g/cm^3；pH 值为 8.46；饱和含水率为 24%，田间持水率为 12%；土壤阳离子交换量为 5.79 c mol/kg。

风沙土化学性质：钾含量为 16.01 g/kg；全磷含量为 299.81 mg/kg；有效磷含量为 14.91 mg/kg；硝态氮（NO_3^-）含量为 13.94 mg/kg；铵态氮（NH_4^+）含量为 1.25 mg/kg；全氮含量为 0.11%。

2.4.3 盐碱土基本理化性质

盐碱土理化性质：粒径 0 ~ 0.002 mm 含量为 10.23%，0.002 ~ 0.05 mm 含量为 73.13%，大于 0.05 mm 含量为 16.64%，土壤质地属于粉砂质壤土；pH 值为 8.46；饱和含水率为 32%，田间持水率为 22%；土壤阳离子交换量为 14.07 c mol/kg；容重为 1.43 g/cm^3。

盐碱土土壤养分含量：有机质含量为 157 mg/kg；速效钾含量为 118.4 mg/kg；有效磷含量为 25.70 mg/kg；全氮含量为 0.062%。

2.4.4 酸土基本理化性质

酸土理化性质：粒径 0 ~ 0.002 mm 含量为 32.3%，0.002 ~ 0.05 mm 含量为 38.2%，大于 0.05 mm 含量为 25.5%，土壤质地属于黏壤土；pH 值为 5.46；饱和含水率为 46.8%，田间持水率为 36.2%；容重为 1.33 g/cm^3。

酸土土壤养分含量：有机质含量为 22.54 g/kg；全钾含量为 17.22 g/kg；速效钾含量为 58.4 mg/kg；全磷含量为 0.64 g/kg；有效磷含量为 16.8 mg/kg；全氮含量为 1.98 g/kg；碱解氮含量为 152.4 mg /kg。

2.5 试验作物与材料

2.5.1 试验作物

（1）玉米

玉米选择两个品种，一个是伊单 131，另一个是赤单 208。

玉米伊单 131 的特征特性：出苗至成熟 128 d，比对照郑单 958 早 2 d。幼苗叶鞘深紫色，叶片绿色，颖壳浅绿色，雄穗一级分枝 1 ~ 4 个，花药橙色，花丝深粉色，茎浅紫色。株型半紧凑，株高 310 cm，穗位高 116 cm，成株叶片数 20。果穗短筒形，穗长 19.3 cm，穗粗 4.9 cm，穗行数 16 ~ 18，行粒数 41，单穗粒重 216 g，秃尖 0.4 cm，出籽率 83.5%，穗轴红色。籽粒黄色、马齿形，百粒重 33.2 g。接种鉴定，高抗茎腐病

（0%HR），抗丝黑穗病（2.5%R），中抗大斑病（5MR），中抗弯孢叶斑病（5MR），中抗玉米螟（6.0MR）。籽粒容重 754 g/L，粗蛋白 9.95%，粗脂肪 4.17%，粗淀粉 73.08%，赖氨酸 0.28%。产量表现：2014 年参加晚熟组预备试验，平均亩产 903.1 kg，比对照增产 8.22%；2015 年参加晚熟组区域试验，平均亩产 902.0 kg，比组均值增产 1.19%；2016 年参加晚熟组生产试验，平均亩产 866.9 kg，比对照品种增产 11.53%。栽培技术要点：4 月 25 日左右播种；亩保苗 4500 株左右。

玉米赤单 208 的特征特性：幼苗呈现叶片绿色，叶鞘浅紫色，第一叶匙形。植株呈现半紧凑型，株高 288 cm，穗位高 109 cm，22 片叶。雄穗呈现一级分枝 8 ~ 11 个，护颖绿色，花药黄色。雌穗呈现花丝黄色。果穗表现为长锥形，红轴，穗长 22.4 cm，穗粗 4.7 cm，秃尖 0.6 cm，穗行数 12 ~ 14，行粒数 45.7，穗粒数 609，单穗粒重 207.2 g，出籽率 86.9%。籽粒呈现偏马齿形，橙色，百粒重 35.6 g。品质由 2009 年农业部谷物及制品质量监督检验测试中心（哈尔滨）测定：容重 720g/L，粗蛋白 10.50%，粗脂肪 3.77%，粗淀粉 73.03%，赖氨酸 0.34%。抗性由 2009 年吉林省农业科学院植物保护研究所人工接种抗性鉴定，中抗大斑病（5MR），中抗弯孢菌叶斑病（5MR），抗丝黑穗病（2.6%R），高抗茎腐病（0%HR），中抗玉米螟（6.1MR）。平均生育期 128 d，亩保苗 4000 株左右。

（2）菊芋

菊芋品种为蒙芋 2 号。蒙芋 2 号是内蒙古自治区农牧业科学院作物育种与栽培研究所选育的菊芋新品种，适宜在内蒙古和吉林等北方干旱及半干旱地区种植。它既是非耕地修复的优选作物和用于菊粉加工的能源植物，也是荒漠化治理和盐碱地改良的理想草种。特征特性：该品种块茎在 2℃以下即开始冬眠，播种后当地温达到 6 ~ 7℃时开始萌芽，2 ~ 10℃出苗。出苗期冬播比春播早 10 d，冬播出苗在 5 月上中旬，春播在 5 月中下旬。苗期生长缓慢，中期拔节后生长加快，结块茎早。当主茎叶片在 7 层以上、气温达到 12℃以上时，开始产生匍匐茎并结块茎。18 ~ 22℃的温度和每天 12 h 的日照条件最有利于其块茎形成，20℃左右是块茎形成的最佳温度。9 月上旬初花，9 月中旬盛花，9 月底前块茎个数基本形成，进入块茎快速膨大期。10 月以后为营养成分积累期及收获期。该品种块茎产量高，块茎耐储存，富含氨基酸、糖和维生素等营养成分，适口性好，营养价值高，是牛、羊、猪和鸡的上等饲料。深加工的菊粉是乳制品的理想添加剂。该品种熟性适中偏早，在内蒙古中西部地区栽培，生育期为 120 ~ 148 d，一般因受早霜影响叶片会被提前杀干。具有耐瘠薄、耐盐碱、抗严寒、抗干旱、产量高、品质优、适宜加工和适应性广的特点。田间一般无明显的病虫害，在 pH 值为 8.5 ~ 9.0 的盐碱地能正常生长，幼苗能抗 −4 ~ −3℃的低温，中期能抗 35 ~ 40℃的高温，初霜后可正常生长 20 ~ 25 d，块茎能在 −35 ~ −30℃的冻土层内安全越冬。

栽培技术要点：播种时间分秋播和春播两种。其中，秋播在霜降后土壤封冻前进行，春播在 3 月中下旬土壤解冻后进行。栽培行距 70 cm、株距 50 cm，每穴播 1 个种芋，播深 5 ~ 7 cm，每亩保苗 1900 ~ 2000 株。大的种芋可以切块播种，要求每块芋种重在 20 g 以上，并且有 2 ~ 3 个芽眼，每亩需芋种 60 ~ 80 kg。

（3）糜子

糜子品种为榆糜 3 号。榆糜 3 号是陕西省榆林市农业科学研究所选育的糜子品种，适宜在陕西北部以及内蒙古、山西、甘肃、宁夏等省（区）的相似地区山旱地种植。特征特性：幼苗绿色，绿秆，主茎叶 13 ~ 14 片，地上伸长节 8 ~ 10 节，株高 155 cm。穗长 33 cm，侧穗，花序绿色，主茎成穗为主，籽粒黑褐色，粳性，皮壳率 20%。单株粒重 7.6 g，千粒重 8.0 ~ 8.6 g。中熟，夏播生育期 95 d 左右，春播 100 ~ 110 d。抗旱性强，抗黑穗病，不易自然落粒。籽粒含粗蛋白 12.10%，粗脂肪 3.70%，总淀粉 59.80%。高抗糜子黑穗病，未发现其他危险性病虫害。产量表现：1999 年、2000 年参加第六轮全国糜子品种区域试验，平均亩产分别为 170.6 kg 和 175.8 kg，两年均居第 1 位，平均亩产 173.3 kg，比对照品种宁糜 9 号增产 6.0%。2001 年参加生产试验，平均亩产 211.9 kg，比统一对照品种宁糜 9 号增产 17.7%，比当地对照品种平均增产 15.8%。一般亩产 150 ~ 250 kg。

栽培技术要点：在陕西北部夏播以 6 月中旬为宜，也可在冬、春小麦收获后回茬种植，每亩播量 1.5 kg，夏播一般地力条件下，亩留苗（5 ~ 6）$\times 10^4$ 株，春播亩留苗（4 ~ 5）$\times 10^4$ 株。以有机肥为主，一次性施足底肥，根据降水情况，适施拔节肥，有条件的地块可适量灌好灌浆水。

（4）蓖麻

蓖麻叶轮廓近圆形，长和宽达 40 cm 或更大，掌状 7 ~ 11 裂，裂缺几达中部，裂片卵状长圆形或披针形，顶端急尖或渐尖，边缘具锯齿。网脉明显；叶柄粗壮，中空，长可达 40 cm，顶端具 2 枚盘状腺体，基部具盘状腺体；托叶长三角形，长 2 ~ 3 cm，早落。总状花序或圆锥花序，长 15 ~ 30 cm 或更长；苞片阔三角形，膜质，早落；雄花：花萼裂片卵状三角形，长 7 ~ 10 mm；雄蕊束众多；雌花：萼片卵状披针形，长 5 ~ 8 mm，凋落；子房卵状，直径约 5 mm，密生软刺或无刺，花柱红色，长约 4 mm，顶部 2 裂，密生乳头状突起。蓖麻的适应性很强，各种土质均可种植，可利用沟边路旁、房前屋后的空隙地零星种植；也可利用荒山荒坡成片种植。在成片种植时，在播种前 4 ~ 6 周翻地，使其土壤熟化，零星种植的也同样提前翻地，并挖成深、宽各 35 cm 的穴。由于蓖麻怕水渍，因此，若在低洼地种植，事先要把地改成台地，台厢间开好排水沟。在荒地种植蓖麻，把斜坡改成环山带状梯台，以保持水土不流失和便于管理、采收。坡度在 25° 以上的陡坡地适宜开穴种植。

栽培技术要点：蓖麻一般在惊蛰至立夏播种。华南和西南的一些省（区、市）播种较早些，华东、华北的一些省（区、市）一般在 4 ~ 5 月之间。西南一些省（区、市）春、夏、秋三季均可播种，华南热带地区冬天也可以播种。播种方法有直播和移栽两种。直播每窝 2 ~ 3 粒种子，子粒间距 3 ~ 5 cm，盖土 2 ~ 3 cm 厚。移栽的要选背风向阳、水源较便利、土质较肥沃的壤土或砂壤土，进行深翻施肥整平，做成畦宽 1 m 的苗床，再进行播种、浇水、盖种。待苗出土长出 3 ~ 4 片真叶时，可带泥移栽。栽后要浇定根水。栽后每隔 3 ~ 5 d 浇水一次，到成活为止。密度一般以 1.7 ~ 2 m 见方栽植，亩栽植 160 株左右；宿根性蓖麻，可适当稍密一些，以亩栽植 200 ~ 250 株为宜。陡坡地、缓坡地种植也可适当稍密些。

（5）大麻

一年生直立草本，高 1 ~ 3 m，枝具纵沟槽，密生灰白色贴伏毛。叶掌状全裂，裂片披针形或线状披针形，长 7 ~ 15 cm，中裂片最长，宽 0.5 ~ 2 cm，先端渐尖，基部狭楔形，表面深绿，微被糙毛，背面幼时密被灰白色贴状毛后变无毛，边缘具向内弯的粗锯齿，中脉及侧脉在表面微下陷，背面隆起；叶柄长 3 ~ 15 cm，密被灰白色贴伏毛；托叶线形。雄花序长达 25 cm；花黄绿色，花被 5，膜质，外面被细伏贴毛，雄蕊 5，花丝极短，花药长圆形；小花柄长为 2 ~ 4 mm；雌花绿色；花被 1，紧包子房，略被小毛；子房近球形，外面包于苞片。瘦果为宿存黄褐色苞片所包，果皮坚脆，表面具细网纹。花期 5 ~ 6 月，果期为 7 月。

栽培技术要点：选择肥沃、背风、排灌方便的地块，秋季收获后，将第二年准备栽培大麻的地块深耕一次。次年春季解冻后浅耕 1 ~ 2 次，亩施底肥（圈肥）3000 ~ 5000 kg。气候寒冷地区的新麻地，需再准备尿素 5 kg 作种肥。晋中盆地一般在每年清明—谷雨间播种。大颗种子亩播 3 ~ 4 kg，小颗种子需 1.5 ~ 2 kg。播前将种子筛簸干净，晒 1 ~ 2 d，以 15 ~ 20 cm 行距耧播，播深 3 cm。开沟溜籽也可，实行宽幅（10 ~ 20 cm）条播。

（6）亚麻

亚麻是一年生草本植物。茎直立，高 30 ~ 120 cm，多在上部分枝，有时自茎基部亦有分枝，但密植则不分枝，基部木质化，无毛，韧皮部纤维强韧弹性，构造如棉。叶互生；叶片线形、线状披针形或披针形，长 2 ~ 4 cm，宽 1 ~ 5 mm，先端锐尖，基部渐狭，无柄，内卷，有 3（5）出脉。

栽培技术要点：亚麻的种子非常小，出土能力也非常差，这就要求整地质量要好。要求深松或翻地深度 15 ~ 20 cm 之间，翻、耙、耢和镇压几个环节联合作业，达到不漏耙、不拖堆、翻垡整齐严密，不重耕、不漏耕，地表平整，土质细碎，达到播种状态，最好是伏秋整地。首先进行种子清选和发芽试验，要求种子纯度达 98% 以上，净度达 98% 以上，发芽率达 95% 以上，不能低于 70%。其次是进行种子处理，用 FA- 抗旱拌种剂拌种，起到抗旱作用，用锌肥拌种可以增强光合作用和抗倒伏能力，提高纤维产量和品质，方法是每公顷用 3g 99% 的硫酸锌配成 0.06% 的药液拌种，也可以用多菌灵 5‰ 拌种防病害。

2.5.2 大田试验供试滴管带

内镶扁平滴头滴灌带广泛应用于温室大棚、大田经济作物的灌溉。滴头与管带一体化，安装使用方便，成本低，投资少。滴头有自过滤窗，抗堵塞性能好。大田试验采用滴灌类型为内镶扁平滴头滴灌带。其性能参数：管径 16 mm，壁厚 0.3 mm，最大工作压力 0.15MPa。每卷长度 1500 m。单孔流量 2.5 L/h。每组贴片间距 300 mm。平地最大铺设长度 60 m。最小过滤范围：100 μm。

2.5.3 供试化肥

盆栽和大田试验使用的化肥选自内蒙古博大实地化学有限公司生产的两种肥料：玉米适用肥以及马铃薯适用肥。玉米适用肥为中微量元素复混肥料（含氯低氯型），总养分大于 28%，N 含量为 12%，P_2O_5 含量为 10%，K_2O 含量为 6%，S 含量大于 11%，Zn 含量大于 0.2%。马铃薯适用肥为中微量元素复混肥料（硫酸钾型），总养分大于 30%，N 含量为 8%，P_2O_5 含量为 10%，K_2O 含量为 12%，S 含量大于 10%，B 含量大于 0.15%。

2.6 土壤与植物样品采样重复情况

为同时保证测试结果的精细度、精准度与可靠性，土壤样品采集时，采用“之”字形多点采样，并采集不同土层的土壤样品；农作物样品采集时，避开边界，保证完全随机取样；固体废物采集时，分别采集不同来源的固体废物，并且分多点、多次采样，所有样品都仔细地进行单独分装、编号。室内样品分析时，通过测定标样避免仪器带来的系统误差，操作时严格按照分析步骤进行，每个样品的每个指标分别测定三个平行。取样测产及样品处理见图 2.1 和图 2.2。

图 2.1　大田试验测产现场照片

图 2.2　试验地样品处理

第 3 章　研究方案与试验方法

3.1　气化渣改良劣质土壤技术研究方案

3.1.1　试验设计

3.1.1.1　测试分析化验水煤浆气化渣的基本理化性状试验

对照样地为鄂尔多斯乌审旗内蒙古博大实地化学有限公司的砂土地，按每亩施用水煤浆气化渣 0、200 kg，400 kg，600 kg 和 800 kg，以不添加水煤浆为对照，并设 3 个重复，将土壤和水煤浆气化渣成分混合。在每块样地内分别取样测量土壤理化指标，取样方法：土壤取样深度为 10 cm、30 cm、50 cm，每层取样数量为 3 个，用环刀取样，将土样装入密封袋带回实验室。

测定土壤的物理性质（密度、容重、孔隙度、质地、粒径组成等），化学性质（EC 值、pH 值、有机质含量、析出液主要离子成分含量），养分含量（全氮、氨氮、硝态氮、速效磷、速效钾、微量元素及其含量等）和水煤浆气化渣中的重金属含量（全量和有效态）及物理化学性质。

3.1.1.2　气化渣的电镜扫描分析

利用扫描电子显微镜对气化粗渣和气化细渣进行微观观察试验。

方法与步骤：将气化粗渣和气化细渣用磷酸缓冲液反复清洗，去除样品表面的灰尘、杂质等附着物；用 2% ~ 3% 的戊二醛固定 2 h；再用磷酸缓冲液清洗 3 次，每次 10 min；分别用 50%、70%、80%、90% 的乙醇梯度脱水各 15 min，再用 100% 的乙醇脱水 3 次，每次 30 min；用叔丁醇置换 3 次，每次 30 min；然后用冷冻干燥仪对样品进行干燥；用双面胶带将样品粘到样品台上；由于干燥样品不导电，因而需要用离子溅射仪给样品镀 10 nm 金膜，使样品导电并增加图像的反差和立体感。

3.1.1.3　气化渣的重金属含量试验

（1）表面元素分析试验

采用 XRFA（X 射线荧光光谱分析法）分析气化渣的化学组成，特别是重金属铬、汞、镉、铅、砷等生物毒性显著元素。采用 XRD 分析气化渣的矿物组成。

（2）重金属含量分析试验

按《土壤环境质量标准》(GB15618—1995）中的要求，测试镉、汞、砷、铅、铬、铜、锌、镍等重金属含量及其有效态含量。

称取 0.1000 g 在 105 ℃烘干至恒重的样品，于 100 mL 聚四氟乙烯消解罐中，加入 3 mL HNO_3、1 mL HF、1 mL H_2O_2，置于智能加热器上 80℃加热，待剧烈反应停止后，稍冷却加盖套，置于转盘中。按仪器操作规程启动微波加热。待程序执行完毕，罐内压力消除后，罐体冷却后取出聚四氟乙烯罐，敞开消解罐，置于加热器上 140℃加热使 HF 挥发，待蒸至近干，加入 2 ml HNO_3，再蒸干。加入 4 mL 32.5% 的 HNO_3 溶解盐类，将罐内物用水冲洗并转移至 100 ml 塑料容量瓶中，用水稀释至刻度，摇匀，静置。随同做空白试验。于 ICP-MS 仪器选定条件下测试。

选择固体废物重金属含量中最接近《土壤环境质量标准》（GB15618—1995 ）的重金属，以此计算土壤对固体废物的最大容量。计算公式如式（3.1）：

最大容量 = 土壤质量 ×（二级标准土壤重金属背景值）- 固体废物重金属含量（3.1）

式中：土壤质量 = 土壤面积 × 土壤厚度 × 土壤容重。

3.1.1.4 掺入气化渣的土壤淋溶试验

采用淋溶柱法，分析气化渣中铬、汞、镉、铅、砷等重金属在淋溶条件下迁移到土壤中的风险，以及淋滤液对地下水的污染风险。

试验设计思路：

在风沙土试验地分别取 0 ~ 25 cm、25 ~ 50 cm、50 ~ 100 cm 等 3 个深度土样，其中 0 ~ 25 cm 土样和气化渣混合，下面的土壤样品按照土层装柱。每个土样（0 ~ 25 cm）平均分成 3 份。

一份分别混入 10∶1、10∶3、10∶5 的气化渣粗渣，做成 2 个淋溶柱；一份分别混入 10∶1、10∶3、10∶5 的气化渣细渣，做成 2 个淋溶柱；一份不掺加任何固体废物，作为对照。

淋溶柱填充完毕后，向其中加入自来水以模拟农田灌溉，每个柱子的加水量为 2L，一次性添加，在淋溶柱底部、25 cm 高度、50 cm 高度分别收集淋溶液，25 cm 高度和 50 cm 高度处采用负压收集淋溶液，底部利用自然重力收集淋溶液，收集时间为初次淋溶、12 h、24 h、48 h、72 h 和 120 h。120 h 的淋溶液收集完毕后让淋溶柱内的残留水自然淋干，然后继续下一个灌溉—收集—淋干周期，一共进行 3 个周期。

3.1.2 测试指标及方法

土壤机械组成：筛分法结合比重计法。

容重：环刀法。用环刀在野外取原状土土样，密封后带回实验室烘干，根据公式计算土壤容重：容重 = 烘干土质量 / 环刀体积。

总孔隙度：容重换算法。根据公式计算土壤总孔隙度，总孔隙度 =（1- 容重 / 密度）× 100，其中土壤密度采用比重瓶法测量。

土壤颗粒分析：采用比重计法。

土壤 pH 值：电位法测定（土水比 1∶1）。

土壤全盐：电导法测定（土水比 1∶5），使用 DDS-307 型电导率仪和 DJS 1C 型电导电极测定。

土壤溶液电导率：电导法测定，使用 TYC-2 型土壤盐分传感器和 DDB-3 型便携式数字电导率仪测定。

八大离子：按照土水比 1∶5 将土和蒸馏水置于离心管中，然后将离心管置于振荡器上振荡 3 min 后，再离心 5 min，离心后的上层清液倒入烧杯中，并立即测量其盐分离子含量。HCO_3^-、CO_3^{2-} 用双指示剂滴定法，Cl^- 用 $AgNO_3$ 滴定法，SO_4^{2-} 用 EDTA 间接滴定法，Ca^{2+}、Mg^{2+} 用 EDTA 配位滴定法，K^+、Na^+ 用火焰光度计。

养分：有机质含量使用低温外热重铬酸钾氧化－比色法测定，全效氮含量测定采用碱解蒸馏法测定，全效磷和全效钾含量使用氢氧化钠熔融法测定。

重金属含量：镉、铅等采用火焰原子吸收法测定，铬、铬、铬等采用火焰原子吸收法测定。

3.2 水煤浆气化渣重构改良土壤保水保肥机制研究方案

3.2.1 试验设计

3.2.1.1 土壤样品

本次试验土壤取自鄂尔多斯市乌审旗的风沙土、巴彦淖尔市杭锦后旗的盐碱土及湖南省益阳市赫山区的酸性土，气化渣取自鄂尔多斯市乌审旗博大实地化学有限公司。以不添加水煤浆气化渣为对照，按不同比例将土壤和水煤浆气化渣成分混合，并设 3 个重复，测定土壤的物理性质。

3.2.1.2 土壤改良配方设计试验

1）风沙土壤改良配方。试验采用 3 因素多水平 9 个处理的正交试验设计，每个处理 3 次重复。风沙土土壤颗粒间孔隙大，毛细管作用弱，土壤质地疏松，通透性好，由此导致砂质土壤保水性差，蓄水力弱，不耐旱，土温变化较快，土壤中有机质分解快，积累下来的比较少，导致土壤保肥性差，各种养分都比较贫乏。由于粗渣粒径大于 0.05 mm，含量为 71.09%，所以粗渣比例不宜定得太高，气化细渣的养分含量要高于气化粗渣的养分。因此对风沙土改良主要以细渣和砂土的搭配为主。

2）盐碱土壤改良配方。试验采用 3 因素多水平 9 个处理的正交试验设计，每个处理 3 次重复。盐碱土的主要特点是含有较多的水溶性盐或碱性物质。由于盐分多，碱性大，使土壤腐殖质遭到淋失，土壤结构受到破坏，表现为湿时黏、干时硬，土表常有白色盐分积淀，通气、透水不良。因此增加气化粗渣的含量可以使得颗粒间孔隙增大，减弱毛细管作用，使土壤质地变得疏松，提高土壤通透性，加快水运移，遵循“盐随水来、盐随水去”的水盐运动规律，降低土壤盐化程度。

3）酸土土壤改良配方。试验采用 3 因素多水平 9 个处理的正交试验设计，酸土按照粒径分析属于黏壤土，是一种黏性较重的土壤，其特点为土质细密，保水保肥力强，但排水不良，容易干裂，不便耕作。由于气化粗渣粒径较大，因此对酸土的改良主要以气化粗渣为主。增加气化粗渣的含量可以使得酸土土壤颗粒间孔隙增大，减弱毛细管作用，使土壤质地变得疏松，提高土壤通透性，加快土壤水运移。

具体处理方案见配方表 3.1 ~ 表 3.3。

表 3.1 乌审旗风沙土土壤改良配方试验表

编号	粗渣 / %	细渣 / %	试验区砂土 / %
CK	0	0	100
1	0	10	90

续表

编号	粗渣 / %	细渣 / %	试验区砂土 / %
2	0	20	80
3	10	20	70
4	10	30	60
5	10	40	50
6	20	40	40
7	20	50	30
8	20	60	20

注：依据为中国质地对照表。

表 3.2　巴彦淖尔市杭锦后旗盐碱土土壤改良配方试验表

编号	粗渣 /%	细渣 /%	试验区砂土 /%
CK	0	0	100
1	10	20	70
2	20	10	70
3	10	40	50
4	20	30	50
5	30	20	50
6	20	50	30
7	30	40	30
8	40	30	30

注：依据为中国质地对照表。

表 3.3　益阳市赫山区酸性土土壤改良配方试验表

编号	粗渣 /%	细渣 /%	试验区砂土 /%
CK	0	0	100
1	10	0	90
2	20	10	80
3	30	10	70
4	40	10	60
5	50	10	50
6	60	10	30
7	20	20	60
8	40	20	40

注：依据为中国质地对照表。

3.2.2　测定内容

1）土壤粒径组成。

2）土壤水分常数。

3）土壤饱和导水率。

4）土壤水分特征曲线。

5）土壤扩散率。

6）土壤氮磷含量。

3.2.3 试验方法

3.2.3.1 土壤粒径组成测定试验

（1）试验器材

激光粒度分析仪、药勺、木撵、1 mm 筛子、粒径分析软件 Talwin。

（2）试验方法

激光粒度分析仪法。

1）将土壤放置阴凉处晾干，用木撵充分碾压，再用 1 mm 筛子进行筛分。

2）将筛好的土壤样品按激光粒度分析仪操作规程，进行规范测定，并准确记录结果。

3）完成测定试验后，及时整理用过的仪器及样品，并用粒径分析软件 Talwin 处理数据，确定黏粒（<0.002 mm）、粉粒（0.002 ～ 0.05 mm）和砂粒（0.05 ～ 2 mm）的组成。

3.2.3.2 土壤水分常数测定试验

（1）试验器材

环刀、电子天平、滤纸、平底盘、干砂等。

（2）试验方法

环刀法。

1）环刀底部垫滤纸，用皮筋固定，将气化渣和砂土晾干后，按容重将样品装入环刀内。将不同比例的气化渣砂土混合物装入直径为 16 cm、高为 12 cm 的花盆中，每个比例的花盆做 3 个重复。装土过程分两步进行，每次填装 4 cm，填装两次土层厚 8 cm，填装成后进行灌水，每盆灌水 500 mL，每隔 15 d 灌溉 1 次，共计灌溉 4 次，60 d 后用环刀取土，取土后在环刀底部加垫滤纸，用皮筋固定。

2）把装有土样的环刀称重后，将垫有滤纸的有孔底盖面放入水盆中，注水并保持水面高度与环刀上缘相齐，浸泡吸水 12 h，切勿使水面淹没环刀，以免影响空气自土壤孔隙排出，使水不能充满孔隙。

3）经过一定时间后（砂土 4 ～ 8 h）迅速取出，将环刀水平取出立即称重；将环刀再放入水盆中浸水，数小时后重复称重，直至恒重，计算土壤的饱和含水率。

4）将上述测定过土壤饱和含水率的环刀放置在铺有干砂的平底盘中 2 h，计算土壤的毛管持水率。

5）将上述测定过土壤毛管持水率的环刀，继续放在铺有干砂的平底盘中，3 d 排除重力水，称重，即可算出田间持水率（%）。

6）将装有土样的环刀直接放入 105℃恒温干燥箱中，烘干称重。

7）计算结果：

$$\text{饱和含水率（\%）}=\frac{\text{浸水 12 h 湿土重}-\text{环刀干土重}}{\text{环刀干土重}-\text{环刀重}}\times 100 \quad (3.2)$$

$$毛管持水率（\%）= \frac{置砂 2\ h 土重 - 环刀干土重}{环刀干土重 - 环刀重} \times 100 \quad (3.3)$$

$$田间持水率（\%）= \frac{置砂 1\ d 土重 - 环刀干土重}{环刀干土重 - 环刀重} \times 100 \quad (3.4)$$

$$毛管孔隙度（\%）= 毛管持水率（\%）\times 土壤容重 \quad (3.5)$$

$$非毛管孔隙度（\%）= [饱和含水率（\%）- 毛管持水率（\%）] \times 土壤容重 \quad (3.6)$$

3.2.3.3 土壤饱和导水率测定试验

（1）试验器材

马氏瓶、玻璃管（内径 5 cm、高度 10 cm）、测压管、水槽、秒表等。

（2）试验方法

恒定水头法（图 3.1）。

1）将样品按照容重装填入玻璃管内，分层装填高度为 2 cm。

2）将填装好的土样浸泡于水位略低于土样表面的蒸馏水中，经 24 h 饱和后，开始试验。

3）待溶液出流稳定后测定出流量，并控制室温和水温在 20℃左右，每个处理测定 5 次。

4）饱和导水率采用达西定律计算：

$$K_S = \frac{QL}{At(h_1 - h_2)} \quad (3.7)$$

式中：K_S 为饱和导水率，cm/h；Q 为渗透量，mL；L 为土样高度，cm；A 为渗透横截面积，cm^2；t 为渗透时间，h；h_1 为测量段初始端压力水头，cm；h_2 为测量段末端压力水头，cm。

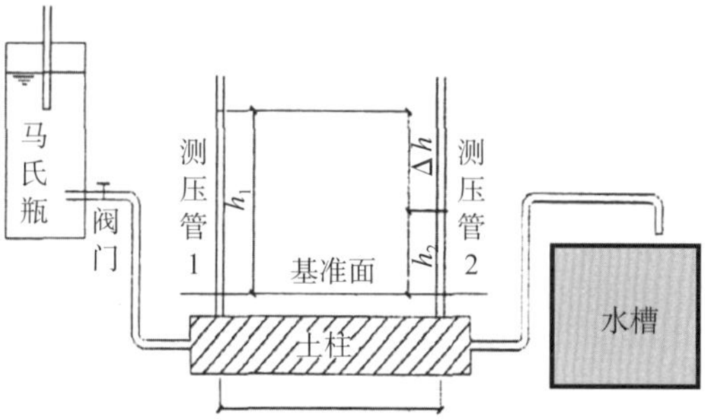

图 3.1　饱和导水率测定试验装置图

3.2.3.4 土壤水分特征曲线测定试验

（1）试验器材

压力薄膜仪、电子天平、环刀、滤纸、平底盆。

（2）试验方法

压力薄膜仪法（图 3.2）。

1）环刀底部垫滤纸，用皮筋固定，将晾干土样按容重装填土样。

2）将装填好的环刀放入平底盆，加水放置 24 h 直至完全饱和，选择适宜型号的压力

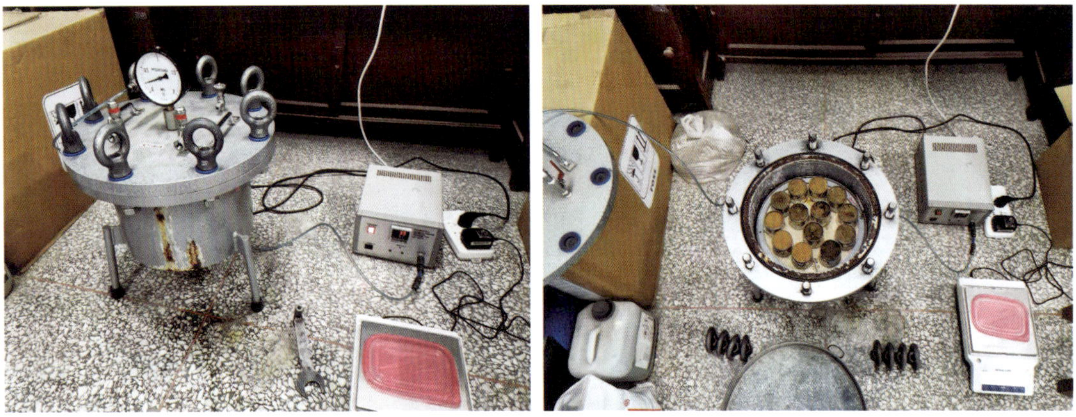

图 3.2　土壤水分特征曲线测定试验现场及装置照片

板放入平底盆浸泡 12 h。

3）先用电子天平对饱和土样称重，再将压力板和土样转移到压力锅中，上盖，用对角线法上螺旋，调节压力锅中压力到指定压力。

4）对土样加压 24 h 后，取出土样称重，再放回压力锅中，提高压力值继续加压 24 h 后称重，重复上述过程，其中压力值逐渐增大，直至最高压力测定完成后，试验结束。

5）完成压力试验后，及时整理用过的仪器及样品，并用 Excel 处理数据及用 RETC 软件拟合。

6）拟合模型选用 VG 土壤水分特征曲线模型，表达式为

$$\theta(h)=\theta_{res}+\frac{\theta_{sat}-\theta_{res}}{(1+|\alpha h|^{n})^{\frac{n-1}{n}}} \tag{3.8}$$

式中：θ 为含水量，cm^3/cm^3；θ_{res} 为残余含水量，cm^3/cm^3；θ_{sat} 为饱和含水率，cm^3/cm^3；h 为压力水头，cm；α 为经验拟合参数；n 为经验拟合参数。

比水容量是指单位基质势变化所引起的含水量变化，是衡量土壤水分对植物的有效性和反映土壤持水性能的一个重要指标。比水容量在数值上等于土壤水分特征曲线斜率的倒数，因此对式（3.8）两边求导，得出计算公式：

$$C(h)=-\frac{d\theta}{dh}=\frac{(\theta_s-\theta_r)(n-1)\,a|\alpha h|^{n-1}}{(1+|\alpha h|^{n})^{-\frac{1}{n}}} \tag{3.9}$$

土壤水分特征曲线可以间接地反映出土壤孔隙大小的分布，若将土壤中的孔隙设想为各种孔径的圆形毛管，那么水吸力 S 和圆形毛细管直径 d 的关系可简单地表示为 $S=4\,\sigma d$，式中：σ 为水的表面张力系数，室温条件下一般为 75×10^{-5} N/cm，根据吸力由此式计算所得的孔径称为当量孔径，以区别土壤中的真实孔径，所以可以推出当量孔径 d（μm）与水吸力 S（Pa）的关系式为 $d=300/S$。

3.2.3.5　土壤扩散率试验

（1）试验器材

水平有机玻璃管、马氏瓶、电子秤、电烘箱、铝土盒、削土刀、秒表、直尺、压实器等。

（2）试验方法

水平土柱法（图 3.3）。

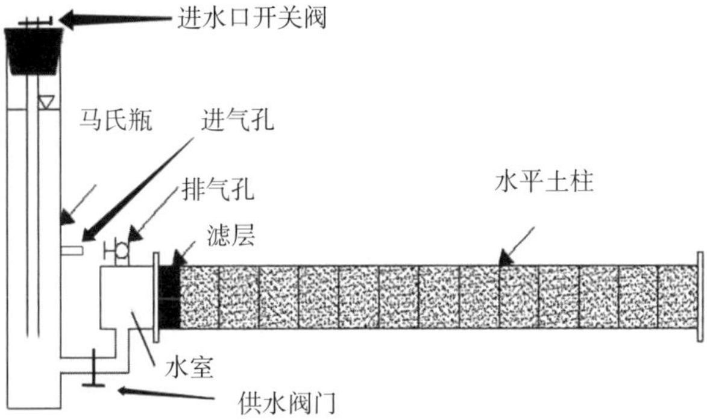

图 3.3　土壤水平扩散率水平土柱法装置示意图

1）将土样晾干，研磨，过 2 mm 筛子。

2）试验选用 45 cm 水平有机玻璃管，把筛网贴紧进水段铺好，在滤层外垫一层滤纸后，按每种土壤的干容重开始分层装土，压实，装下一层时表面打毛，每小节间用胶布固定好。

3）连接并调节马氏瓶，控制水室内液面与试样段土样的高度相同，以消除重力势和压力势对土壤水分扩散的影响。

4）开启马氏瓶供水阀门，同时打开秒表计时，并记录开始时间。

5）试验开始后先以 30s 时间间隔记录土柱中湿润锋前进的距离到第 5 min 后，以 1 min 时间间隔记录土柱中湿润锋前进的距离到第 10 min 后，以 3 min 时间间隔记录土柱中湿润锋前进的距离到试验结束。

6）待湿润锋前进到整个土柱的 3/4 左右时停止供水，同时停止秒表计时，并记录结束时间，并迅速从湿润锋开始取土，每一小节装一个铝土盒。

7）用烘干称重法测定各小节的土壤含水率，得出土壤含水率分布，然后可根据公式计算土壤水分扩散率。

8）完成试验后及时整理用过的仪器及样品，对数据进行处理。

9）计算结果：

含水率 θ 计算公式：

$$\theta_i = \gamma \frac{m_{1i} - m_{2i}}{m_{2i} - m_{3i}} \tag{3.10}$$

式中：γ 为土壤干容重，g/ cm^3；m_1 为湿重，g；m_2 为干重，g；i 为水平土柱断面序号。

扩散率 $D(\theta)$ 计算公式：

$$D(\theta)_r = \frac{1}{2} \sum_{i=n-2}^{r} (\overline{\lambda}_i \Delta\theta_i) \cdot \left(\frac{\overline{\Delta\lambda_r}}{\Delta\theta_r} \right) \tag{3.11}$$

$$\overline{\lambda}_i = \frac{\lambda_{r+1} + \lambda_i}{2} \tag{3.12}$$

$$\Delta \theta_i = (\theta_i - \theta_{i+1}) \quad (3.13)$$

$$\frac{\overline{\Delta\lambda_r}}{\Delta\theta_r} = \frac{\left(\frac{\Delta\lambda_{r+1}}{\Delta\theta_{r+1}} + \frac{\Delta\lambda_{r-1}}{\Delta\theta_{r-1}}\right)}{2} \quad (3.14)$$

$$\lambda_i = x_i t_i^{-\frac{1}{n}}$$

$$r = n-2, \ n-3, \ \cdots, \ 1$$

式中：λ 为 Boltzmann 变换的参数，cm/ min$^{1/2}$；x 为水平土柱中断面距始端的距离，cm；t 为时间，min，i 为水平土柱断面序号。

3.2.3.6 土壤保肥性试验

（1）试验器材

100 mL 塑料注射器、150 mL 锥形瓶、橡皮塞等。

（2）试验方法

淋洗方法（保肥性指标为淋溶液中的氮、磷的淋出率）。

1）测定淋出液中速效氮和速效磷含量。用四分法从每个处理后的土样中取 25 g 土装入淋洗管中做淋洗试验，每次用去离子水 50 mL 淋洗，共淋洗 3 次。每次从淋洗就开始收集淋洗液直至不再有淋洗液流出，测量淋出液的体积，用来测定淋出液中的速效氮和速效磷，测定速效氮 NH_4^+—N 使用纳氏试剂比色法、NO_3^-—N 使用差值法（Zn 还原法）测定，测定速效磷使用钼锑抗比色法测定。计算 500 g 土所淋出的速效氮和速效磷的含量。

2）测定处理后的土样中速效氮和速效磷总含量。用四分法称取土样 5 g 于干燥的 150 mL 锥形瓶中，加入浸提剂，用橡皮塞塞紧，在 25 ℃的液温下，于往复振荡机上振荡 30 min 后，用低速离心机 4 000 r/min 离心 15 min，收集上清液测定其速效氮和速效磷。计算 500 g 土样中速效氮和速效磷总含量。具体处理和测定方法如表 3.4 所列。

表 3.4 土样中速效氮和速效磷总含量测定方法一览表

测定	浸提剂	条件	测定方法
NH_4^+—N	20%NaCl，25 mL	25℃恒温振荡 30 min 取出 4 000 r/min 离心 15 min 收集上清液测定质量浓度	纳氏试剂比色法
NO_3^-—N	0.1 mol/L K_2SO_4，20 mL		差值法
P	0.50 mol/L pH=8.5，$NaHCO_3$，50 mL		钼锑抗比色法

3）500 g 土样中速效氮和速效磷总量除以 500 g 土淋出的速效氮和速效磷的量，即为速效氮和速效磷淋出率。

3.3 水煤浆气化渣重构改良土壤作物生长适应性研究方案

3.3.1 室内试验设计及测试指标

3.3.1.1 试验设计

本次试验所用土样分别取自鄂尔多斯市乌审旗内蒙古博大实地化学有限公司的气化渣

和风沙土、巴彦淖尔市的盐碱土和益阳市赫山区酸性土。从初步 9 种试验配方中择优选择 5 种作为试验土壤进行室内模拟培养试验，种植作物为玉米，培养试验持续 30 d；试验前取土样 1 次，第 10 d、20 d，30 d 分别取样，共 4 次；施加底肥为 100 kg/ 亩玉米适用肥（生产厂家：内蒙古博大实地化学有限公司）；灌溉方式采用喷灌。

3.3.1.2 试验方法

1）供试土壤自然风干、碾碎后，过 2 mm 筛。

2）装土前将土壤调理剂一次性施入，并与土壤混合均匀，使用圆形花盆（上直径 25 cm、底直径 16.5 cm、高 22 cm）作为培养容器，每个塑料盒装土高度为 15 cm。

3）试验期间每天称量土壤重量，每 5 d 补充一次土壤水分，使土壤含水率保持在 70% 的田间持水率。

4）每 11 cm 埋设土壤水分传感器，每个处理埋设两个水分传感器，对模拟土层进行实时监测。

5）每 5 d 测试一次作物生长性状指标。

3.3.1.3 测试指标

（1）土壤理化指标

pH 值、土壤养分指标（有机质、全盐、全氮、速效磷、碱解氮、速效钾）。

测试方法：pH 值采用电位法测定（土水比 1∶2.5）；有机质含量使用低温外热重铬酸钾氧化 - 比色法测定；全盐采用电导法测定（土水比 1∶5）；全氮含量测定采用碱解蒸馏法测定；速效磷采用 0.5 mol/L 碳酸氢钠法；碱解氮采用碱解扩散法；速效钾采用 NH_4OAc 浸提、火焰光度计测定法。

（2）作物生理指标

作物生长性状指标：株高、茎粗、根深、叶面积指数、叶绿素（基地现有叶绿素仪）、光合速率、蒸腾速率。

测试方法：茎粗、根深、叶面积用游标卡尺测量；株高采用米尺测量；叶绿素采用叶绿素仪测定；光合速率和蒸腾速率采用光合仪 LC pro+ 测定。

玉米叶面积（LA）计算式为

$$LA_{ij} = 0.75L_{ij}D_{ij} \tag{3.15}$$

玉米叶面积指数（LAI）计算式为

$$LAI = \frac{\sum_{i=1}^{m}\sum_{j=1}^{n} LA_{ij}}{\ln m}\rho \tag{3.16}$$

式中：0.75 为玉米叶面积经验校正系数；m 为测量株数；n 为第 i 株玉米的总叶片数；L_{ij} 和 D_{ij} 分别为第 i 株玉米、第 j 个叶片的长度和最大宽度，cm；ρ 为植株密度，株 /m^2。

3.3.2 大田试验设计及测试指标

大田试验在乌审旗纳林河工业园区内蒙古博大实地化学有限公司基地内开展，并且在园区内及周边的园区消防队、排子湾十一社王家、张丰畔梁家、公司食堂旁边共建立了 4 个大田试验基地。

3.3.2.1　2018 年试验设计

根据室内试验结果优选出 3 种配方，选择其中一种作为大田试验配方。其中气化粗渣和气化细渣的比例参考处理 C1X4，得出在大田试验区的试验地表面铺撒气化细渣量为 1.44 kg/m^2，气化粗渣量为 0.88 kg/m^2。大田试验布局如图 3.4 所示。

由于 2018 年、2019 年、2020 年作物品种不一致，因此此处要强调作物的种植年份。如菊芋（2018 ~ 2020 年选用蒙芋 2 号）、玉米（2018 ~ 2019 年选用先玉 308、伊单 131，2020 年选用中榆 9 号、万瑞 5 号、中榆 968）、糜子（2018 ~ 2019 年选用榆糜 3 号）。

大田设两个处理：处理 1 为对照组，在沙地施气化渣 0 t/hm^2；处理 2 为试验组，根据试验配方在风沙土地掺入气化渣，再用铧式犁翻耕构成重构土壤样地，翻耕深度为 15 cm；每个处理 3 次重复。共设 6 个小区，每个小区的面积为 200 m^2，小区内划分宽窄行，宽行 50 cm，窄行 30 cm，株距为 25 cm。采用穴播的方法种植玉米、菊芋、糜子等作物，其他作物条播。

采用底肥与追肥相结合的方式施肥，底肥为 100 kg/ 亩玉米适用肥（生产厂家：内蒙古博大实地化学有限公司），生育期内追肥 2 次，第一次追肥尿素共 37.3 kg，第二次追肥脲铵氮肥共 46.5 kg。灌溉方式采用滴灌，在原地貌上设置对照试验，并及时除虫和杂草。

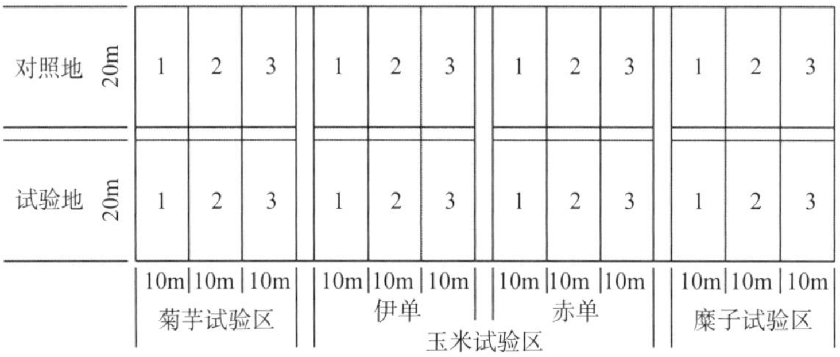

图 3.4　部分试验区域设计布局图

3.3.2.2　取样方法及周期

用土钻取 0 ~ 50 cm 埋深的土壤样品，测量土壤含水率和土壤养分，每 10 cm 为 1 层，共 5 层。土壤含水率为 10 d 取样 1 次，土壤养分生育期内各阶段取样 1 次。

3.3.2.3　测试指标及方法

（1）土壤

土壤养分指标：土壤含水率、pH 值、土壤养分指标（阳离子交换量、有机质、全盐、全氮、速效磷、碱解氮、速效钾）。

测试方法：土壤含水率采用称重法；pH 值采用电位法测定（土水比 1∶2.5）；阳离子交换量按照土水比 1∶5 将土和蒸馏水置于离心管中，然后将离心管置于振荡器上振荡 3 min 后，再离心 5 min，离心后的上层清液倒入烧杯中，并立即测量其盐分离子含量。HCO_3^-、CO_3^{2-} 用双指示剂滴定法，Cl^- 用 $AgNO_3$ 滴定法，SO_4^{2-} 用 EDTA 间接配位滴定法，Ca_2^+、Mg_2^+ 用 EDTA 间接配位滴定法，K^+、Na^+ 用火焰光度计；有机质含量用低温外热重铬酸钾氧化－比色法测定；全盐用电导法测定（土水比 1∶5）；全氮含量测定用碱解蒸馏法测定；速效磷用 0.5 mol/L 碳酸氢钠法；碱解氮用碱解扩散法；速效钾用 NH_4OAc 浸提、火焰光度计测定法。

（2）植物

作物生长性状指标：株高、茎粗、根深、叶绿素。

测试方法：茎粗用游标卡尺测量；株高和根深用米尺测量；叶绿素用叶绿素仪测定。

（3）产量

小区单收测产。

第 4 章　气化渣改良土壤可行性分析

4.1　水煤浆气化渣的基本性状结果分析

4.1.1　基本理化性状结果分析

对照砂土样地 pH 值为 8.46，可见试验样地本身为碱性土壤，气化粗渣与气化细渣的 pH 值分别为 9.30 和 8.20，均与试验样地本身土壤 pH 值相当。试验样地土壤容重为 1.54 g/cm^3，而气化粗渣、气化细渣的容重仅分别为 0.88 g/cm^3 和 0.36 g/cm^3，都不足土壤容重的一半。由此可见，适量的气化渣添加可以起到降低土壤容重的作用，有助于改善土壤孔隙结构，增加孔隙度、土壤持水能力。饱和含水率是指土壤颗粒间所有孔隙都充满水时的含水量，亦称持水度，气化粗渣、气化细渣的饱和含水率分别为 65%、224%，均显著高于对照土壤的饱和含水率（24%）。此外，气化粗渣和气化细渣的田间持水率也都显著高于对照土壤，可见它们都有一定的持水能力，且两种气化渣相比，气化细渣的保水能力远远大于气化粗渣，这可能是因为气化细渣的结构更加分散。土壤阳离子交换量是指土壤胶体所能吸附各种阳离子的总量，影响土壤缓冲能力高低，是评价土壤保肥能力、改良土壤和合理施肥的重要依据，气化粗渣的阳离子交换容量为 7.81 cmol/kg，远高于试验样地土壤本身 35%，可见气化粗渣可以显著影响土壤的保肥能力，但气化细渣的阳离子交换容量仅为 3.88 cmol/kg，低于土壤本身，因此其对土壤保肥效果的影响效果可能较弱。气化粗渣与气化细渣的烧失率分别为 16% 和 29%，可见它们的有机碳含量较高。

分析结果主要说明：①试验样地土壤本身为碱性土壤，2 种气化渣的 pH 值均与其相当。②气化粗渣、气化细渣的容重均不足土壤的一半，混施到土壤中可以降低土壤本身的容重，有助于改善土壤孔隙结构，增加孔隙度与土壤持水能力，起到改良土壤品质的作用。③ 2 种气化渣都具有较大的饱和含水率，具有一定的持水能力，施加到土壤中有利于改善土壤的保水性。④气化渣的阳离子交换量显著高于试验样地土壤本身，尤其是气化粗渣的阳离子交换量高出土壤本身 35%，可见混施气化渣有利于增加土壤的保肥性能。⑤气化渣的烧失率较高，可见气化渣的有机碳含量更高，因此对土壤有机碳含量的影响应最显著。

表 4.1　气化渣基本理化性质情况表

土壤	pH 值	阳离子交换量 /（$cmol \cdot kg^{-1}$）	容重 /（$g \cdot cm^{-3}$）	饱和含水率 /%	田间持水率 /%	烧失率 /%
气化细渣	8.20	3.88	0.36	54	97	29
气化粗渣	9.30	7.81	0.88	65	24	16
对照	8.46	5.79	1.54	24	12	无

4.1.2 营养成分结果分析

对照砂土样地的钾含量为 16.01 mg/kg，而气化粗渣与气化细渣的钾含量显著低于对照，分别比对照低 50% 和 40%，虽然气化渣本身的钾含量低于对照，但气化渣表面的吸附能力与保水、保肥能力可能会减少土壤中钾的流失，间接提高施加气化渣土壤中的钾含量。2 种气化渣本身所含有的全磷显著低于对照，但气化粗渣与气化细渣的有效磷含量分别高出对照 53% 和 60%，因为有效磷表示的是土壤中可被植物吸收的磷组分，因此有效磷含量的增加更有利于土壤中植物的生长，故而气化渣可以改善农作物土壤中有效磷的缺乏。氮素也是农作物生长所必需的元素，气化渣的全氮与对照的差异并不显著，但对于全氮中可以被植物直接利用的速效氮含量来说，2 种固体废物的硝态氮均显著低于对照，气化粗渣、气化细渣的硝态氮含量分别仅为对照的 61%、74%，但 2 种气化渣的铵态氮含量均高于对照，气化粗渣、气化细渣的铵态氮含量分别为对照的 1.40 倍、1.83 倍。

分析结果如表 4.2 所列：① 气化渣本身所含的钾低于对照。② 2 种气化渣的全磷含量均显著低于对照，但有效磷含量均显著高于对照，气化粗渣与气化细渣的有效磷含量分别高出对照 53% 和 60%。③气化渣的全氮含量与对照相当，2 种气化渣的硝态氮含量均显著低于对照，但铵态氮含量分别为对照的 1.40 倍、1.83 倍。整体来看，气化渣有利于土壤中营养元素的增加。

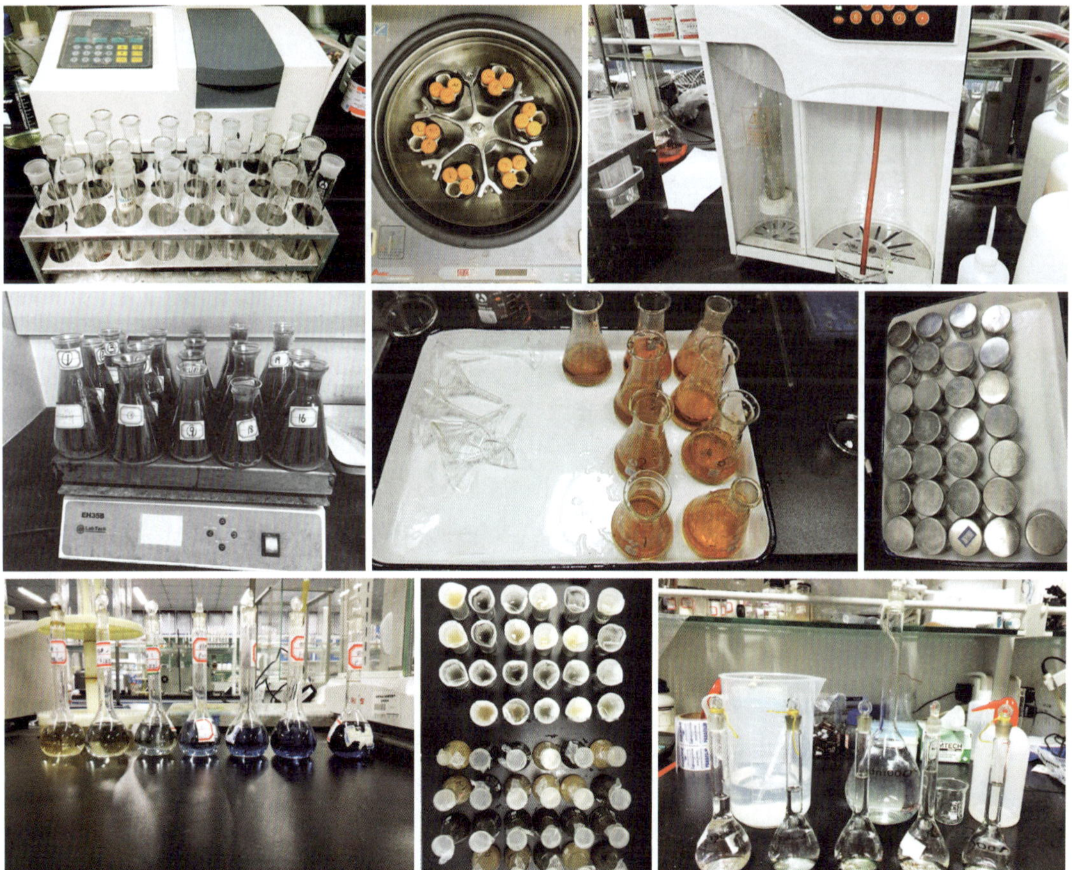

图 4.1　室内分析试验现场照片

表 4.2　对照与气化渣氮、磷、全钾含量分析表

	全钾 /（mg・kg^{-1}）	全磷 /（mg・kg^{-1}）	有效磷 /（mg・kg^{-1}）	NO_3^-/（mg・kg^{-1}）	NH_4^+/（mg・kg^{-1}）	全氮 /%
对照	16.01	29.81	14.91	13.94	1.25	0.11
气化粗渣	8.05	41.74	22.84	8.44	1.75	0.09
气化细渣	9.59	43.61	23.84	10.25	2.29	0.09

4.2　扫描电镜结果分析

从图 4.2（a）与图 4.2（b）可以看出，气化粗渣表面有一些球状颗粒物，且表面疏松使得其可以具有较大的比表面积，相比之下，从图 4.2（c）与图 4.2（d）可以看出砂土表面结构较为紧实，同时分布着一些不规则的块状颗粒物。由此可见，该地区土壤本身结构紧实，结构、透气性差，相比之下，气化粗渣具有较好的透水与保水能力及较高的潜在吸附能力。

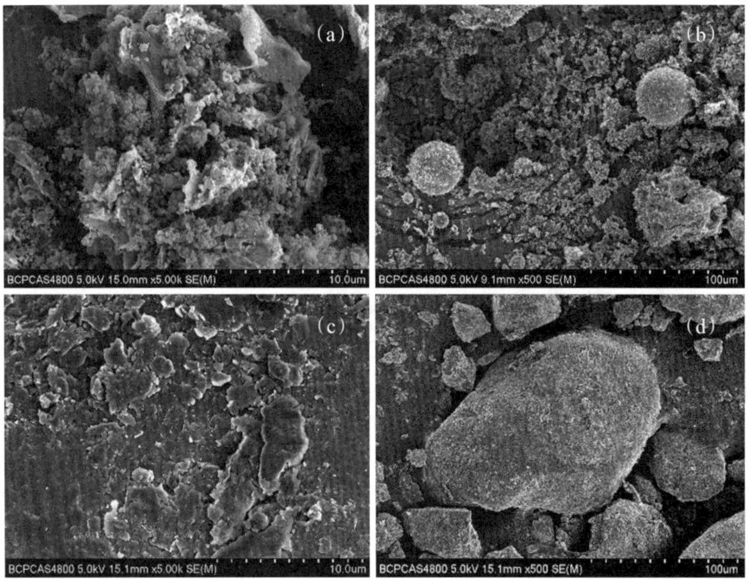

图 4.2　气化粗渣、砂土扫描电镜 SEM 分析照片

(a),（b）为气化粗渣；(c),（d）为砂土；(a),（c）为 10 μm 比例尺；(b),（d）为 100 μm 比例尺

4.3　气化渣的重金属含量结果分析

4.3.1　表面元素分析

从图 4.3（a）可以看出，砂土表面金属 Al 元素的含量较高，为 84.07 mg/kg，其余金属元素含量较低，几乎不含有 Sr、Ba、Mn 这 3 种元素。气化粗渣表面含量最多的金属元素为 Fe、Al、Ca、Mg、Ti，且 Fe、Ca、Mg 这 3 种元素含量均远远高于砂土，Fe、Ca、Mg 均是植物生长所必需的营养元素，可见，气化粗渣有利于增强土壤中植物所需营养元素的含量。此外，Fe 和 Al 两种元素在土壤中形成的胶体有利于水稳性团粒的形成，改善

土壤结构，且 Al 元素的存在可以提高土壤对碱的缓冲能力。气化细渣表面 Al、Fe、Ca 这 3 种金属元素较多，且 Fe 和 Ca 元素远远高于砂土和水稻土，可见气化细渣也有利于提高土壤中植物所需营养元素的含量。

从图 4.3（b）中可以看出，砂土不含有重金属 Cu 和 Co，砂土中含有的重金属 Ni 含量较高（59.78 mg/kg），而且砂土中几乎不含有 Zr 和 Rb。气化粗渣与细渣表面重金属 V、Cr、Zn 的含量较高，含量分别为 V（146.87 mg/kg 和 170.26 mg/kg）、Cr（149.36 mg/kg 和 80.17 mg/kg）、Zn（127.13 mg/kg 和 255.78 mg/kg）。

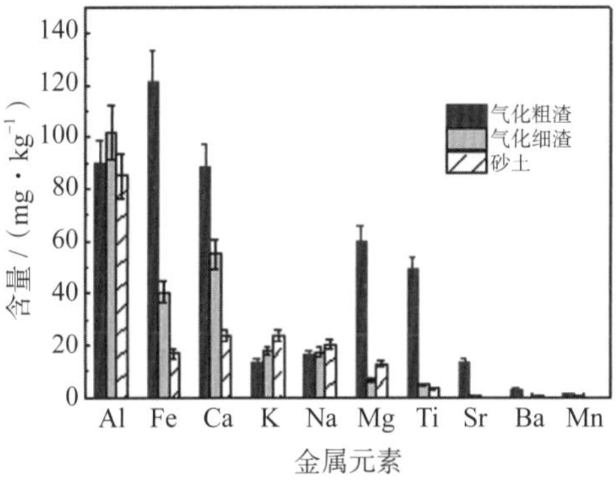

（a）表面金属元素分析

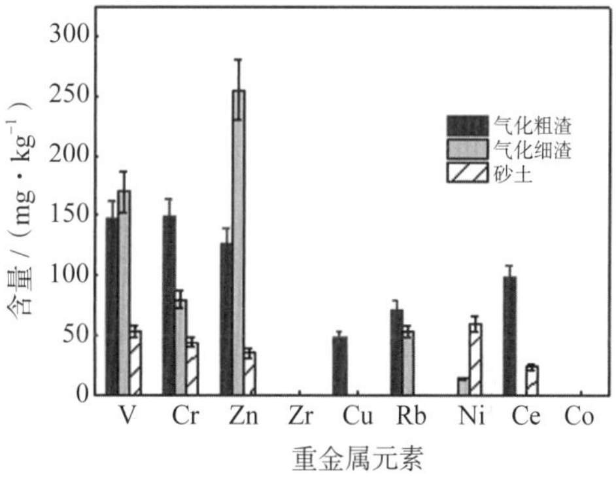

（b）表面重金属元素分析

图 4.3　气化渣、砂土表面元素分析

分析结果表明：2 种气化渣表面含量最高的金属元素都有 Fe、Al、Ca，且含量都显著高于相应的对照砂土，Fe、Ca 是植物生长所必需的营养元素，此外，Fe 和 Al 两种元素在土壤中形成的胶体有利于水稳性团粒的形成，改善土壤结构，Al 元素的存在可以提高土壤对碱的缓冲能力，可见施加固体废物对植物生长、土壤品质改良有利。同时，气化粗渣表面所含的 Mg、Ti 2 种元素均分别为对照的 5 倍和 15 倍左右，Mg 是植物生长所必需的营养元素，而 Ti 对经济作物和粮食作物的生长和增产有促进作用，综合来看，2 种气化渣中气化粗渣所含的有利成分最高；但气化渣中不含一些对照所含的重金属元素，如气化粗渣中不含有 Zr、Ni，气化细渣中不含有 Zr、Cu、Ce，且对照与气化渣中都没有重金属 Co。综上，虽然 2 种固体废物中都含有大量重金属元素，但这些金属元素有利于为植物生长提供有利条件以及改善土壤结构。

4.3.2　重金属含量分析

数据表明，气化粗渣和气化细渣重金属含量都满足其各自作为肥料相应标准，没有超标数据（表 4.3）。气化渣中的重金属 As 的含量超出《土壤环境质量标准》（GB15618—2018）二级标准 20 mg/kg 的阈值，但气化细渣、气化粗渣的重金属 Cd 平均浓度分别为 41.27 mg/kg 和 46.79 mg/kg，低于《肥料中砷、镉、铅、铬、汞生态指标》（GB/T 23349—2020）所规定的 50 mg/kg 的标准。此外，气化细渣中 Pb 的平均含量 128.52 mg/kg，超出《食用农产品产地环境质量评价标准》（HJ/T332—2006）中规定的 80 mg/kg 的阈值。

表 4.3 对照与固体废物土壤重金属含量表

采样与标准			重金属含量 / (mg · kg^{-1})						
		限值	Cr	Ni	Cu	Zn	As	Cd	Pb
土壤类型	气化粗渣	最小值	258.21	43.34	60.02	157.43	39.73	0.23	33.15
		平均值	268.75	51.06	62.74	193.99	46.79	0.33	33.64
		最大值	280.29	58.58	65.46	230.54	49.84	0.44	34.13
	气化细渣	最小值	71.79	39.70	56.46	237.83	36.23	0.26	126.13
		平均值	88.61	46.33	69.13	259.08	41.27	0.44	128.52
		最大值	105.43	52.95	81.79	280.32	48.75	0.62	130.91
	砂土	最小值	31.73	11.11	5.85	19.11	8.62	0.12	23.92
		平均值	32.57	12.24	5.95	27.36	9.10	0.19	31.99
		最大值	33.40	13.37	6.04	35.62	10.57	0.28	40.06
国标肥料标准值			500				50	10	200
农用粉煤灰标准值			500	300	500		75	10	500
土壤标准值			350	60	100	300	20	0.6	350

注：参考标准：气化粗渣与气化细渣采用《肥料中砷、镉、铅、铬、汞生态指标》(GB/T 23349—2020)来分析其重金属含量，GB/T 23349—2020 中未规定的重金属采用《土壤环境质量标准》(GB15618—2018)来判定。

因为气化渣中 Cd、As 两种重金属的含量与《土壤环境质量标准》(GB15618—2018)二级标准的阈值最为接近，因此以气化渣中这两种重金属的含量作为参照，来估算试验旱田、水田中可容纳的不同气化渣的最大容量。结果表明，当考虑气化渣中 Cd 的含量时，与旱田相比，水田可以容纳更多的气化渣，且对不同气化渣的容纳量表现为气化粗渣 > 气化细渣，旱田与水田对气化细渣的容纳量分别为 3618.03 kg/hm^2 和 4698.74 kg/hm^2，旱田与水田对气化粗渣的最大容纳量分别为 4715.65 kg/hm^2 和 6124.22 kg/hm^2（表 4.4）。

表 4.4 固体废物最大施加量一览表

土壤类型	容重 (g · cm^{-3})	质量 (kg · hm^{-2})	重金属 Cd/(mg · kg^{-1})		重金属 As / (mg · kg^{-1})	
			二级标准	背景值	二级标准	背景值
旱地	1.54	3850	0.6	0.19	25	9.10
水田	1.40	3500	0.6	0.01	20	14.33
固体废物	考虑渣中重金属 Cd 含量			考虑渣中重金属 As 含量		
	Cd 含量 (mg · kg^{-1})	最大接收量 / (kg · hm^{-2})		As 含量 (mg · kg^{-1})	最大接收量 / (kg · hm^{-2})	
		旱田	水田		旱地	水田
气化细渣	0.44	3618.03	4698.74	48.75	1255.96	406.91
气化粗渣	0.33	4715.65	6124.22	46.79	1308.61	423.97

注：重金属标准含量采用《土壤环境质量标准》(GB15618—2018)二级标准，每公顷土壤面积 10000 m^2，耕层厚度 0.25 m，土壤体积 2500 m^3。

而当考虑气化渣中 As 的含量时，与水田相比，旱田可以容纳更多的气化渣，且对不同气化渣的容纳量表现为气化粗渣＞气化细渣，旱田与水田对气化细渣的容纳量分别为 1255.96 kg/hm^2 和 406.91 kg/hm^2，旱田与水田对气化粗渣的最大容纳量分别为 1308.61 kg/hm^2 和 423.97 kg/hm^2（表 4.4）。

结果表明，气化粗渣、气化细渣中重金属的含量全都符合各自作为肥料的标准中相应的重金属含量，将它们用于改善农作物土壤结构、改良土壤品质，符合作为肥料的标准。气化渣的 As 含量虽满足其作为肥料的相应标准，但超出《土壤环境质量标准》（GB15618—2018）二级标准，气化细渣中的 Pb 含量均超出《食用农产品产地环境质量评价标准》（HJ/T332—2006）中规定的 80 mg/kg 的阈值。因此将其应用于一般农田、蔬菜地、茶园、果园、牧场等经济作物和农作物种植土壤中时应给予慎重考虑，且施加量不宜过多，需在后续监测它们对土壤品质和地下水的实际影响，但可以将它们应用于林地、沙漠土壤及污染物容量较大的高背景值土壤中用于改善土壤品质。

4.4 气化渣的淋溶试验结果分析

试验结果选用了《地下水质量标准》（GB/T14848—2020）Ⅱ类标准来衡量淋溶液中重金属对地下水的影响，依据我国地下水水质现状、人体健康基准值及地下水质量保护目标，并参照了生活饮用水、工业、农业用水水质最高要求，《地下水质量标准》（GB/T14848—2017）将地下水质量划分为 5 类，其中Ⅲ类标准以人体健康基准值为依据，主要适用于集中式生活饮用水水源及工业、农业用水。数据表明，对照样地土壤淋溶液重金属含量均符合地下水质量Ⅱ类标准。添加了 5 cm、10 cm 气化粗渣或气化细渣的淋溶柱，各重金属含量与对照相比略有提高但仍显著低于标准阈值，如 Cd 和 Ni 两种重金属在地下水中的标准最高浓度分别为 0.01 mg/L 和 0.05 mg/L，而添加固体废物的淋溶柱的淋溶液中，重金属 Cd 的含量均低于检测限，均为 <0.000，而重金属 Ni 的最大含量仅为 0.00015 mg/L。由此可见，施加小于 10 cm 厚的气化粗渣或气化细渣均不会导致旱田、水田的淋溶液重金属含量超出对人体健康造成危害的阈值。

淋溶试验表明，施加小于 10 cm 厚的气化粗渣或气化细渣的样地，淋溶液当中的重金属含量均符合《地下水质量标准》（GB/T14848—93）Ⅱ类标准，尤其是 Cd、Pb 两种重金属含量几乎检测不到。总之，施加小于 10 cm 厚的气化粗渣或气化细渣不会导致旱田、水田的淋溶液重金属含量超出阈值，不会对人体健康造成危害。

4.5 小结

气化渣是煤化工生产中的固体废弃物，长期堆存既占用土地资源，又容易对周边环境造成污染，每年处理还要耗费大量人力、物力。因此，探究气化渣资源再利用和绿色发展具有重要意义。通过对气化渣及对掺入气化渣后的砂土样地的理化性质、重金属含量的分析，为气化渣作为新的土壤改良方式的可行性提供依据。结果分析结论如下：

（1）气化渣添加有利于改善土壤结构、增加土壤养分并具有显著保水效果

被试样地对照土壤容重为 1.54 g/ cm^3，气化细渣与气化粗渣容重小于 1 g/ cm^3，分别为 0.36 g/cm^3 和 0.88 g/cm^3，将其混施到土壤中可以降低土壤本身的容重，容重降低有助

图 4.4　淋溶柱填充与淋溶液采集照片

于改善土壤孔隙结构，增加土壤的持水、保肥能力；通过电镜扫描也发现气化渣表面有一些球状颗粒物，且表面疏松使其可以具有较大的比表面积、较好的透水与保水能力及较高的潜在吸附能力，也有助于改善土壤孔隙结构、增加孔隙度与土壤持水能力，起到改良土壤结构的作用；不同的气化渣添加均使土壤有机碳含量增加 25% 以上；阳离子交换量是指土壤胶体所能吸附各种阳离子的总量，影响土壤缓冲能力的高低，粗渣的阳离子交换量分别为土壤本身的 35%；2 种气化渣均显著增加了土壤的全磷含量，气化渣使旱地土壤全磷含量为对照的 1.93 ~ 3.03 倍、水田土壤全磷含量为对照的 1.64 ~ 2.00 倍。整体来看，气化渣有利于土壤中营养元素的增加。样地土壤本身的饱和含水率仅为 24%，气化渣饱和含水率均显著高于对照，分别为气化粗渣的 65%、气化细渣的 54%，同时，对照的田间持水量仅为 12%，气化粗渣、气化细渣的田间持水率分别是对照的 2 倍和 8.08 倍。施加气化细渣使土壤含水率提高 17% ~ 75%，12 cm 和 8 cm 气化粗渣使水田土壤含水率分别高出对照的 104% 和 58%，可见固体废物对提高土壤的保水效果作用显著。

（2）施加气化渣不会导致被试样地土壤重金属含量超标

气化渣重金属含量都满足其各自作为肥料的相应标准。气化渣的 Cd 和 As 含量超出

《土壤环境质量标准》（GB15618—2018）二级标准，但均符合《肥料中砷、镉、铅、铬、汞生态指标标准》（GB/T 22349—2020）。当考虑气化渣中重金属 Cd 的形态时，与旱田相比，水田对气化渣的容纳量更大，且对粗渣的容纳量为 6124.22 kg/hm^2，大于对细渣的容纳量 4698.74 kg/hm^2；当考虑气化渣中重金属 As 的含量时，旱田可以容纳更多的气化渣，且对粗渣的容纳量最大，为 1308.61 kg/hm^2。随着气化渣加量的增加，土壤中重金属的含量有所提高，但不会导致土壤中重金属含量超出《土壤环境质量标准》（GB15618—1995）。此外，被试土壤重金属含量具有垂直分布规律，重金属主要集中在耕作层，耕作层以下土壤重金属含量和对照几乎没有区别。

（3）气化渣淋溶液中的重金属含量低于对人体健康造成危害的阈值

淋溶试验表明，施加小于 10 cm 厚的气化粗渣或气化细渣，淋溶液当中的重金属含量均符合《地下水质量标准》（GB/T14848—93）Ⅱ类标准，尤其是 Cd、Pb 两种重金属含量几乎检测不到。Ⅰ类标准以人体健康基准值为依据，主要适用于集中式生活饮用水水源及工业、农业用水。由此可见，气化渣淋溶液中的重金属不会对环境、人体健康造成危害。

综上所述，在土壤中掺入气化渣有利于改善土壤结构、增加土壤养分并具有显著保水效果；气化渣及掺入气化渣的土壤重金属含量均符合使用标准，淋溶液中的重金属也不会对环境、人体健康造成危害。因此可以将气化渣作为土壤改良的新方法，为废物资源再利用提供重要依据。

第 5 章　气化渣复配土的保水保肥特性

5.1　对土壤容重的影响

土壤容重是指单位容积原状土壤干土的质量，是衡量土壤物理特性的重要指标之一，对土壤通气性、含水量及营养物质的运转功能影响较大。熟化程度较高的土壤，容重较小，降低容重有助于改善土壤孔隙结构，增加土壤的持水、保肥能力。各处理及对照组（CK）的土壤容重详见表 5.1。从表 5.1 中可以看出，随着气化渣量的增加，土壤容重呈现出显著下降的趋势（$P<0.05$），风沙土配方 1 ～ 8 的容重比 CK 分别降低了 7.75%、15.5%、20%、27.75%、35.5%、40%、47.75%、55.5%，变化规律为配方 8< 配方 7< 配方 6< 配方 5< 配方 4< 配方 3< 配方 2< 配方 1<CK；盐碱土配方 1 ～ 8 的容重比 CK 分别降低了 18.81%、15.17%、33.78%、26.5%、45.1%、30.14%、41.47%、37.83%，变化规律为配方 6< 配方 7< 配方 8< 配方 3< 配方 4< 配方 5< 配方 1< 配方 2<CK；酸土配方 1 ～ 8 的容重降低幅度分别为 3.38%、14.06%、17.44%、20.83%、24.21%、27.59%、21.35%、28.12%，变化规律为配方 8< 配方 6 < 配方 5< 配方 7< 配方 4< 配方 3< 配方 2< 配方 1<CK。形成这种趋势的原因有两个：一是由于气化渣本身的土壤容重就远小于风沙土、盐碱土和酸土的容重，两者混合后可以降低土壤容重；二是气化渣中的小颗粒可以填充在土壤的孔隙之间，使内部孔隙增多，孔隙表面积增大，从而起到降低土壤容重的作用。所以掺入气化渣后可以显著降低土壤容重。

表 5.1　气化渣对土壤容重的影响一览表　　单位：g/cm^3

容重	CK	配方 1	配方 2	配方 3	配方 4	配方 5	配方 6	配方 7	配方 8
风沙土	1.600	1.476	1.352	1.280	1.156	1.032	0.960	0.836	0.712
盐碱土	1.430	1.161	1.213	0.947	0.999	1.051	0.785	0.837	0.889
酸土	1.330	1.285	1.143	1.098	1.053	1.008	0.963	1.046	0.956

5.2　对土壤粒径组成及质地的影响

土壤质地又称土壤机械组成，指的是土壤中各粒级占土壤质量的百分比组合，是土壤最基本的物理性质之一；土壤粒径组成是指各粒径占土壤质量的百分比。在针对土壤改良中，由于壤土的结构性好，容重小，因此土壤改良的实质就是将各种有缺陷的劣质土壤向壤土方向改进。

5.2.1 试验数据处理

运用粒径分析软件 Talwin 处理数据，此软件选用美国土壤质地分类标准，采用三角坐标图解法，等边三角形的 3 条边分别代表黏粒（<0.002 mm）、粉粒（0.002 ~ 0.05 mm）及砂粒（0.05 ~ 2 mm）的含量（%），通过将各土层试验的 3 种粒径含量（%）数据代入三角坐标，定位出该土层的土壤质地。美国土壤质地分类三角坐标图见图 5.1。用激光粒径分析仪对每种配方进行测定试验，每种配方重复 3 次，取其均值，代入粒径分析软件 Talwin 对数据进行处理。

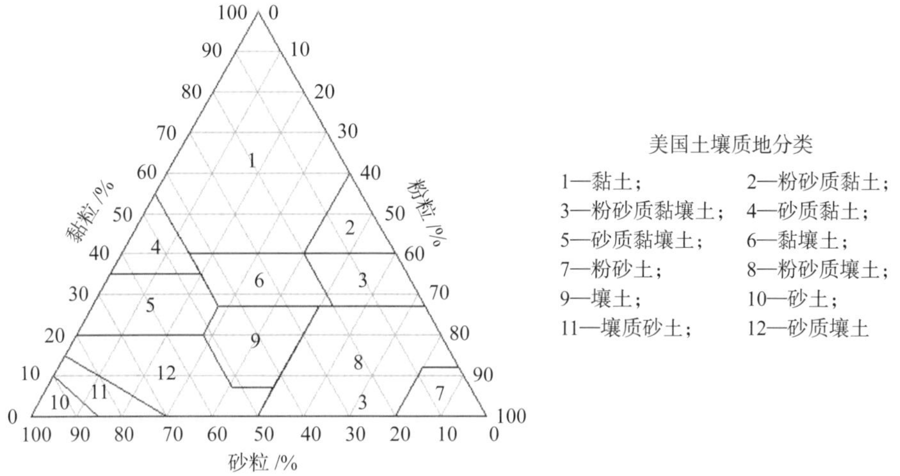

图 5.1 美国土壤质地分类三角坐标图及分类名称示意图

5.2.2 风沙土粒径组成及质地试验结果

各处理及 CK 的粒径组成及土壤质地结果见表 5.2 及图 5.2、图 5.3，从图、表中可以看出，随着气化渣量的增加，土壤砂粒含量呈现出显著下降趋势（$P<0.05$），变化规律为配方 8< 配方 7< 配方 5< 配方 6< 配方 4 < 配方 3< 配方 1 < 配方 2<CK，降低幅度分别为 5.89%、12.09%、14.51%、8.82%、19.36%、30.49%、17.71%、35.8%；黏粒和粉粒含量呈现显著升高趋势（$P<0.05$），变化规律均为 CK< 配方 2< 配方 1< 配方 3 < 配方 4< 配方 5< 配方 6 < 配方 7< 配方 8 ，黏粒含量提高幅度为 0.66%、0.89%、1.1%、1.43%、1.73%、1.87%、2.8%、2.92%，粉粒含量提高幅度为 5.23%、7.94%、10.99%、13.08%、15.99%、17.49%、27.69%、32.88%；CK 及各处理的土壤质地分别为砂土、砂土、壤质砂土、砂土、壤质砂土、壤质砂土、壤质砂土、砂质壤土、砂质壤土，说明水煤浆气化渣对风沙土的粒径组成和土壤质地的改良效果明显。

表 5.2 风沙土粒径组成及质地试验结果表

配方	砂粒 /%	黏粒 /%	粉粒 /%	处理结果
CK	97.24	0.20	2.56	砂土
配方 1	88.42	1.09	10.49	砂土
配方 2	91.35	0.86	7.79	砂土

续表

配方	砂粒 /%	黏粒 /%	粉粒 /%	处理结果
配方 3	85.15	1.30	13.55	壤质砂土
配方 4	82.73	1.63	15.64	壤质砂土
配方 5	77.88	2.07	20.05	壤质砂土
配方 6	79.53	1.93	18.54	壤质砂土
配方 7	66.75	3.00	30.25	砂质壤土
配方 8	61.44	3.12	35.44	砂质壤土

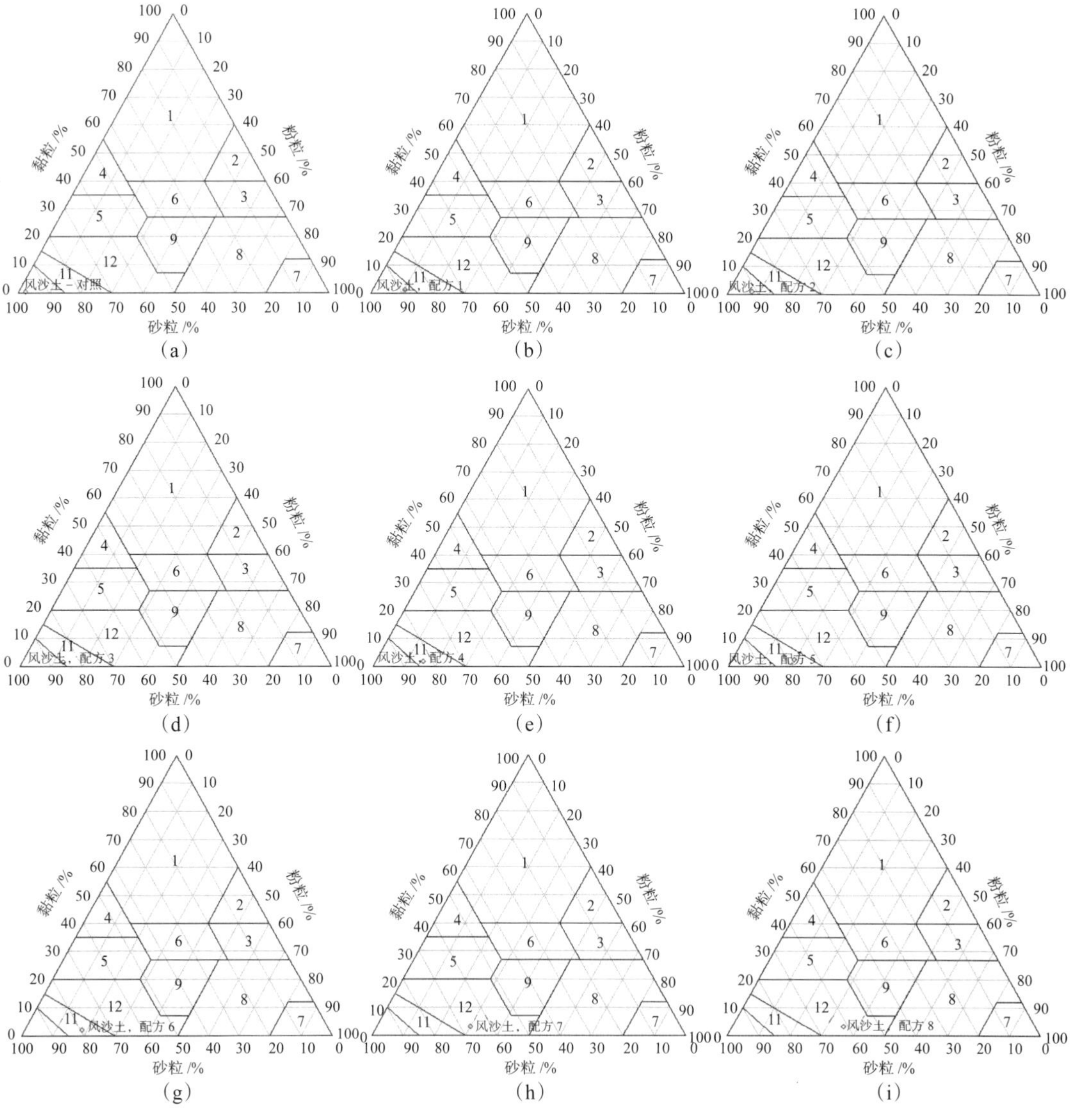

图 5.2　风沙土土壤质地分类三角坐标图

(a) 为 CK；(b) ～ (f) 为配方 1 ～ 8

风沙土本身的容重较大，随着气化粗渣和气化细渣的掺入量增加，可以改善风沙土

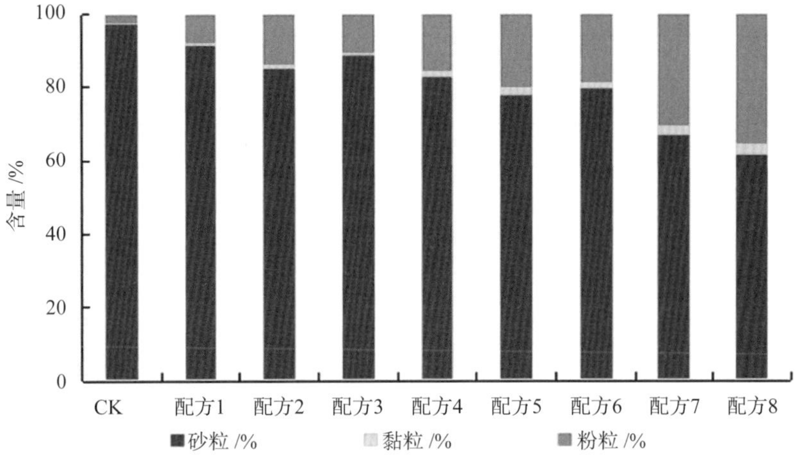

图 5.3　风沙土粒径组成结果图

的气孔结构，使内部孔隙增多，因而重构土壤的容重逐渐降低，并且黏粒和粉粒所占的比例不断增高，改善了风沙土的质地疏松、孔隙大的缺点，提高了土壤保水能力；而且根据土壤质地分级来看，在随着气化粗渣和气化细渣掺入比例不断提高之后，重构土壤的土壤质地从砂土逐渐转变为壤质砂土进而转变为砂质壤土，改善了风沙土土壤质地。土壤改良中，由于壤土的结构性好，容重小，因此土壤改良的实质就是将各种极端劣质土壤向壤土方向康复。从试验数据来看，对风沙土的改良方案的方向符合一般规律。由此可见，气化渣的添加可以起到降低土壤容重的作用，有助于改善土壤孔隙结构，减小风沙土土壤孔隙度，对砂土的粒径改良效果显著。

5.2.3　盐碱土粒径组成及质地试验结果

各处理及 CK 的粒径组成及土壤质地结果见表 5.3，图 5.4、图 5.5，从图、表中可以看出，随着气化渣量的增加，土壤砂粒含量呈现出显著上升趋势（$P<0.05$），配方 1 ~ 8 的容重比 CK 分别升高了 −0.63%、0.31%、11.07%、7.67%、9.18%、5.93%、8.52%、36.16%，变化规律为配方 8> 配方 3> 配方 5> 配方 7> 配方 4> 配方 6> 配方 2>CK> 配方 1；黏粒和粉粒含量呈现显著降低趋势（$P<0.05$），黏粒降低幅度为 −0.35%、−0.59%、2.34%、1.35%、2.03%、0.94%、1.78%、5.78%，变化规律均为配方 2> 配方 1>CK> 配方 6> 配方 4> 配方 7> 配方 5> 配方 3> 配方 8；粉粒含量提高幅度为 −0.28%、0.89%、8.73%、6.32%、7.15%、4.98%、6.74%、30.37%，变化规律均为配方 1> 配方 2>CK> 配方 6> 配方 4> 配方 7> 配方 5> 配方 3> 配方 8；CK 及各处理的土壤质地分别为粉砂质壤土、粉砂质壤土、粉砂质壤土、粉砂质壤土、粉砂质壤土、粉砂质壤土、粉砂质壤土、粉砂质壤土、砂质壤十，说明气化渣对盐碱土的粒径组成和土壤质地的改良效果明显。

表 5.3　盐碱土粒径组成及质地试验结果表

配方	砂粒 /%	黏粒 /%	粉粒 /%	处理结果
CK	16.64	10.23	73.13	粉砂质壤土
配方 1	16.01	10.58	73.41	粉砂质壤土

续表

配方	砂粒 /%	黏粒 /%	粉粒 /%	处理结果
配方 2	16.95	10.82	72.24	粉砂质壤土
配方 3	27.71	7.89	64.40	粉砂质壤土
配方 4	24.31	8.88	66.81	粉砂质壤土
配方 5	25.82	8.20	65.98	粉砂质壤土
配方 6	22.57	9.29	68.15	粉砂质壤土
配方 7	25.16	8.45	66.39	粉砂质壤土
配方 8	52.80	4.45	42.76	砂质壤土

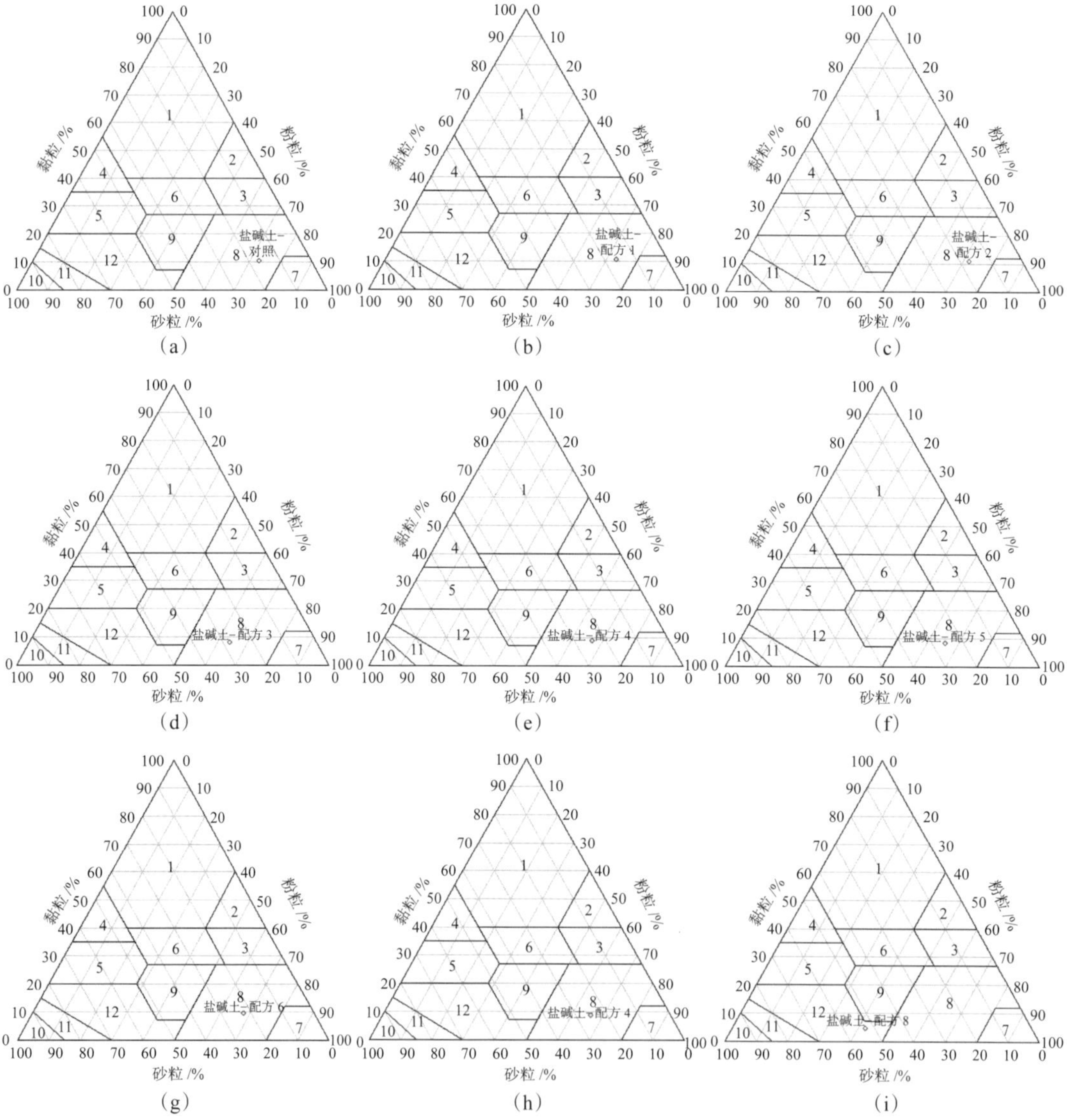

图 5.4　盐碱土土壤质地分类三角坐标图

(a) 为 CK；(b) ～ (i) 为配方 1 ～ 8

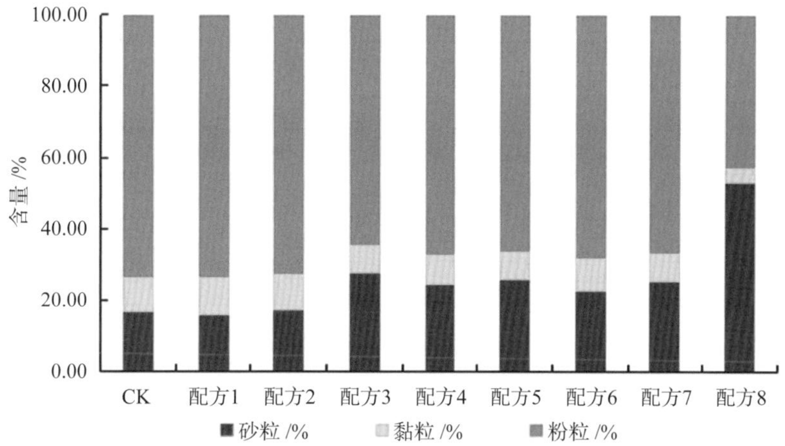

图 5.5　盐碱土粒径组成结果图

相比于盐碱土的容重，随着粗渣和细渣的掺入量增加，重构土壤的容重逐渐降低，并且黏粒和粉粒所占的比例不断降低，增大了颗粒间孔隙，减弱了毛细管作用，改善了盐碱土的通气、透水不良的缺点，使土壤质地变得疏松，加快水运移，降低了土壤盐含量；而且根据土壤质地分级来看，在随着气化粗渣和细渣掺入比例不断提高之后，重构土壤的土壤质地从粉砂质壤土逐渐向砂质壤土转变，改善了盐碱土的土壤质地。从试验数据来看，粒径级配和土壤质地都在向壤土的方向靠近，符合对盐碱土的改良方案的设想。由此可见，气化渣的添加可以起到降低土壤容重的作用，有助于改善土壤孔隙结构，增加孔隙度，提高土壤通透性，加快土壤水运移，遵循“盐随水来、盐随水去”的水盐运动规律，降低土壤盐化程度，对盐碱土的改良效果明显。

5.2.4　酸土粒径组成及质地试验结果

各处理及 CK 的粒径组成及土壤质地结果见表 5.4，图 5.6、图 5.7，从图、表中可以看出，随着气化渣量的增加，土壤砂粒含量呈现出显著上升趋势（$P<0.05$），配方 1 ~ 8 的容重比 CK 分别升高了 18.81%、15.17%、33.78%、30.14%、26.5%、45.1%、41.47%、37.83%，变化规律为配方 6> 配方 8> 配方 5> 配方 4> 配方 3> 配方 7> 配方 2> 配方 1>CK；黏粒和粉粒含量呈现显著降低趋势（$P<0.05$），黏粒降低幅度为 −0.35%、−0.59%、2.34%、1.35%、2.03%、0.94%、1.78%、5.78%，变化规律均为配方 1>CK> 配方 2> 配方 7> 配方 3> 配方 4> 配方 5> 配方 8> 配方 6；粉粒含量提高幅度为 −0.28%、0.89%、8.73%、6.32%、7.15%、4.98%、6.74%、30.37%，变化规律均为 CK> 配方 1> 配方 2> 配方 7> 配方 3> 配方 4> 配方 5> 配方 8> 配方 6；CK 及各处理的土壤质地分别为粉砂质壤土、粉砂质壤土、粉砂质壤土、粉砂质壤土、粉砂质壤土、粉砂质壤土、砂质壤土、粉砂质壤土、粉砂质壤土，说明水煤浆气化渣对酸土的粒径组成和土壤质地的改良效果明显。

表 5.4　酸土粒径组成及质地试验结果表

配方	砂粒 /%	黏粒 /%	粉粒 /%	处理结果
CK	16.96	7.95	75.09	粉砂质壤土

续表

配方	砂粒 /%	黏粒 /%	粉粒 /%	处理结果
配方 1	19.21	8.12	72.67	粉砂质壤土
配方 2	27.26	7.25	65.49	粉砂质壤土
配方 3	32.45	6.61	60.94	粉砂质壤土
配方 4	35.37	6.38	58.25	粉砂质壤土
配方 5	38.18	6.21	55.62	粉砂质壤土
配方 6	50.11	4.88	45.01	砂质壤土
配方 7	31.40	6.88	61.73	粉砂质壤土
配方 8	38.47	6.16	55.37	粉砂质壤土

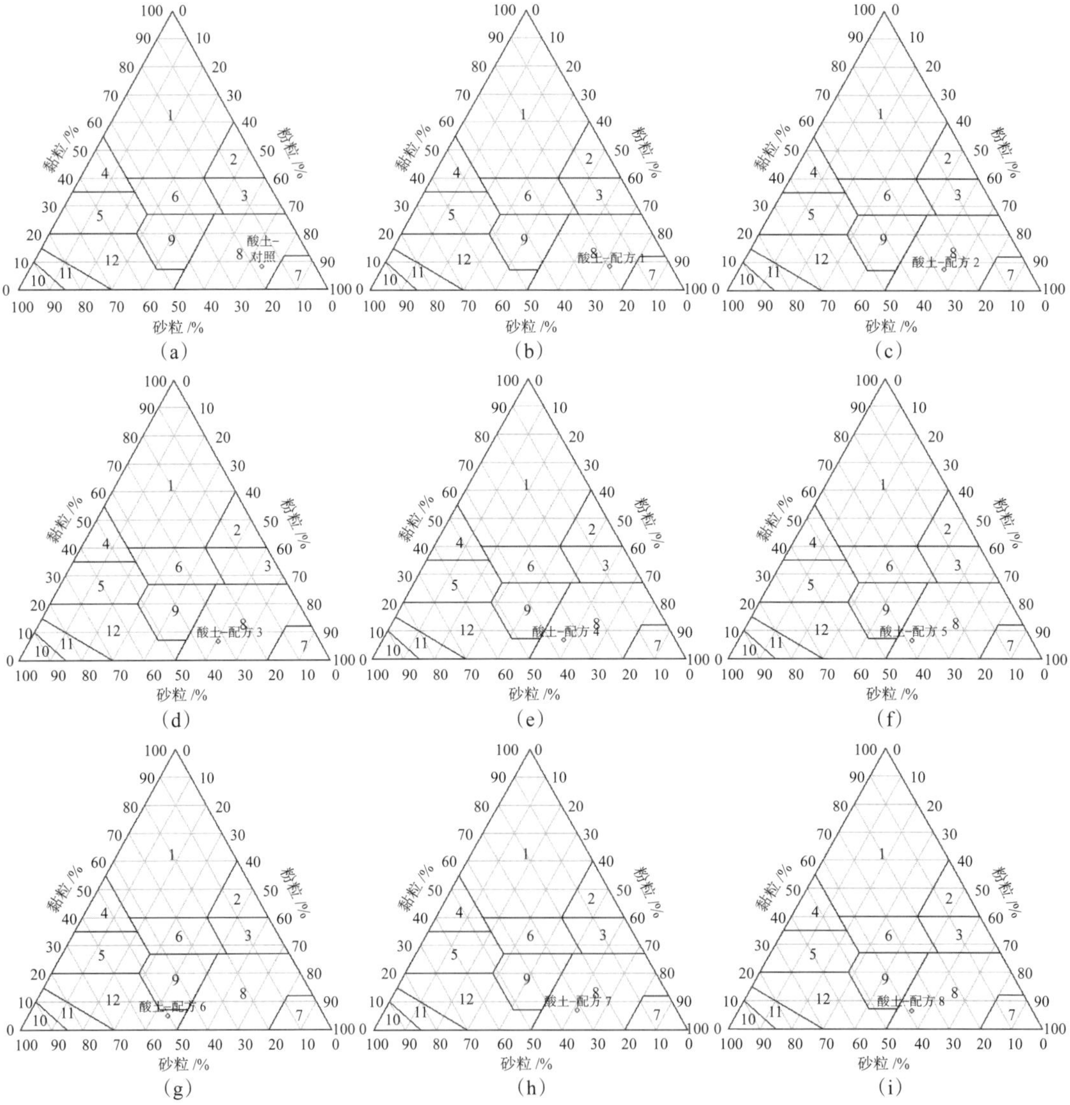

图 5.6　酸土土壤质地分类三角坐标图

（a）为 CK；（b）～（i）为配方 1 ～ 8

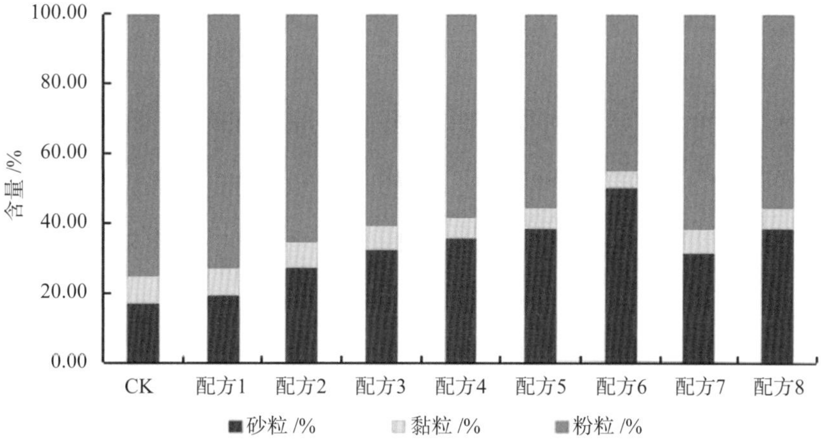

图 5.7　酸土粒径组成结果图

相比于酸土的容重，随着粗渣和细渣的掺入量增加，重构土壤的容重逐渐降低，并且黏粒和粉粒所占的比例不断降低，增大了颗粒间孔隙，减弱了毛细管作用，改善了酸土排水不良的缺点，使土壤质地变得疏松，加快水运移；而且根据土壤质地分级来看，在随着气化粗渣和细渣掺入比例不断提高之后，重构土壤的土壤质地从粉砂质壤土逐渐向砂质壤土转变，改善了酸土的土壤质地。从试验数据来看，粒径级配和土壤质地都在向壤土的方向靠近，符合对酸土的改良方案的一般规律。由此可见，气化渣的添加可以起到降低土壤容重的作用，有助于改善土壤孔隙结构，增加孔隙度，提高土壤通透性，加快土壤水运移，对酸土的改良效果明显。

5.2.5　粒径组成及质地试验结果分析

试验结果表明，气化渣的添加可以起到降低土壤容重的作用，有助于改善土壤孔隙结构，提高土壤通透性，加快土壤水运移，提高土壤保水性。气化粗渣中砂粒相对密度大，砂粒粒径大，可以改善土壤的气孔结构，使内部孔隙增多，因而使土壤容重降低，土壤保水性增强；气化细渣黏粒相对密度大，黏粒的表面积大，具有较强的吸附作用，与土壤混合，其可以填充在土壤的大孔隙之间，改善土壤的质地，提高了土壤的保水性。对于风沙土来说，自身容重较大，存在质地疏松、孔隙大、保水能力差的缺点，因此对风沙土的改良以气化细渣为主，随着气化渣的掺入，风沙土的质地从砂土逐渐转变为壤质砂土进而转变为砂质壤土，降低了风沙土土壤容重，改善风沙土土壤质地，优化土壤孔隙结构，减小土壤孔隙度，对砂土的粒径改良效果显著。对于盐碱土来说，自身存在盐分含量高、通气透水不良的缺点，因此对盐碱土的改良以气化粗渣和细渣不同比例搭配为主，随着气化渣的掺入，土壤质地从粉砂质壤土逐渐向砂质壤土转变，降低土壤容重，改善土壤孔隙结构，增加土壤孔隙度，提高土壤通透性，使土壤质地变得疏松，加快水运移，遵循“盐随水来、盐随水去”的水盐运动规律，降低土壤盐含量，减弱土壤盐化程度，对盐碱土的改良效果明显。对于酸土来说，自身存在粒径小排水不良的缺点，因此对酸土的改良以气化粗渣为主，随着气化渣的掺入，土壤质地从粉砂质壤土转变向砂质壤土，降低土壤容重，增大了颗粒间孔隙，改善土壤孔隙结构，增加土壤孔隙度，减弱毛细管作用，提高土壤通透性，使土壤质地变得疏松，加快水运移，对酸土的改良效果明显。

5.3 对土壤孔隙度的影响

土壤孔隙是水分运动和储存的场所，是影响土壤渗透性能、决定地表产流量和产流时间的关键要素。土壤的孔隙状况用土壤孔隙度描述，土壤孔隙度是指土壤中孔隙体积与土壤总体积之比。描述孔隙度的指标有三类，分别是毛管孔隙度、非毛管孔隙度、总孔隙度。总孔隙度是指基质中通气孔隙与持水孔隙的总和，以孔隙体积占基质总体积的百分比来表示，它反映了基质的孔隙状况，总孔隙度大说明基质较轻、较疏松，容纳空气和水的量大，有利于根系生长，反之则小。其值的大小等于毛管孔隙度与非毛管孔隙度之和；毛管孔隙度即土壤毛管孔隙容积占土体容积的百分比，毛管孔隙具有毛细作用，而且孔隙中水的毛管传导率大，易于被植物吸收利用，它的大小反映了土壤保持水分的能力，是影响土壤渗透性能、决定地表产流量和产流时间的关键要素；非毛管孔隙度即非毛管孔隙所占土壤体积的百分比，非毛管孔隙比较粗大，不具毛细作用，一方面反映土壤通气状况；另一方面在下雨时，通气孔发达的土壤可以快速吸收雨水，使之不致造成地表径流。因此非毛管孔隙的大小反映了土壤的通气性、透水性和涵养水源能力的大小。

5.3.1 风沙土孔隙度试验结果

试验结果见表 5.5，图 5.8。由图表可以看出，毛管孔隙度呈现升高的趋势，变化规律为 CK< 配方 1< 配方 3< 配方 2 < 配方 4< 配方 5< 配方 6 < 配方 7< 配方 8 ，提高幅度为 2.44%、3.90%、4.19%、8.60%、10.33%、14.50%、18.15%、18.99%；处理配方 6、配方 7、配方 8 的毛管孔隙度与 CK 呈显著性差异（$P<0.05$），所以气化渣的掺入能提高风沙土的毛管孔隙度。由图表可以看出，非毛管孔隙度呈现下降的趋势，其变化规律为配方 8 < 配方 7< 配方 6< 配方 5 < 配方 4< 配方 2< 配方 3< 配方 1 <CK，降低幅度为 1.11%、1.75%、3.96%、6.18%、6.92%、12.64%、13.07%、13.40%、13.41%，处理配方 6、配方 7、配方 8 的非毛管孔隙度与 CK 呈显著性差异（$P<0.05$），所以气化渣的掺入会降低非毛管孔隙度。从图表可以看出，总孔隙度呈现阶梯状上升趋势，变化规律为 CK< 配方 2< 配方 1< 配方 3 < 配方 4< 配方 6< 配方 5 < 配方 7< 配方 8 ，增长幅度为 0.77%、1.24%、0.35%、1.64%、2.21%、1.72 %、3.44%、3.73%，但各处理间差异性不显著（$P>0.05$）。

表 5.5 气化渣对风沙土孔隙度的影响

孔隙度 /%	CK	配方 1	配方 2	配方 3	配方 4	配方 5	配方 6	配方 7	配方 8
总孔隙度	23.32	23.89	24.23	24.30	25.32	25.73	26.70	27.55	27.75
毛管孔隙度	20.77	20.54	20.40	19.94	19.48	19.33	18.14	18.05	17.98
非毛管孔隙度	44.09	44.43	44.63	44.24	44.81	45.06	44.84	45.61	45.73

5.3.2 盐碱土孔隙度试验结果

试验结果见表 5.6，图 5.9。由图表可以看出，毛管孔隙度呈现升高的趋势，提高幅度为 20.37%、7.86%、26.07%、18.58%、12.05%、27.83%、10.72%、18.82%，变

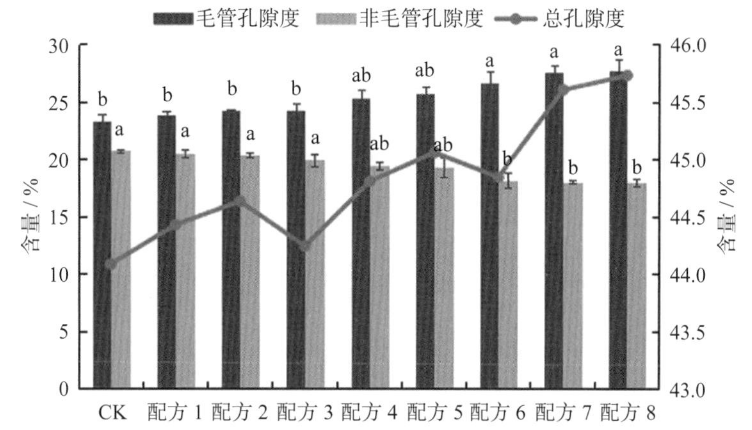

图 5.8　风沙土孔隙度结果图

化规律为 CK< 配方 2< 配方 1< 配方 5< 配方 3< 配方 4< 配方 8< 配方 6< 配方 7，所以气化渣的掺入能提高风沙土的毛管孔隙度。由图表可以看出，非毛管孔隙度呈现上升的趋势，提高幅度为 128.91%、112.75%、270.11%、275.88%、255.59%、501.82%、502.40%、447.91%，其变化规律为 CK< 配方 2< 配方 1< 配方 5< 配方 4< 配方 3< 配方 7< 配方 8< 配方 6，所以气化渣的掺入会提高非毛管孔隙度。从图表可以看出，总孔隙度呈现阶梯状上升趋势，增长幅度为 33.72%、20.77%、56.10%、50.25%、42.03%、86.17%、71.23%、71.62%，变化规律为 CK< 配方 2< 配方 7< 配方 5< 配方 4< 配方 8< 配方 1< 配方 3< 配方 6 。

表 5.6　气化渣对盐碱土孔隙度的影响

孔隙度 /%	CK	配方 1	配方 2	配方 3	配方 4	配方 5	配方 6	配方 7	配方 8
总孔隙度	40.66	48.94	43.86	51.26	48.22	45.56	51.98	45.02	48.31
毛管孔隙度	5.71	13.06	12.14	21.12	21.45	20.29	34.34	34.38	31.27
非毛管孔隙度	46.37	62.01	56.00	72.39	69.67	65.86	86.32	79.40	79.58

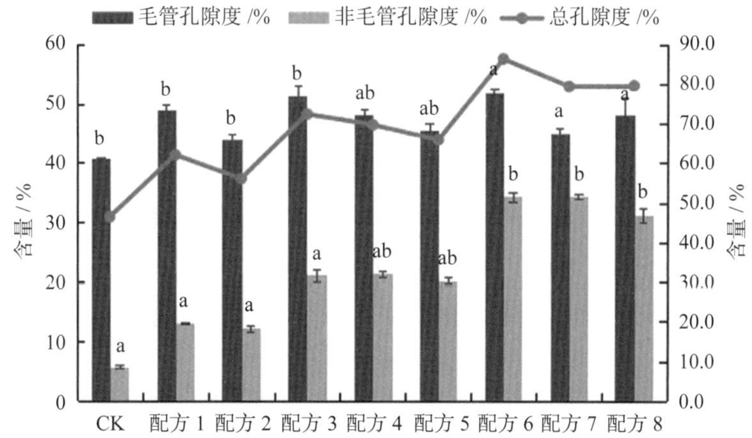

图 5.9　盐碱土孔隙度结果图

5.3.3 酸土孔隙度试验结果

试验结果见表 5.7、图 5.10。由图表可以看出，毛管孔隙度呈现升高的趋势，提高幅度为 1.73%、13.13%、14.50%、19.03%、17.17%、17.48%、18.26%、27.82%，变化规律为 CK< 配方 1< 配方 2< 配方 3< 配方 5< 配方 6< 配方 7< 配方 4< 配方 8，所以气化渣的掺入能提高风沙土的毛管孔隙度。由图表可以看出，非毛管孔隙度呈现上升的趋势，提高幅度为 20.72%、64.81%、89.12%、160.34%、221.44%、276.25%、117.49%、197.36%，其变化规律为 CK< 配方 1< 配方 2< 配方 3< 配方 7< 配方 4< 配方 8< 配方 5< 配方 6，所以气化渣的掺入会提高非毛管孔隙度。从图表可以看出，总孔隙度呈现阶梯状上升趋势，增长幅度为 2.87%、16.23%、18.98%、27.51%、29.43%、33.01%、24.21%、38.08%，变化规律为 CK< 配方 1< 配方 2< 配方 3< 配方 7< 配方 4< 配方 5< 配方 6< 配方 8 。

表 5.7 气化渣对酸土孔隙度的影响

孔隙度 /%	CK	配方 1	配方 2	配方 3	配方 4	配方 5	配方 6	配方 7	配方 8
总孔隙度	59.25	60.28	67.03	67.85	70.53	69.42	69.61	70.07	75.79
毛管孔隙度	3.78	4.57	6.23	7.15	9.85	12.16	14.23	8.23	11.25
非毛管孔隙度	63.03	64.84	73.26	75.00	80.37	81.58	83.84	78.29	87.04

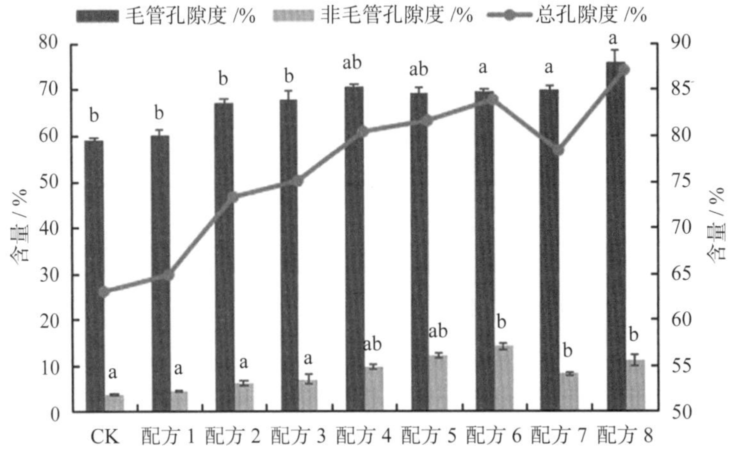

图 5.10 酸土孔隙度结果图

5.3.4 孔隙度试验结果分析

气化渣包括粗渣和细渣。气化粗渣是在气化炉高温高压条件下经熔融、激冷、凝结等流程，由气化炉底部排出的渣类，粒径集中分布在 4750 ~ 10000 μm 之间，其特性表现为粒径组成中气化粗渣的砂粒相对密度大，砂粒粒径大，可以改善土壤的气孔结构，使内部孔隙增多，因而使土壤容重降低，土壤保水性增强；气化细渣是气化炉顶部由气流携出并经初步洗涤净化，沉淀得到的渣类，粒径均小于 1000 μm，其特性表现为黏粒相对密度大，黏粒的表面积大，具有较强的吸附作用，与土壤混合，其可以填充在土壤的大孔隙之间，改善土壤的质地，提高了土壤的保水性。而气化渣的施用改变了风沙土的孔隙结构，细小的气化渣颗粒可以填充到砂土的大孔隙中，有效地减少了大孔隙的比例，降低了风沙土水力传导能力，有效地减弱了风沙土的土壤渗透性，减缓了土壤水运移，提高了土壤保水性。而对于盐碱土和酸土来说，掺入气化渣增大砂粒含量，增大大孔隙比例，有助于改善土壤孔隙结构，增加孔隙度，加快土壤水运移，提高土壤通透性。

5.4 对土壤水分常数的影响

5.4.1 风沙土土壤水分常数试验结果

由表 5.8 和图 5.11 可以看出，在掺入气化粗渣和细渣之后，随着掺入比例的不断提高，对风沙土土壤水力学性质均有所提高。饱和含水率呈现上升的趋势，变化规律为 CK< 配方 1< 配方 2< 配方 3< 配方 4< 配方 5< 配方 6< 配方 7< 配方 8，饱和含水率是指在自然条件下，土壤孔隙全部充满水分时的含水量包括毛管孔隙和非毛管孔隙，它代表土壤最大容水能力，也就是土壤颗粒间所有孔隙都充满水时的含水量，亦称持水度，配方 1 ~ 8 比 CK 分别提高 3.042%、6.013%、8.024%、12.415%、17.985%、20.776%、28.066%、39.968%。说明掺入气化渣可以提高风沙土的保水性。毛管持水率也呈现上升的趋势，变化规律为配方 3<CK< 配方 1< 配方 4< 配方 2< 配方 5< 配方 6< 配方 7< 配方 8。毛管持水率是指土壤中所能保持的毛管上升水的最大数量，配方 1 ~ 8 比 CK 分别提高 0.511%、1.963%、−0.807%、1.744%、5.071%、5.372%、10.404%、20.561%。田间持水率也呈现上升的趋势，变化规律为配方 1< 配方 3<CK< 配方 5< 配方 2< 配方 4< 配方 6< 配方 7< 配方 8，田间持水率被认为是土壤所能稳定保持的最高土壤含水率，也是土壤中所能保持悬着水的最大量，是对作物有效的最高的土壤水含率，配方 1 ~ 8 比 CK 分别提高 −1.125%、2.057%、−0.803%、2.383%、1.746%、4.636%、7.952%、17.411%。

表 5.8 气化渣对风沙土水分常数的影响

土壤水分常数 /%	CK	配方 1	配方 2	配方 3	配方 4	配方 5	配方 6	配方 7	配方 8
饱和含水率	25.15	28.55	31.16	33.17	37.56	43.13	45.92	53.21	65.12
毛管持水率	17.22	18.45	19.20	20.26	20.89	23.19	24.29	28.92	39.08
田间持水率	7.66	9.44	10.29	11.00	12.68	13.81	15.21	17.55	27.01

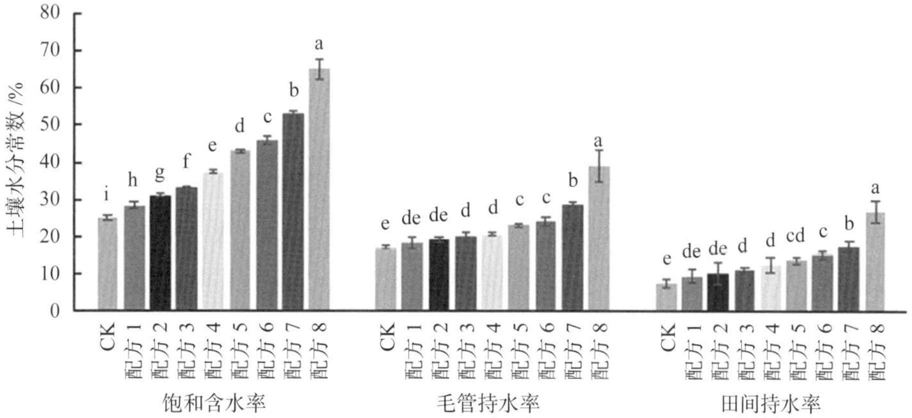

图 5.11 气化渣对风沙土水分常数的影响

5.4.2 盐碱土土壤水分常数试验结果

由表 5.9 和图 5.12 可以看出，在掺入气化粗渣和细渣之后，随着掺入比例不断提高，对盐碱土土壤水力学性质均有所提高。饱和含水率呈现上升的趋势，变化规律为 CK< 配方 2< 配方 1< 配方 5< 配方 4< 配方 3< 配方 7< 配方 8< 配方 6，配方 1.8 比 CK 分别提高 10.935%、6.736%、18.192%、16.293%、13.627%、27.941%、23.097%、23.225%。说明掺入气化渣可以提高盐碱土的保水性。毛管持水率也呈现上升的趋势，变化规律为 CK< 配方 2< 配方 7< 配方 5< 配方 4< 配方 8< 配方 1< 配方 3< 配方 6，配方 1 ~ 8 比 CK 分别提高 5.791%、2.236%、7.413%、5.284%、3.428%、7.914%、3.048%、5.351%。田间持水率也呈现上升的趋势，变化规律为配方 7<CK< 配方 2< 配方 5< 配方 8< 配方 4< 配方 1< 配方 6< 配方 3，配方 1 ~ 8 比 CK 分别提高 5.332%、1.026%、7.882%、2.783%、1.558%、6.895%、−0.432%、1.828%。

表 5.9　气化渣对盐碱土水分常数的影响

土壤水分常数 /%	CK	配方 1	配方 2	配方 3	配方 4	配方 5	配方 6	配方 7	配方 8
饱和含水率	32.43	43.36	39.16	50.62	48.72	46.05	60.37	55.52	55.65
毛管持水率	28.44	34.23	30.67	35.85	33.72	31.86	36.35	31.48	33.79
田间持水率	22.80	28.13	23.82	30.68	25.58	24.36	29.69	22.37	24.63

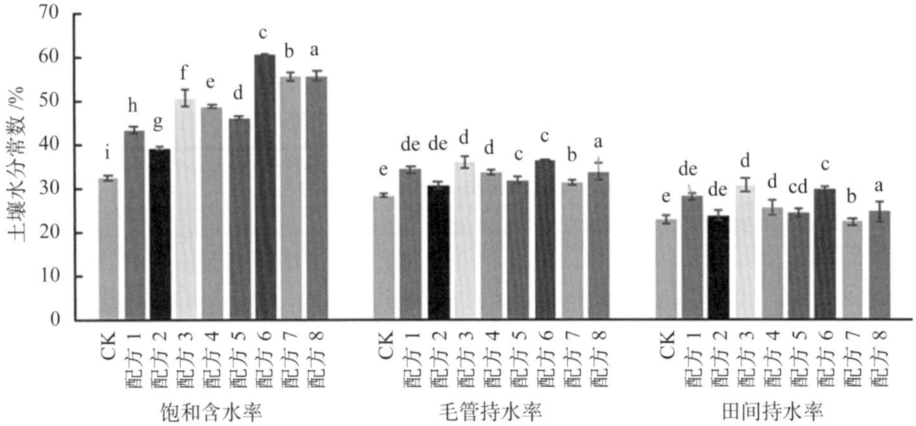

图 5.12　气化渣对盐碱土水分常数的影响

5.4.3 酸土土壤水分常数试验结果

由表 5.10 和图 5.13 可以看出，在掺入气化粗渣和细渣之后，随着掺入比例不断提高，对酸土土壤水力学性质均有所提高。饱和含水率呈现上升的趋势，变化规律为 CK< 配方 1< 配方 2< 配方 3< 配方 7< 配方 4< 配方 5< 配方 6< 配方 8，配方 1 ~ 8 比 CK 分别提高 1.360%、7.691%、8.996%、13.039%、13.946%、15.645%、11.475%、18.049%。说明掺入气化渣可以提高酸土的保水性。毛管持水率也呈现上升的趋势，变化规律为 CK< 配方 1< 配方 2< 配方 3< 配方 5< 配方 6< 配方 7< 配方 4< 配方 8，配方 1 ~ 8 比 CK 分别提高 0.771%、5.848%、6.462%、8.479%、7.649%、7.789%、8.134%、12.437%。田间持水率也呈现上升的趋势，变化规律为 CK< 配方 1< 配方 2< 配方 3< 配方 7< 配方 6< 配

方 5< 配方 4< 配方 8，配方 1 ~ 8 比 CK 分别提高 1.699%、5.562%、5.830%、8.840%、6.877%、6.626%、6.492%、9.059%。

表 5.10　气化渣对酸土水分常数的影响

土壤水分常数 /%	CK	配方 1	配方 2	配方 3	配方 4	配方 5	配方 6	配方 7	配方 8
饱和含水率	47.39	48.75	55.08	56.39	60.43	61.34	63.04	58.87	65.44
毛管持水率	44.55	45.32	50.40	51.01	53.03	52.20	52.34	52.68	56.99
田间持水率	40.68	42.38	46.24	46.51	49.52	47.56	47.30	47.17	49.74

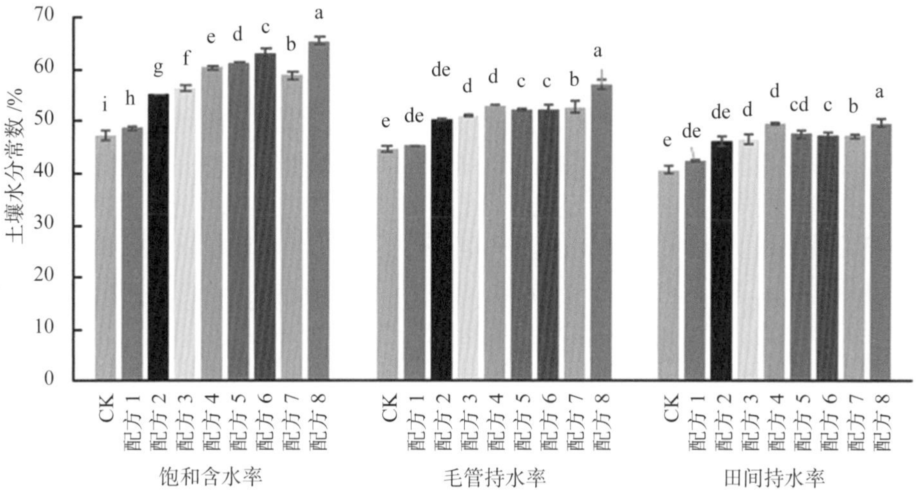

图 5.13　气化渣对酸土水分常数的影响

5.4.4　土壤水分常数试验结果分析

通过试验结果可以看出，在掺入气化粗渣和细渣之后，随着掺入比例不断提高，对土壤水力学性质均有所提高。土壤水力学性质的研究包括饱和含水率、毛管持水率、田间持水率、毛管孔隙度和非毛管孔隙度 5 方面：饱和含水率是指在自然条件下，土壤孔隙全部充满水分时的含水量，它代表土壤最大容水能力，也就是土壤颗粒间所有孔隙都充满水时的含水量，亦称持水度；田间持水率被认为是土壤所能稳定保持的最高土壤含水率，也是土壤中所能保持悬着水的最大量，是对作物有效的最高的土壤含水率；毛管孔隙度即土壤孔隙容积占土体容积的百分比，毛管孔隙是指具有毛管作用的孔隙、其孔径比非活性孔隙粗，是水分运动和储存的场所，是影响土壤渗透性能、决定地表产流量和产流时间的关键要素；毛管持水率是指土壤中所能保持的毛管上升水的最大数量；非毛管孔隙度即非毛管孔隙所占土壤体积的百分比，非毛管孔隙又称大孔隙，孔隙直径大于 0.1 mm 的土壤孔隙，大孔隙经常充满空气，仅在重力水大量存在时，才被水填充，故又称“土壤空气孔隙”或“土壤通气孔隙”，它不具有持水能力，但能使土壤通气、透水。对于风沙土来说，饱和含水率、毛管持水率、田间持水率和非毛管孔隙度都呈现上升的趋势，说明掺入气化渣可以提高风沙土的含水量，增强土壤保水性；而风沙土的毛管孔隙度呈现下降的趋势，说明掺入气化渣后减小了风沙土土壤孔隙，改善了风沙土的质地疏松、孔隙大的缺点，说明气化细渣对风沙土的改良效果明显。对于盐碱土来说，饱和含水率、毛管持水率、田间持水率、毛管孔隙度和非毛管孔隙度都呈现上升的趋势，说明掺入气化渣可以提高盐碱土的最大持水量，提高土壤孔隙度，增强土壤通透性，加快土壤水运移，从而可以降低土壤盐化程度，说明气化渣对盐碱土的改良效果明显；对于酸土来说，饱和含水率、毛管持水率、田间持水率、毛管孔隙度和非毛管孔隙度都呈现上升的趋势，说明掺入气化渣可以提高酸土的最大持水量，提高土壤孔隙度，增强土壤通透性，加快土壤水运移，改善了酸土的通气透水排水不良的缺点，说明气化粗渣对酸土的改良效果明显。

5.5 对土壤水分特征曲线的影响

土壤水分特征曲线是描述土壤水吸力与土壤含水量之间变化关系的曲线，既可以反映土壤持水性和土壤水分的有效性，又能体现土壤水分的数量与能量之间的变化关系。土壤比水容量是衡量土壤水分对植物的有效性和反映土壤持水性能的一个重要指标，它可以对土壤的持水能力进行定性分析。土壤水分特征曲线可以间接反映土壤孔隙的大小及分布情况。而土壤孔隙的大小及分布情况对土壤的透气性、持水保水性能以及作物根系在土壤空间内的伸展情况都起着直接决定性的作用，同时对土壤的肥力和作物产量都有着间接影响。为探究不同气化渣掺入量对风沙土的保水性能的影响，通过对不同处理下的土壤水分特征曲线的当量孔径的分布情况进行分析。根据土壤学对土壤当量孔隙进行分段：极微孔隙（<0.3 μm）、微孔隙（0.3 ～ 5 μm）、小孔隙（5 ～ 30 μm）和中大孔隙（>30 μm）。

5.5.1 风沙土土壤水分特征曲线试验结果

5.5.1.1 土壤水分特征曲线试验结果

图 5.14 中（j）为不同气化渣配比下的重构土壤的土壤水分特征曲线，由图 5.14（j）可以看出，掺入气化渣后对土壤特征曲线有影响，使土壤水分特征曲线较对照处理呈现整体上移，即相同配方值（土壤水吸力）下掺入气化渣的土壤含水率大于不掺入气化渣的处理，并且随着气化渣掺入量的增大，相同配方值下土壤含水率越大，其主要原因是掺入气化渣后，改善了土壤孔隙结构，减小了风沙土土壤孔隙度，增强了保水性；由图 5.14（j）还可以看出，在相同配方值下配方 7 和配方 8 土壤含水率与其他处理的含水量相差大；在吸力段配方 =100 ～ 200kPa 内，相同配方值下配方 4、5、6 与对照组的土壤含水率相差不大，在其他吸力段内，相同配方值下配方 4、5、6 与对照组的土壤含水率相差较大；相同配方值下配方 1、2、3 与对照组的土壤含水率相差不大。

5.5.1.2 土壤比水容量试验结果

表 5.11 为各处理在不同土壤水吸力状态下的比水容量，从表 5.11 中可以看出，随吸力的增大，各处理的土壤比水容重逐渐减小。刚开始时主要从孔隙直径较大的孔隙向外排水，因为较大孔隙的毛管势较小，一旦吸力大于孔隙的持水能力，便会快速排空这些孔隙中的水分，这就导致土壤含水率急剧下降，大孔隙数量越大，含水率的变化幅度就越大，土壤比水容量就越大。CK 与各处理呈现显著性差异（$P<0.05$），随着吸力的增大各处理间比水容差值在逐渐减小，说明含水率的变化随着吸力的增加而逐渐趋于平缓。在相同吸力条件下，气化渣掺入量越大，各处理的排出水量越少，含水率变化幅度就小，因此土壤比

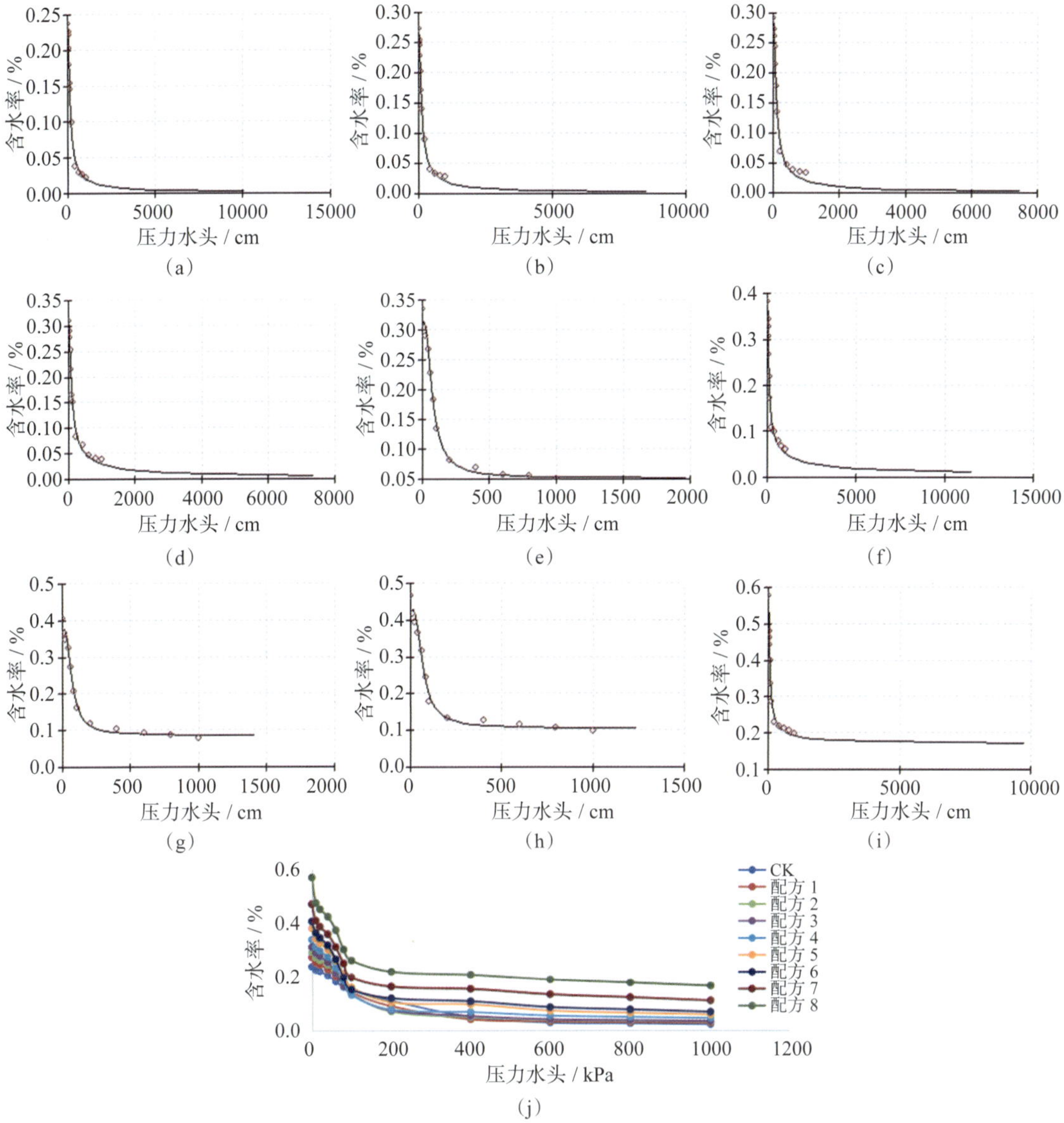

图 5.14　气化渣对风沙土土壤水分特征曲线的影响

（a）为 CK；（b）～（i）为配方 1 ～ 8；（j）为汇总图

水容量就小，这也与实测的水分特征曲线反映的结果一致。这就说明掺入气化渣可以提高土壤的持水性，并且随着气化渣掺入比例的提高，对风沙土的持水能力增强更为明显。

表 5.11　气化渣对风沙土比水容量的影响

压力 / Pa	CK	配方 1	配方 2	配方 3	配方 4	配方 5	配方 6	配方 7	配方 8
0	0	0	0	0	0	0	0	0	0
10	1.62×10^{-1}a	7.09×10^{-2}b	3.73×10^{-2}bc	3.10×10^{-2}bc	3.02×10^{-2}bc	2.82×10^{-2}bc	2.32×10^{-2}bc	1.77×10^{-2}c	6.11×10^{-3}d
20	1.06×10^{-1}a	4.72×10^{-2}b	2.51×10^{-2}bc	2.07×10^{-2}bc	2.04×10^{-2}bc	1.79×10^{-2}bc	1.62×10^{-2}bc	1.18×10^{-2}c	4.71×10^{-3}d
40	6.28×10^{-2}a	2.85×10^{-2}ab	1.54×10^{-2}bc	1.31×10^{-2}bc	1.22×10^{-2}bc	1.05×10^{-2}bc	1.03×10^{-2}bc	7.29×10^{-3}c	3.46×10^{-3}c

续表

压力 / Pa	CK	配方 1	配方 2	配方 3	配方 4	配方 5	配方 6	配方 7	配方 8
60	3.09×10^{-2}a	1.47×10^{-2}ab	8.28×10^{-3}bc	7.24×10^{-3}c	6.35×10^{-3}c	6.03×10^{-3}c	5.18×10^{-3}c	3.97×10^{-3}c	2.37×10^{-3}c
80	1.07×10^{-2}a	5.64×10^{-3}ab	3.40×10^{-3}bc	3.13×10^{-3}c	2.76×10^{-3}c	2.48×10^{-3}c	1.86×10^{-3}c	1.61×10^{-3}c	1.37×10^{-3}c
100	4.57×10^{-3}a	2.60×10^{-3}ab	1.62×10^{-3}bc	1.55×10^{-3}bc	1.42×10^{-3}c	1.09×10^{-3}c	8.48×10^{-4}c	7.31×10^{-4}c	7.01×10^{-4}c
200	3.59×10^{-3}a	2.07×10^{-3}ab	1.29×10^{-3}bc	1.26×10^{-3}bc	1.16×10^{-3}c	8.44×10^{-4}c	7.32×10^{-4}c	5.44×10^{-4}c	5.39×10^{-4}c
400	2.67×10^{-3}a	1.56×10^{-3}ab	9.73×10^{-4}bc	9.64×10^{-4}bc	8.97×10^{-4}bc	6.09×10^{-4}bc	6.06×10^{-4}bc	3.86×10^{-4}c	3.72×10^{-4}c
600	1.79×10^{-3}a	1.05×10^{-3}ab	6.65×10^{-4}b	6.55×10^{-4}b	6.28×10^{-4}b	4.66×10^{-4}b	3.86×10^{-4}b	2.41×10^{-4}b	2.19×10^{-4}b
800	9.20×10^{-4}a	5.43×10^{-4}ab	3.56×10^{-4}b	3.43×10^{-4}b	3.36×10^{-4}b	2.98×10^{-4}b	1.77×10^{-4}b	1.08×10^{-4}b	8.81×10^{-5}b
1000	4.77×10^{-4}a	2.82×10^{-4}ab	1.91×10^{-4}b	1.91×10^{-4}b	1.88×10^{-4}b	1.73×10^{-4}b	8.17×10^{-5}b	4.81×10^{-5}b	3.55×10^{-5}b

5.5.1.3 土壤孔隙分布试验结果

图 5.15 表示不同处理的当量孔径大小及分布情况，从图 5.15 中可以看出，随着气化渣掺入量的增加，土壤中极微孔隙、微孔隙和小孔隙都呈现增大的趋势，其中极微孔隙和小孔隙增长水平显著（$P<0.05$），中大孔隙呈现显著减小的趋势（$P<0.05$）。微孔隙及小孔隙的增大正好验证了随着气化渣掺入比例增大时土壤毛管孔隙度增大的事实；而中大孔隙的减少也验证了随着气化渣掺入量的增加，土壤比水容量减小的事实。而极微孔隙的大幅度增长应该是与气化渣本身有关，气化渣在煤气化过程的高温（ 800 ~ 1300℃ ）和激冷作用下，呈现出多孔均孔特性，而且气化粗渣和气化细渣的粒径均小于 4 目，自身表现出来的孔隙多为极微孔隙；并且气化渣掺入后，微小颗粒会将土壤中的大孔隙填充，分割成小孔隙，因此随着气化渣掺入比的增加，呈现微小孔隙显著增加、大中孔隙显著减少的现象，使得风沙土持水能力加强。虽然极微孔隙的显著增加，提高了土壤含水量和持水保水性能，但是其中所储存的水分多为无效水分，缺少植物可利用的有效水分并且植物根系伸展困难，所以在实际运用中气化渣掺入比例不宜太高。

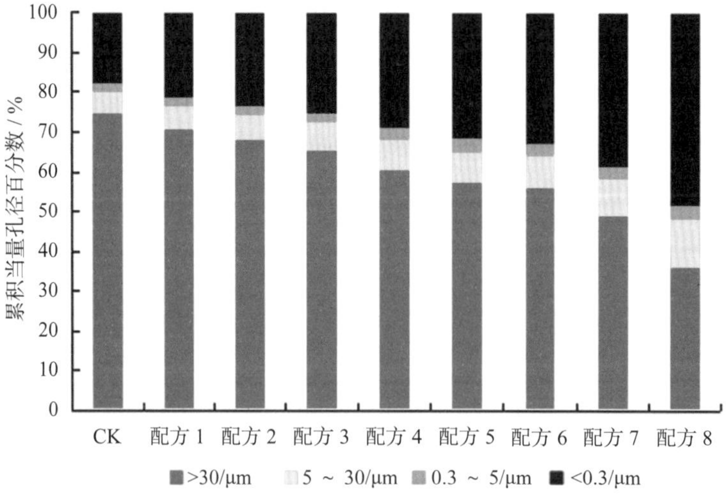

图 5.15 气化渣对土壤孔隙分布的影响

5.5.2 盐碱土土壤水分特征曲线试验结果

5.5.2.1 土壤水分特征曲线试验结果

图 5.16 中（j）为不同气化渣配比下的重构土壤的土壤水分特征曲线，由图 5.16（j）可以看出，掺入气化渣后对土壤特征曲线有影响，使土壤水分特征曲线较对照处理呈现整体下移，即相同配方值（土壤水吸力）下掺入气化渣的土壤含水率小于不掺入气化渣的处理，并且随着气化渣掺入量的增大，相同配方值下土壤含水率越小，其主要原因是掺入气化渣后，改善了土壤孔隙结构，使土壤更加透气，土壤水运移加快，因此在相同压力下 CK 含水率要大于其他处理；由图 5.16（j）还可以看出，在吸力段配方 = 0 ～ 50 kPa 内，随着配方值增大各配方和 CK 的含水率相差越小；在吸力段配方 = 50 ～ 1000 kPa 内，相同配方值下配方 1 高于 CK 的土壤含水率，配方 2 ～ 8 小于 CK 的土壤含水率。可见，气化渣的

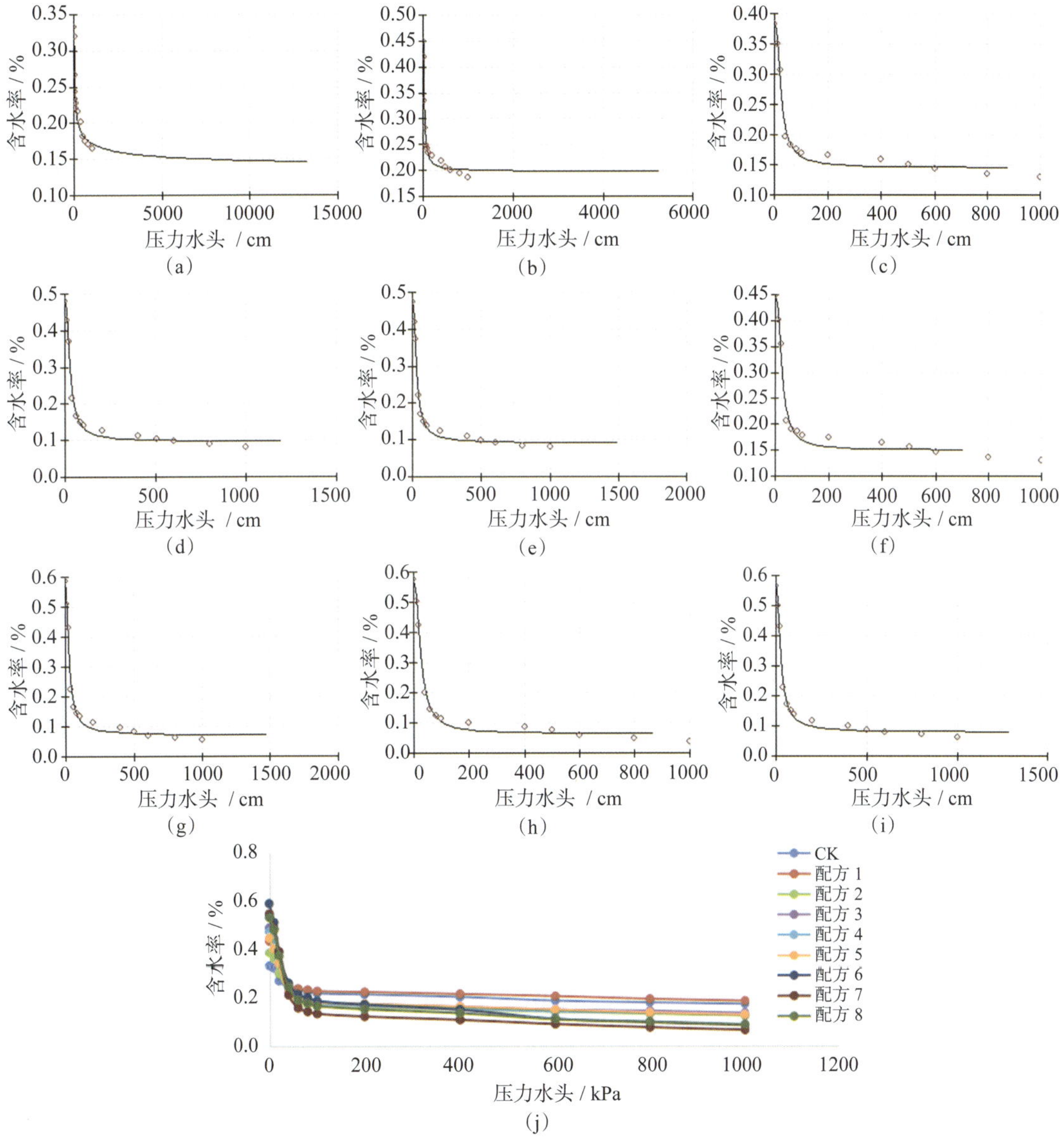

图 5.16 气化渣对盐碱土土壤水分特征曲线的影响

（a）为 CK；（b）～（i）为配方 1 ～ 8；（j）为汇总图

添加会对土壤水分特征曲线具有明显的影响，有助于改善土壤孔隙结构，增加孔隙度，提高土壤通透性，加快土壤水运移，对盐碱土的改良效果明显。

5.5.2.2　土壤比水容量试验结果

表 5.12 为各处理在不同土壤水吸力状态下的比水容量，从表 5.12 中可以看出，随吸力的增大，各处理的土壤比水容量逐渐增大。刚开始时主要从孔隙直径较大的孔隙向外排水，因为较大孔隙的毛管势较小，一旦吸力大于孔隙的持水能力，便会快速排空这些孔隙中的水分，这就导致土壤含水量急剧下降，大孔隙数量越大，含水量的变化幅度就越大，土壤比水容量就越大。CK 与各处理呈现显著性差异（$P<0.05$），随着吸力的增大各处理间比水容差值在逐渐减小，说明含水率的变化随着吸力的增加而逐渐趋于平缓。在相同吸力条件下，气化渣掺入量越大，各处理的排出水量越大，含水率变化幅度就越大，因此土壤比水容量就大，这也与实测的水分特征曲线反映的结果一致。这就说明掺入气化渣可以降低盐碱土壤的持水性。

表 5.12　气化渣对盐碱土比水容量的影响

压力 /Pa	CK	配方 1	配方 2	配方 3	配方 4	配方 5	配方 6	配方 7	配方 8
0	0	0	0	0	0	0	0	0	0
10	6.262×10^{-3}	6.747×10^{-4}	4.414×10^{-4}	5.014×10^{-4}	8.789×10^{-4}	5.778×10^{-4}	4.042×10^{-3}	5.400×10^{-4}	1.498×10^{-3}
20	1.028×10^{-2}	1.565×10^{-3}	1.049×10^{-3}	1.311×10^{-3}	2.007×10^{-3}	1.426×10^{-3}	7.504×10^{-3}	1.512×10^{-3}	3.183×10^{-3}
40	1.953×10^{-2}	3.676×10^{-3}	2.516×10^{-3}	3.453×10^{-3}	4.639×10^{-3}	3.551×10^{-3}	1.437×10^{-2}	4.259×10^{-3}	6.865×10^{-3}
60	3.087×10^{-2}	6.180×10^{-3}	4.251×10^{-3}	6.166×10^{-3}	7.710×10^{-3}	6.147×10^{-3}	2.180×10^{-2}	7.897×10^{-3}	1.099×10^{-2}
80	4.416×10^{-2}	9.116×10^{-3}	6.254×10^{-3}	9.440×10^{-3}	1.126×10^{-2}	9.222×10^{-3}	3.018×10^{-2}	1.241×10^{-2}	1.565×10^{-2}
100	5.920×10^{-2}	1.255×10^{-2}	8.555×10^{-3}	1.333×10^{-2}	1.536×10^{-2}	1.283×10^{-2}	3.971×10^{-2}	1.787×10^{-2}	2.097×10^{-2}
200	1.563×10^{-1}	3.951×10^{-2}	2.585×10^{-2}	4.506×10^{-2}	4.667×10^{-2}	4.147×10^{-2}	1.075×10^{-1}	6.433×10^{-2}	6.006×10^{-2}
400	4.337×10^{-1}	1.564×10^{-1}	9.987×10^{-2}	1.965×10^{-1}	1.790×10^{-1}	1.713×10^{-1}	3.480×10^{-1}	3.015×10^{-1}	2.146×10^{-1}
600	7.959×10^{-1}	3.712×10^{-1}	2.377×10^{-1}	4.992×10^{-1}	4.192×10^{-1}	4.204×10^{-1}	7.229×10^{-1}	7.992×10^{-1}	4.808×10^{-1}
800	1.227×10^{0}	6.933×10^{-1}	4.468×10^{-1}	9.801×10^{-1}	7.767×10^{-1}	8.054×10^{-1}	1.226×10^{0}	1.617×10^{0}	8.631×10^{-1}
1000	1.718×10^{0}	1.129×10^{0}	7.326×10^{-1}	1.661×10^{0}	1.258×10^{0}	1.339×10^{0}	1.853×10^{0}	2.802×10^{0}	1.365×10^{0}

5.5.2.3　土壤孔隙分布试验结果

图 5.17 表示不同处理的当量孔径大小及分布情况，从图 5.17 中可以看出，随着气化渣掺入量的增加，土壤中大孔隙、极微孔隙和小孔隙都呈现增大的趋势，其中中大孔隙增长水平显著（$P<0.05$）。微小孔隙的增大正好验证了随着气化渣掺入比例增大时土壤毛管孔隙度增大的事实；而中大孔隙的增大也验证了随着气化渣掺入量的增加，土壤比水容量增大的事实。极微孔隙的大幅度增长应该是与气化渣本身有关，气化渣在煤气化过程的高温（800 ~ 1300℃）和激冷作用下，呈现出多孔均孔特性，而且气化粗渣和气化细渣的粒径均小于 4 目，自身表现出来的孔隙多为极微孔隙；并且气化渣掺入后，微小颗粒会将土壤中的大孔隙填充，分割成小孔隙，因此随着气化渣掺入比的增加，呈现微小孔隙显著增加、大孔隙显著减少的现象，而气化渣中的中大粒径使得中大孔隙显著增大。

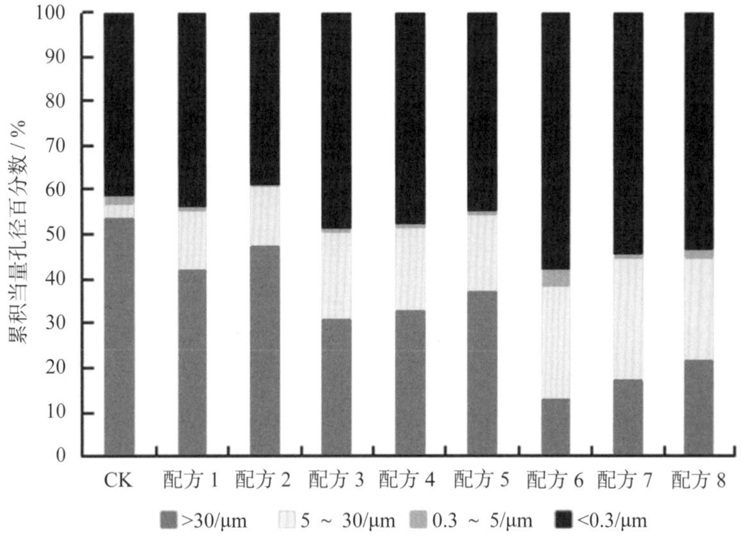

图 5.17 气化渣对土壤孔隙分布的影响

5.5.3 酸土土壤水分特征曲线试验结果

5.5.3.1 土壤水分特征曲线试验结果

图 5.18（j）为不同气化渣配比下的重构土壤的土壤水分特征曲线，从图 5.18（j）可以看出，掺入气化渣后对土壤特征曲线有影响，使土壤水分特征曲线较对照处理呈现整体下移，即相同配方值（土壤水吸力）下掺入气化渣的土壤含水率小于不掺入气化渣的处理，并且随着气化渣掺入量的增大，相同配方值下土壤含水率越小，其主要原因是掺入气化渣后，改善了土壤孔隙结构，使土壤更加透气，土壤水运移加快，因此在相同压力下 CK 含水率要大于其他处理；由图 5.18（j）还可以看出，在吸力段配方 = 0 ~ 100 kPa 内，随着配方值增大各配方和 CK 的含水率相差越小；在吸力段配方 = 100 ~ 800 kPa 内，相同配方值下配方 7 的土壤含水率高于其他处理的土壤含水率；在吸力段配方 = 800 ~ 1000 kPa 内，相同配方值下 CK 的土壤含水率高于其他处理的土壤含水率；在相同配方值下配方 1、3 的土壤含水率与 CK 的土壤含水率相差不大，配方 2、4、5、6、8 的土壤含水率与 CK 的土壤含水率相差较大。可见，气化渣的添加会对土壤水分特征曲线具有明显的影响，有助于改善土壤孔隙结构，增加孔隙度，提高土壤通透性，加快土壤水运移，对酸土的改良效果明显。

5.5.3.2 土壤比水容量试验结果

表 5.13 为各处理在不同土壤水吸力状态下的比水容量，从表 5.13 中可以看出，随吸力的增大，各处理的土壤比水容量逐渐增大。刚开始时主要从孔隙直径较大的孔隙向外排水，因为较大孔隙的毛管势较小，一旦吸力大于孔隙的持水能力，便会快速排空这些孔隙中的水分，这就导致土壤含水量急剧下降，大孔隙数量越大，含水量的变化幅度就越大，土壤比水容量就越大。CK 与各处理呈现显著性差异（$P<0.05$），随着吸力的增大各处理间比水容差值在逐渐减小，说明含水率的变化随着吸力的增加而逐渐趋于平缓。在相同吸力条件下，气化渣掺入量越大，各处理的排出水量越大，含水率变化幅度就大，

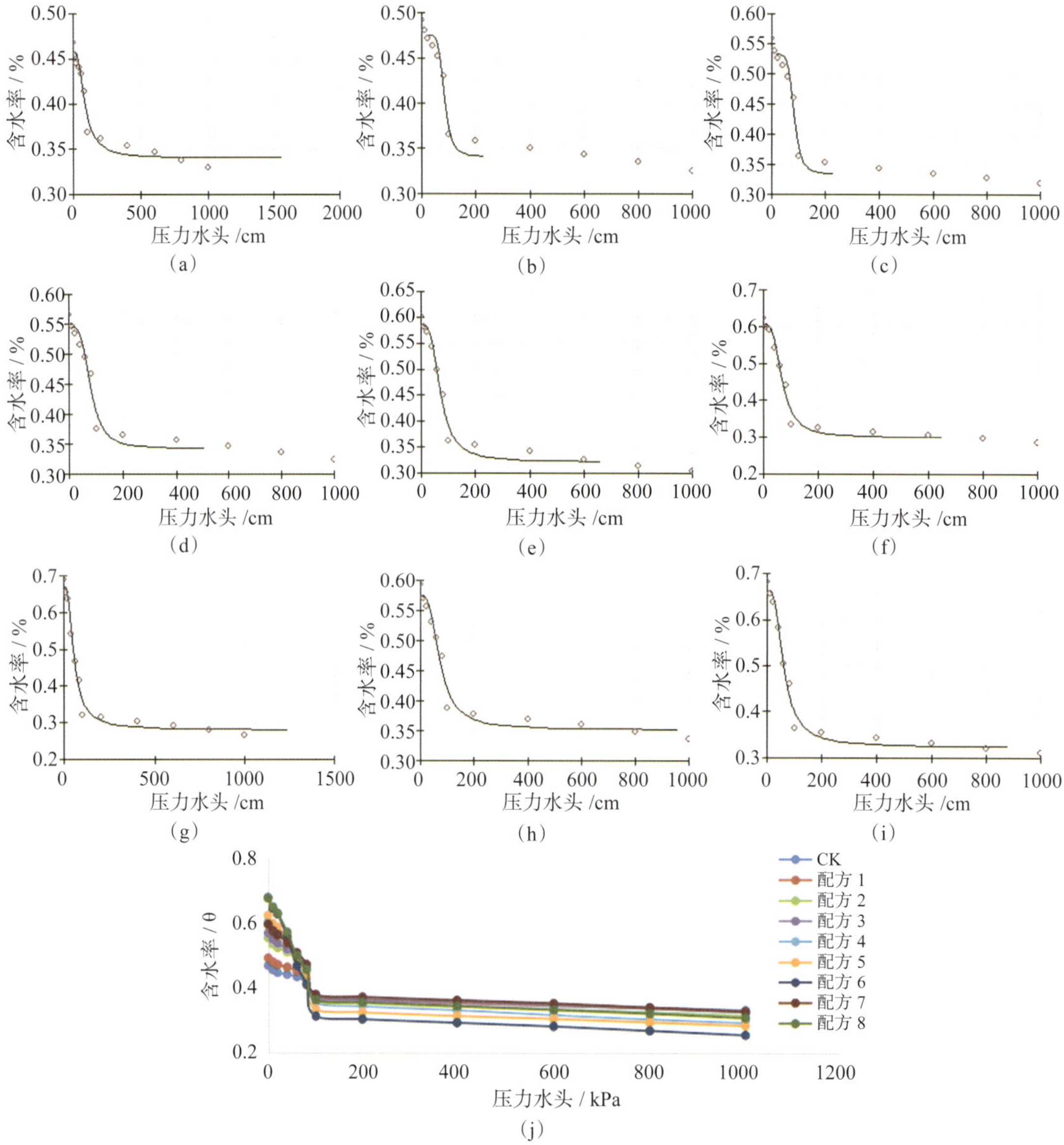

图 5.18 气化渣对酸土土壤水分特征曲线的影响

(a) 为 CK；(b) ~ (i) 为配方 1 ~ 8；(j) 为汇总图

因此土壤比水容量就大，这也与实测的水分特征曲线反映的结果一致。这就说明掺入气化渣可以降低酸土土壤的持水性。

表 5.13 气化渣对酸土比水容量的影响

压力 /Pa	CK	配方 1	配方 2	配方 3	配方 4	配方 5	配方 6	配方 7	配方 8
0	0	0	0	0	0	0	0	0	0
10	9.103×10^{-7}	5.522×10^{-14}	2.916×10^{-13}	4.154×10^{-9}	8.568×10^{-8}	8.765×10^{-8}	3.681×10^{-6}	9.183×10^{-8}	7.898×10^{-6}
20	3.453×10^{-6}	3.264×10^{-12}	1.422×10^{-11}	4.473×10^{-8}	6.054×10^{-7}	6.572×10^{-7}	1.676×10^{-5}	6.234×10^{-7}	2.982×10^{-5}

续表

压力 /Pa	CK	配方 1	配方 2	配方 3	配方 4	配方 5	配方 6	配方 7	配方 8
40	1.310×10^{-5}	1.930×10^{-10}	6.935×10^{-10}	4.815×10^{-7}	4.278×10^{-6}	4.927×10^{-6}	7.629×10^{-5}	4.232×10^{-6}	1.126×10^{-4}
60	2.858×10^{-5}	2.098×10^{-9}	6.739×10^{-9}	1.933×10^{-6}	1.343×10^{-5}	1.601×10^{-5}	1.852×10^{-4}	1.298×10^{-5}	2.451×10^{-4}
80	4.972×10^{-5}	1.141×10^{-8}	3.382×10^{-8}	5.184×10^{-6}	3.023×10^{-5}	3.695×10^{-5}	3.476×10^{-4}	2.874×10^{-5}	4.258×10^{-4}
100	7.642×10^{-5}	4.241×10^{-8}	1.182×10^{-7}	1.114×10^{-5}	5.673×10^{-5}	7.068×10^{-5}	5.668×10^{-4}	5.324×10^{-5}	6.541×10^{-4}
200	2.921×10^{-4}	2.507×10^{-6}	5.766×10^{-6}	1.200×10^{-4}	4.018×10^{-4}	5.314×10^{-4}	2.623×10^{-3}	3.625×10^{-4}	2.523×10^{-3}
400	1.168×10^{-3}	1.484×10^{-4}	2.816×10^{-4}	1.312×10^{-3}	2.935×10^{-3}	4.145×10^{-3}	1.346×10^{-2}	2.548×10^{-3}	1.085×10^{-2}
600	2.838×10^{-3}	1.639×10^{-3}	2.790×10^{-3}	5.630×10^{-3}	1.020×10^{-2}	1.517×10^{-2}	4.023×10^{-2}	8.667×10^{-3}	2.902×10^{-2}
800	5.691×10^{-3}	9.609×10^{-3}	1.522×10^{-2}	1.721×10^{-2}	2.686×10^{-2}	4.164×10^{-2}	9.385×10^{-2}	2.246×10^{-2}	6.228×10^{-2}
1000	1.016×10^{-2}	4.131×10^{-2}	6.175×10^{-2}	4.340×10^{-2}	5.969×10^{-2}	9.531×10^{-2}	1.859×10^{-1}	4.927×10^{-2}	1.156×10^{-1}

5.5.3.3 土壤孔隙分布试验结果

图 5.19 表示不同处理的当量孔径大小及分布情况，从中可以看出，随着气化渣掺入量的增加，土壤中大孔隙、极微孔隙和小孔隙都呈现增大的趋势，其中中大孔隙增长水平显著（$P<0.05$）。微小孔隙的增大正好验证了随着气化渣掺入比例增大时土壤毛管孔隙度增大的事实；而中大孔隙的增大也验证了随着气化渣掺入量的增加，土壤比水容量增大的事实。极微孔隙的大幅度增长应该是与气化渣本身有关，气化渣在煤气化过程的高温（800 ~ 1300℃）和激冷作用下，呈现出多孔均孔特性，而且气化粗渣和气化细渣的粒径均小于 4 目，自身表现出来的孔隙多为极微孔隙；并且气化渣掺入后，微小颗粒会将土壤中的大孔隙填充，分割成小孔隙，因此随着气化渣掺入比的增加，呈现微小孔隙显著增加、大孔隙显著减少的现象，而气化渣中的中大粒径使得中大孔隙显著增大。

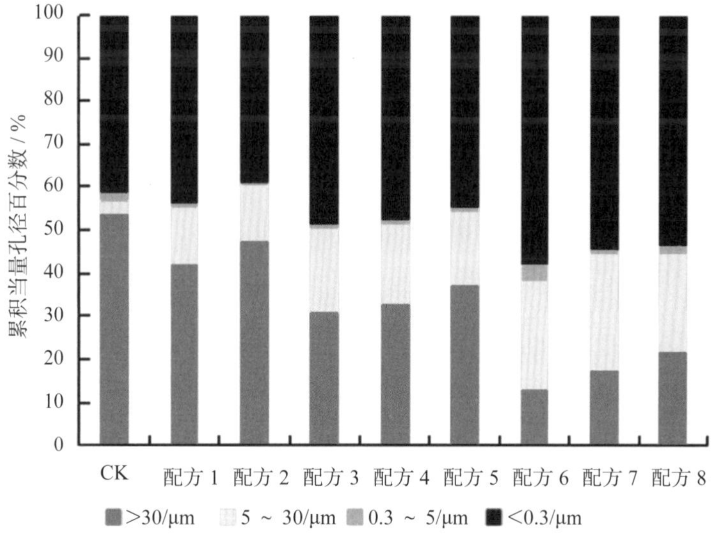

图 5.19　气化渣对土壤孔隙分布的影响

5.5.4 土壤水分特征曲线试验结果分析

通过试验结果表明：掺入气化渣后，对风沙土、盐碱土和酸土的土壤水分特征曲线都有明显的影响。对风沙土来说，气化渣的掺入能增大风沙土的有效水分含量，提高土壤持水性，并且在 Van-Genuchten 模型中决定系数 R^2 均大于 0.971，说明使用 RETC 软件进行 Van-Genuchten 模型拟合的风沙土水分特征曲线的结果可信度很高；在相同水吸力下，随着气化渣掺入量的增大，土壤含水率越高，土壤比水容量降低，土壤当量孔隙中极微孔隙、微孔隙和小孔隙都呈现增大的趋势，中大孔隙呈现显著减小的趋势，优化了土壤孔隙结构，说明掺入气化渣可以提高土壤的持水性能，并且随着气化渣掺入比例的提高，对风沙土的持水能力增强更为明显；对盐碱土来说，随着气化渣不断掺入，盐碱土的土壤水分特征曲线呈现整体下移趋势，原因是气化渣的掺入，增大了颗粒间孔隙，减弱了毛细管作用，提高土壤通透性，加快土壤水运移，因此在相同压力下，CK 的含水率基本大于其他处理，并且在 Van-Genuchten 模型中决定系数 R^2 均大于 0.971，说明使用 RETC 软件进行 Van-Genuchten 模型拟合的盐碱土水分特征曲线的结果可信度很高；在相同水吸力下，随着气化渣掺入量的增大，土壤含水率越降低，土壤比水容量增大，土壤当量孔隙中中大孔隙、极微孔隙和小孔隙都呈现增大的趋势，大孔隙呈现显著减小的趋势，优化了土壤孔隙结构，说明掺入气化渣可以降低盐碱土壤的持水性能；对酸土来说，随着气化渣不断掺入，酸土的土壤水分特征曲线呈现整体下移趋势，原因是气化粗渣的掺入，减小了土壤颗粒的总表面积，减弱了酸土土壤对水的吸附作用，改善了土壤孔隙结构，增加了土壤孔隙度，使土壤水运移加快，因此在相同压力下，CK 的含水率要小于其他处理，并且在 Van-Genuchten 模型中决定系数 R^2 均大于 0.961，说明使用 RETC 软件进行 Van-Genuchten 模型拟合的酸土水分特征曲线的结果可信度很高；在相同水吸力下，随着气化渣掺入量的增大，土壤含水率越降低，土壤比水容量增大，土壤当量孔隙中中大孔隙、极微孔隙和小孔隙都呈现增大的趋势，大孔隙呈现显著减小的趋势，优化了土壤孔隙结构，说明掺入气化渣可以降低酸土土壤的持水性能。

5.6 对土壤水平扩散率的影响

土壤水平扩散率表示单位时间内通过土壤表面渗入土壤中的水量，反映了土壤的水平入渗性能，受到土壤质地、土壤容重、土壤结构、初始含水量以及其他有关因素的影响，由于是水平土柱，所以受重力影响较小。

5.6.1 风沙土土壤水平扩散率试验结果

5.6.1.1 土壤水平扩散率试验结果

土壤水平扩散率与含水率的关系变化见图 5.20，图中各处理水平扩散率与含水率的关系变化呈现相似变化趋势，扩散率越小，土壤含水率也越小；CK 的初始水平扩散率要大于其他各处理，随着气化渣掺入比例的增加，水平扩散率逐渐减小，并且函数曲线斜率也逐渐变小。表 5.14 是为水平扩散率与土壤含水率的拟合方程，从中可以看出，水平扩散率与含水率的拟合曲线均为指数函数，R^2 均在 0.98 以上，拟合度均很高，表明土壤的水平扩散率与扩散时间呈良好的指数函数关系。

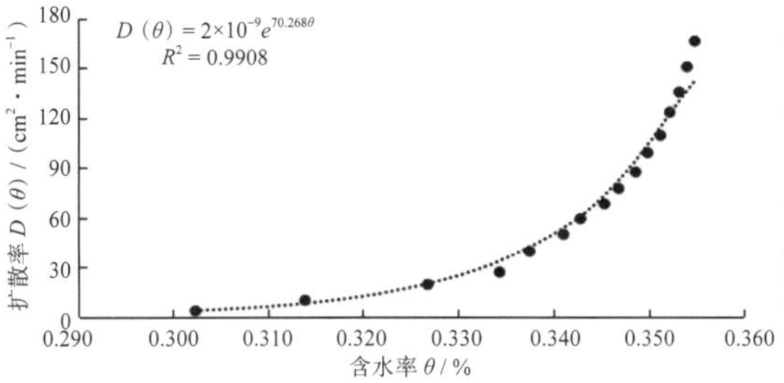

(a) 对照组扩散率 $D(\theta)$ 与含水率 θ 拟合图

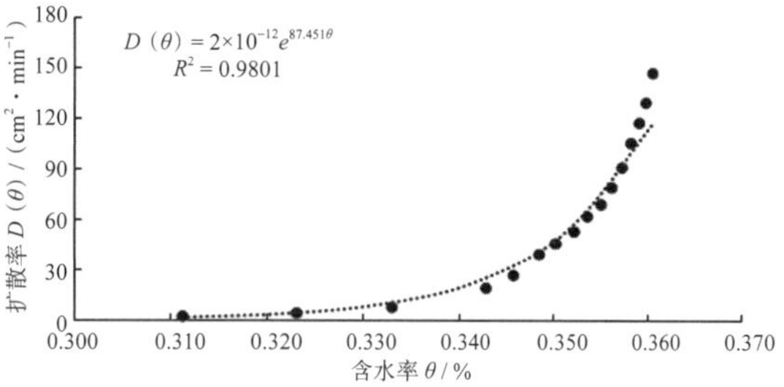

(b) 配方 1 扩散率 $D(\theta)$ 与含水率 θ 拟合图

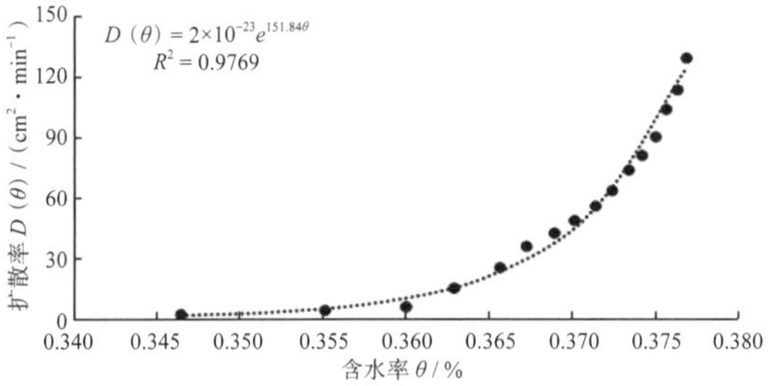

(c) 配方 2 扩散率 D (θ) 与含水率 θ 拟合图

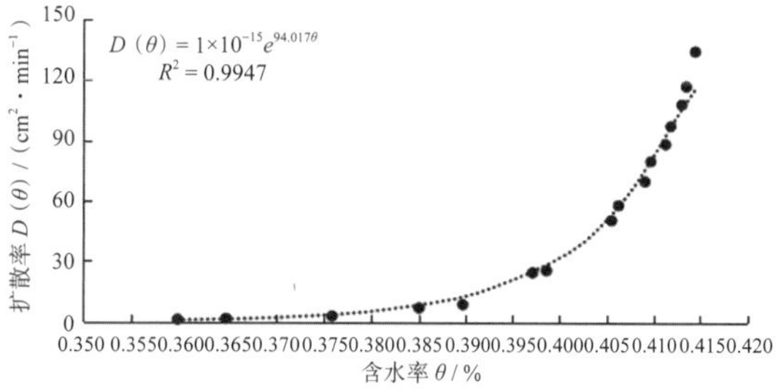

(d) 配方 3 扩散率 D (θ) 与含水率 θ 拟合图

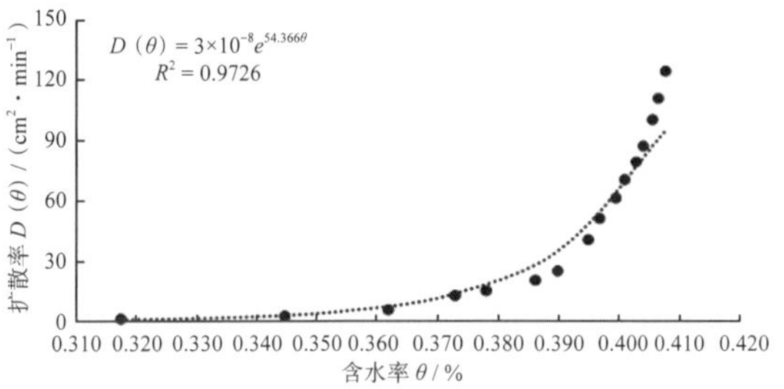

(e) 配方 4 扩散率 $D(\theta)$ 与含水率 θ 拟合图

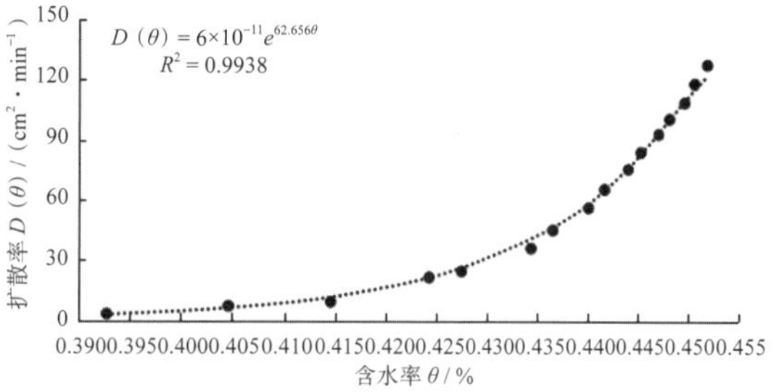

(f) 配方 5 扩散率 $D(\theta)$ 与含水率 θ 拟合图

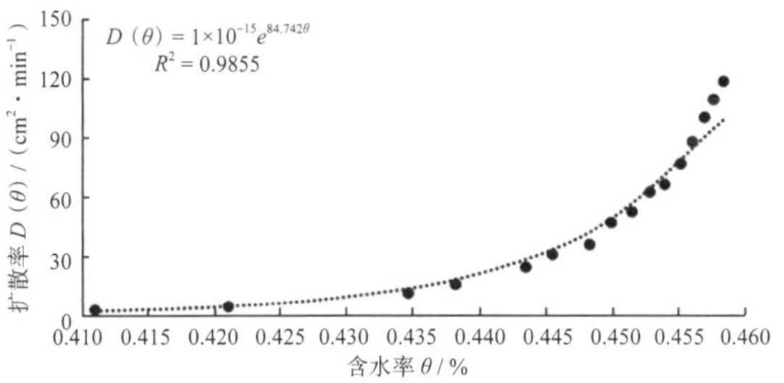

(g) 配方 6 扩散率 $D(\theta)$ 与含水率 θ 拟合图

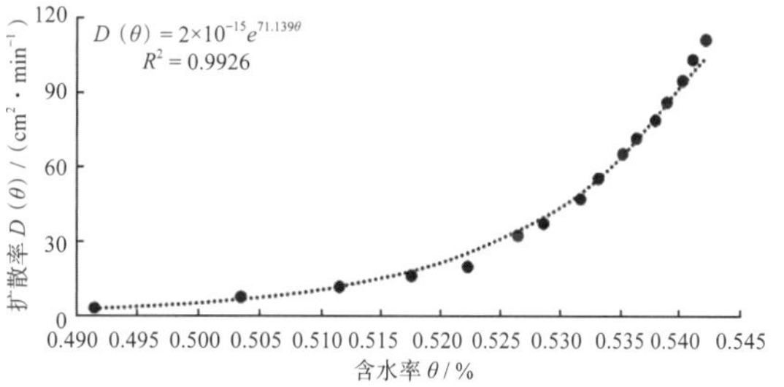

(h) 配方 7 扩散率 $D(\theta)$ 与含水率 θ 拟合图

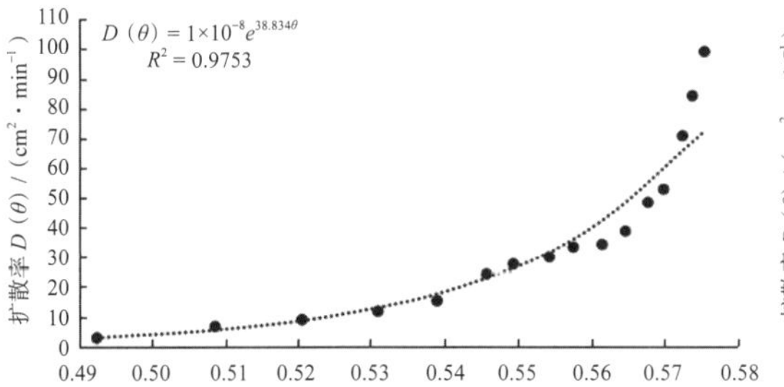

(i) 配方 8 扩散率 $D(\theta)$ 与含水率 θ 拟合图

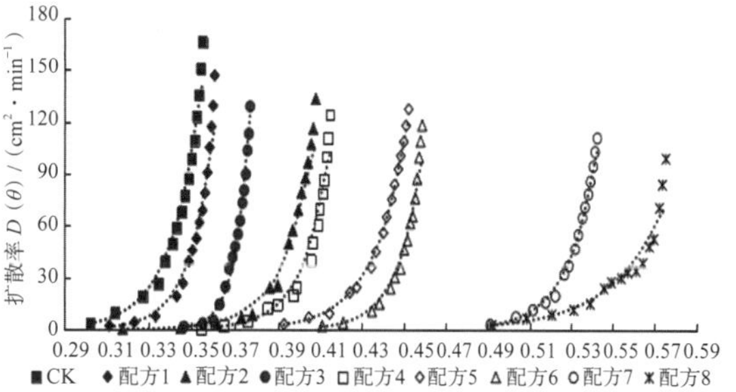

(j) 扩散率 $D(\theta)$ 与含水率 θ 拟合汇总图

图 5.20 气化渣对风沙土土壤扩散率 $D(\theta)$ 的影响

(a) 为 CK；(b) ~ (i) 为配方 1 ~ 8；(j) 为汇总图

在风沙土土壤的水平扩散中，开始时土壤基质势很大，此时的水平扩散率非常大，随着扩散时间的延长，土壤基质势不断减小，水平扩散率呈现减小趋势。各处理初始水平扩散率都显著低于 CK（$P<0.05$），其中，CK 的初始水平扩散率达 166.16 cm^2/min，其他处理的初始水平扩散率分别为 146.57 cm^2/min、128.81 cm^2/min、133.25 cm^2/min、127.37 cm^2/min、125.53 cm^2/min、118.05 cm^2/min、110.89 cm^2/min、99.09 cm^2/min。不同处理组的土柱，在扩散时间相等的情况下，其扩散率也存在差异，相同时间内，水平扩散率的规律为 CK> 配方 1> 配方 2> 配方 3 > 配方 4> 配方 5> 配方 6 > 配方 7> 配方 8，表明随着气化渣用量的增加，水平扩散率也在减小，在处理配方 3、配方 2 处发生了变化，原因是气化粗渣的添加使得土壤中砂粒含量增大，大孔隙增大，提高了土壤导水性。由表 5.14 可以看出，随着气化渣用量的增加，水平扩散时间逐渐增加，扩散时间的规律为 CK< 配方 1< 配方 2< 配方 3 < 配方 4< 配方 5< 配方 6 < 配方 7< 配方 8 ，其主要原因是掺入气化渣后，改善了土壤孔隙结构，减小了风沙土土壤孔隙度，减弱了土壤水运移速度，增强了土壤保水性。

表 5.14　风沙土土壤扩散率 $D(\theta)$ 与含水率 θ 的拟合方程

配方	扩散率 $D(\theta)$ 与含水率 θ 的拟合方程	确定系数 R^2	水平扩散时间
CK	$D(\theta)=5\times10^{-19}e^{125.44\theta}$	$R^2=0.9991$	13 分 13 秒
配方 1	$D(\theta)=3\times10^{-11}e^{82.162\theta}$	$R^2=0.9818$	13 分 59 秒
配方 2	$D(\theta)=6\times10^{-13}e^{90.972\theta}$	$R^2=0.9766$	16 分 28 秒
配方 3	$D(\theta)=1\times10^{-15}e^{94.017\theta}$	$R^2=0.9947$	14 分 21 秒
配方 4	$D(\theta)=2\times10^{-6}e^{39.953\theta}$	$R^2=0.9891$	16 分 46 秒
配方 5	$D(\theta)=6\times10^{-11}e^{62.656\theta}$	$R^2=0.9938$	16 分 39 秒
配方 6	$D(\theta)=1\times10^{-15}e^{84.742\theta}$	$R^2=0.9855$	22 分 27 秒
配方 7	$D(\theta)=2\times10^{-15}e^{71.139\theta}$	$R^2=0.9926$	27 分 41 秒
配方 8	$D(\theta)=1\times10^{-8}e^{38.834\theta}$	$R^2=0.9753$	34 分 54 秒

5.6.1.2　Boltzmann 变换参数试验结果

各处理土壤 Boltzmann 变换参数 λ 与含水率 θ 的变化曲线如图 5.21 所示。Boltzmann 参数 λ 的值表征水分在土壤中水平入渗时，湿润锋向前移动的快慢程度，也可以代表在一定时间内水分渗入土壤的范围大小。由图 5.21 可以看出：随着土壤含水率的增加，Boltzmann 参数 λ 逐渐降低，从曲线的变化趋势来看，各处理及 CK 的 $\theta-\lambda$ 关系曲线随土壤含水率的增加呈现直线下降的趋势，随着气化渣的掺入比例增大，土壤含水率增大，各处理间 Boltzmann 变换参数 λ 与含水率 θ 关系曲线的斜率在逐渐变小，变化曲线总体呈现出逐渐变缓的趋势，表示随着气化渣掺入量的增加使得各处理间的 Boltzmann 变换参数 λ 的初始值随气化渣量增加而呈现减小的趋势，并且从总体来看也呈现出变小的趋势，变化规律为 CK> 配方 1> 配方 2> 配方 3> 配方 4> 配方 5> 配方 6> 配方 7> 配方 8 ；变换参数 λ 值的变化范围也随着气化渣量的增加而减小。说明气化渣的添加抑制了土壤水分的运移，减慢了湿润锋向前运动的速度，能够提高风沙土的持水性，并且随着气化渣掺入比例的提高，土壤持水性更强，土壤水分扩散速率减弱，湿润锋扩散距离变短。

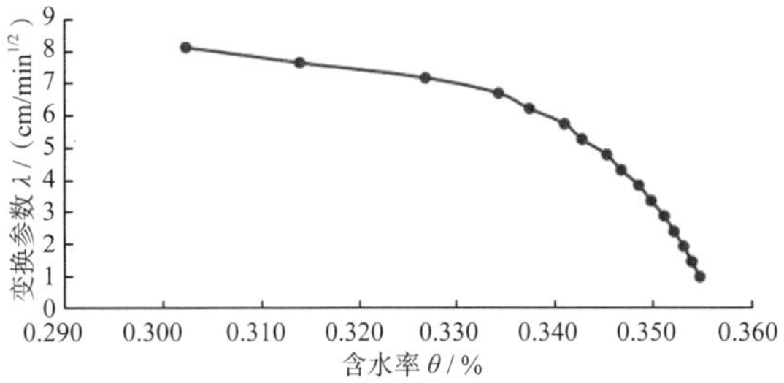

（a）对照组 Boltzmann 变换参数 λ 与含水率 θ 变化关系

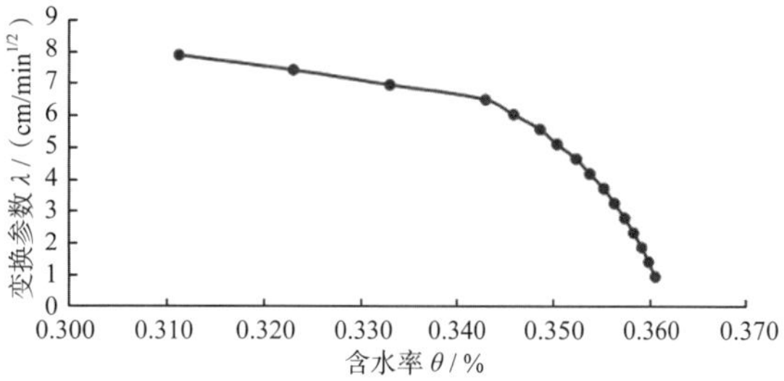

（b）配方 1 Boltzmann 变换参数 λ 与含水率 θ 变化关系

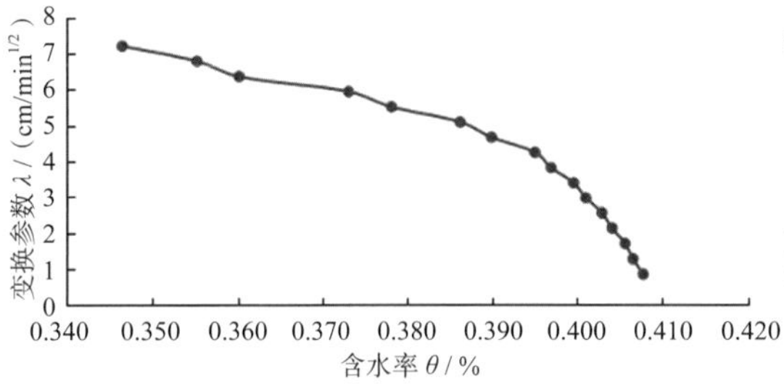

（c）配方 2 Boltzmann 变换参数 λ 与含水率 θ 变化关系

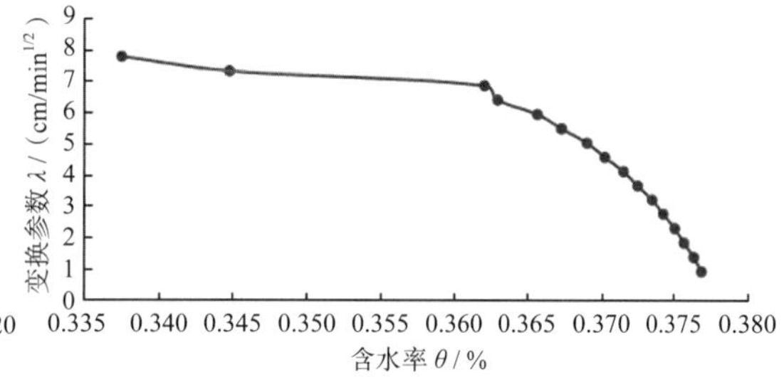

（d）配方 3 Boltzmann 变换参数 λ 与含水率 θ 变化关系

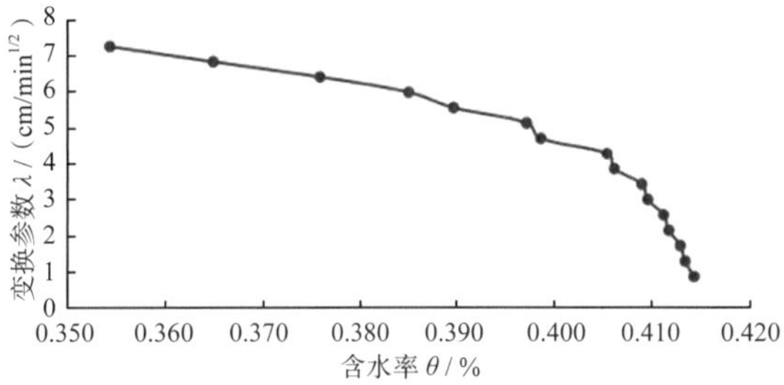

（e）配方 4 Boltzmann 变换参数 λ 与含水率 θ 变化关系

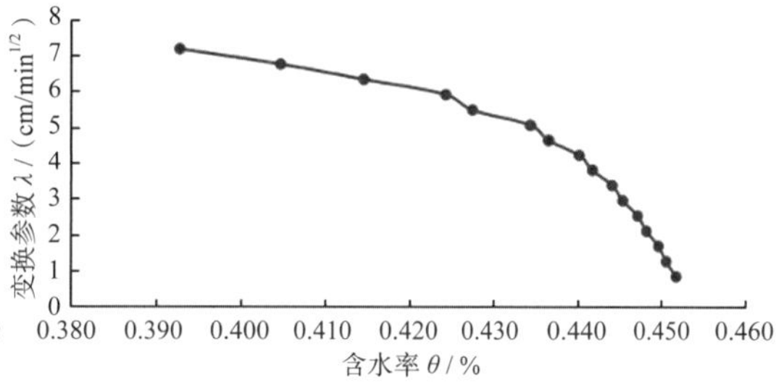

（f）配方 5 Boltzmann 变换参数 λ 与含水率 θ 变化关系

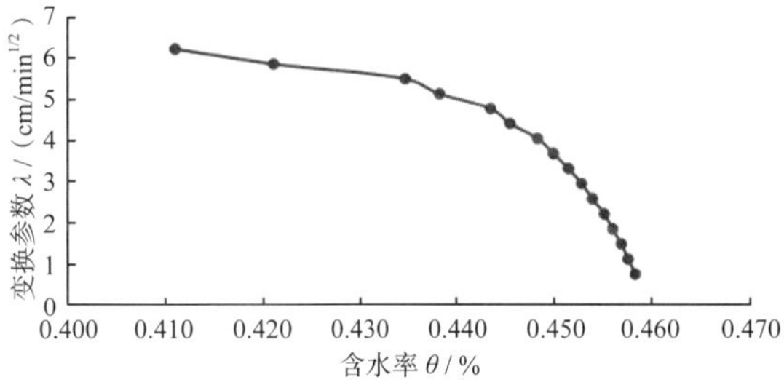

（g）配方 6 Boltzmann 变换参数 λ 与含水率 θ 变化关系

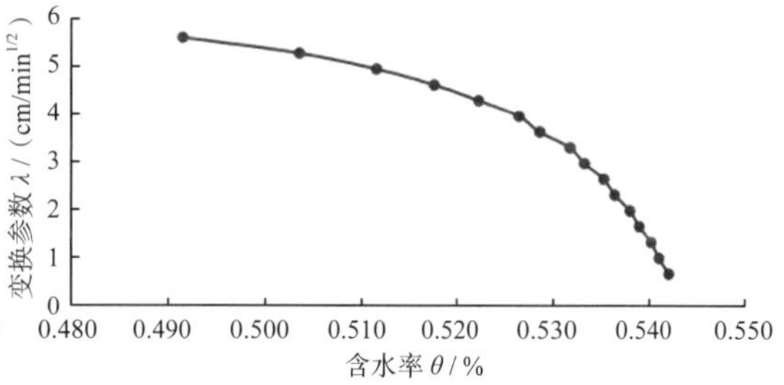

（h）配方 7 Boltzmann 变换参数 λ 与含水率 θ 变化关系

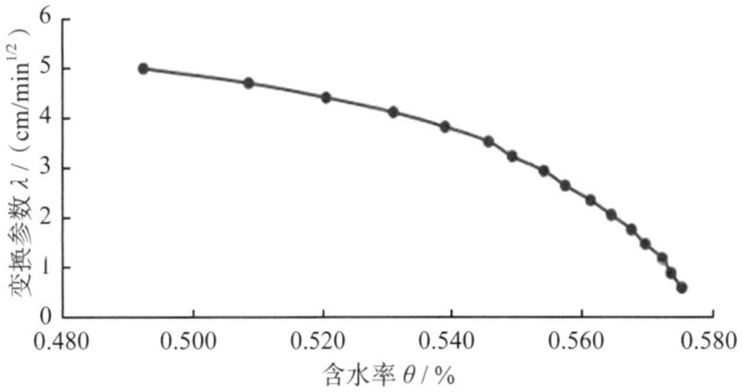

（i）配方 8 Boltzmann 变换参数 λ 与含水率 θ 变化关系

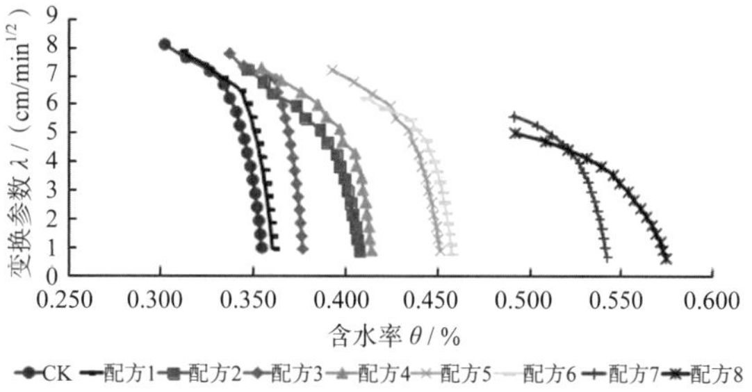

（j）Boltzmann 变换参数 λ 与含水率 θ 变化汇总图

图 5.21　气化渣对风沙土土壤 Boltzmann 变换参数 λ 的影响

（a）为 CK；（b）～（i）为配方 1 ～ 8；（j）为汇总图

5.6.1.3 水平扩散速率试验结果

各处理土壤水平扩散速率随时间的变化曲线如图 5.22 所示。由图可以看出：各处理的水平扩散速率变化趋势基本一致，初始扩散速率较高，但随着时间的推移，扩散速率先快速下降后逐渐趋于平缓，即达到稳定扩散阶段。扩散初始 3 min 内，扩散速率下降幅度最大，5 min 后降幅逐渐变小。各处理初始扩散速率的规律为 CK> 配方 1> 配方 3> 配方 4> 配方 2> 配方 5> 配方 6 > 配方 7> 配方 8，表明掺入气化渣后，扩散速率整体呈现减小的趋势，其中，CK 的初始扩散速率最高达 70.00 cm/min，配方 8 初始扩散速率最小达 29.33 cm/min，表明随气化渣施用量的增加，减小了风沙土扩散速率。表 5.15 表示水平扩散速率 v 与时间 t 的拟合方程，从中可以看出：土壤的扩散速率与扩散时间呈幂函数关系，确定系数均大于 0.92，表明土壤的扩散速率与扩散时间呈良好的幂函数关系。

表 5.15 风沙土土壤水平扩散速率 v 与时间 t 的拟合方程

配方	水平扩散速率 v 的拟合方程	确定系数 R^2
CK	$v = 61.056t^{-0.57}$	$R^2 = 0.9503$
配方 1	$v = 56.351t^{-0.565}$	$R^2 = 0.9696$
配方 2	$v = 46.836t^{-0.539}$	$R^2 = 0.9675$
配方 3	$v = 47.818t^{-0.53}$	$R^2 = 0.9467$
配方 4	$v = 44.945t^{-0.551}$	$R^2 = 0.9728$
配方 5	$v = 44.757t^{-0.644}$	$R^2 = 0.9530$
配方 6	$v = 38.289t^{-0.546}$	$R^2 = 0.9729$
配方 7	$v = 27.590t^{-0.454}$	$R^2 = 0.9538$
配方 8	$v = 23.109t^{-0.414}$	$R^2 = 0.9235$

5.6.1.4 扩散湿润锋进程试验结果

各处理湿润锋推进距离随时间的变化曲线如图 5.23 所示，图中曲线斜率反映湿润锋的推进速度；表 5.16 表示湿润锋推进距离 X 与时间 t 的拟合方程，从中可以看出：各处理土壤的湿润锋推进距离与扩散时间呈现幂函数关系，确定系数均大于 0.95，各处理土壤的湿润锋推进距离与扩散时间呈良好的幂函数关系。由图 5.23 可以看出，各处理的湿润锋推进距离变化趋势基本一致，初始湿润锋推进距离较大，但随着时间的推移，湿润锋推进距离逐渐下降后趋于平缓，即达到稳定扩散阶段。扩散初始 5 min 内，曲线斜率最大即湿润锋推进速度最快，5 min 后增幅逐渐变缓。扩散初期 CK 均高于各处理的湿润锋推进距离，表明处理能减小湿润锋运移；CK 的曲线斜率都高于各处理，说明各处理具有减弱湿润锋推进速度的作用，以配方 8 减弱程度最大，湿润锋推进距离 CK> 配方 1> 配方 2> 配方 3> 配方 5> 配方 4> 配方 6> 配方 7> 配方 8 ，在 5 min 后，CK 大于各处理的湿润锋推进距离（$P<0.05$）；随着扩散过程的持续，各处理的湿润锋前移距离均在增大，但相同时间内的湿润锋前移距离在逐渐减小；相同时间内，湿润锋推进距离 CK> 配方 1> 配方 2> 配方 3> 配方 4> 配方 5> 配方 6> 配方 7> 配方 8，表明相同时间内，随气化渣施用量的增加，减小了湿润锋推进距离。

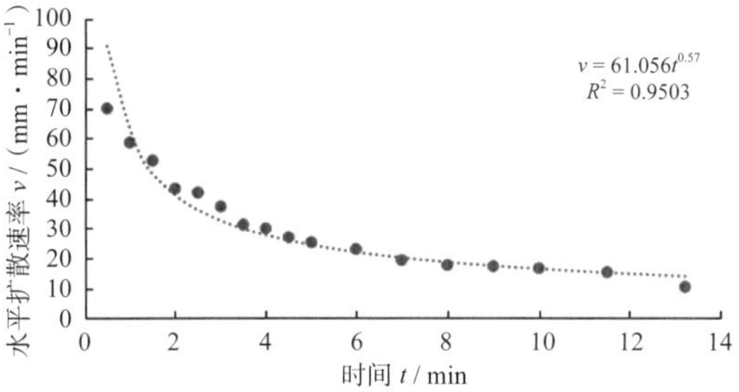

（a）对照组水平扩散速率 v 与时间 t 的关系

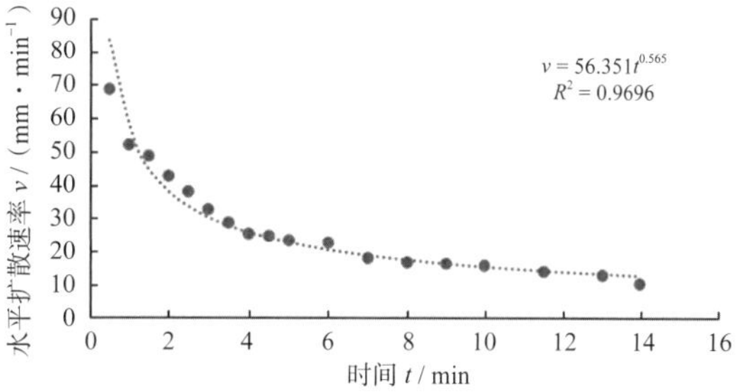

（b）配方 1 水平扩散速率 v 与时间 t 的关系

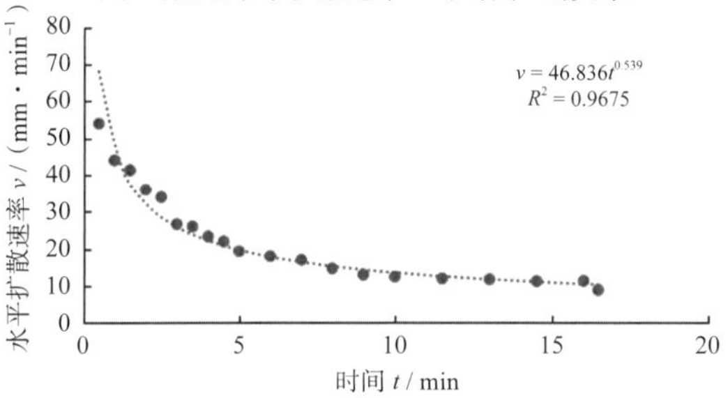

（c）配方 2 水平扩散速率 v 与时间 t 的关系

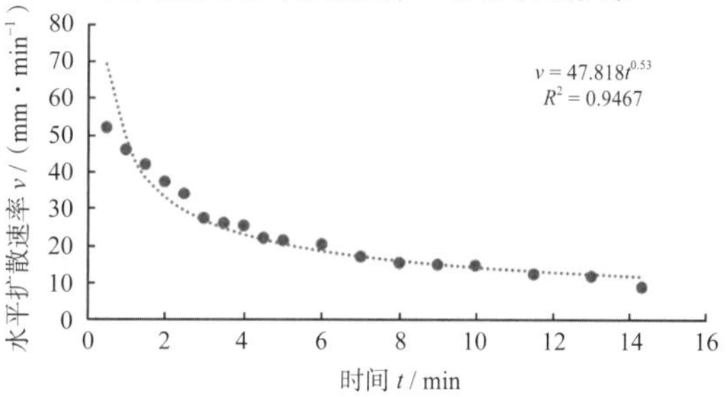

（d）配方 3 水平扩散速率 v 与时间 t 的关系

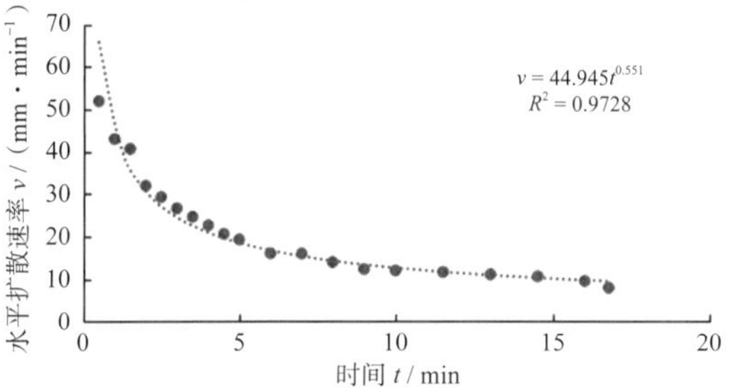

（e）配方 4 水平扩散速率 v 与时间 t 的关系

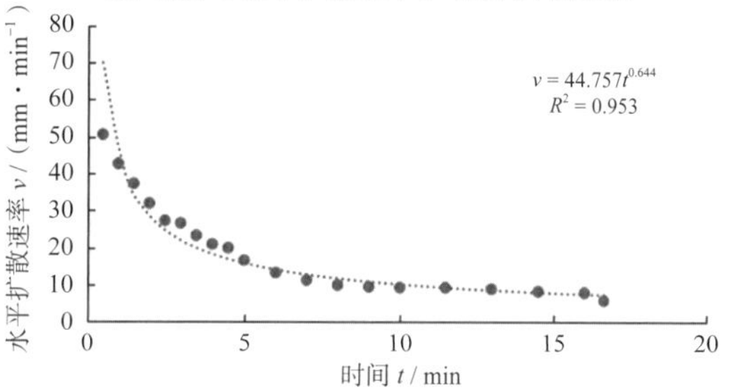

（f）配方 5 水平扩散速率 v 与时间 t 的关系

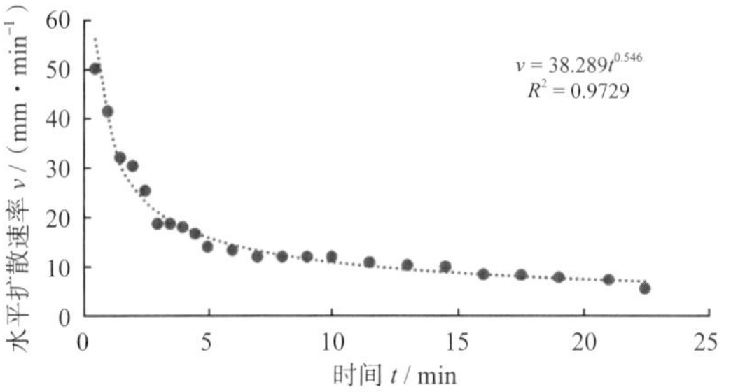

（g）配方 6 水平扩散速率 v 与时间 t 的关系

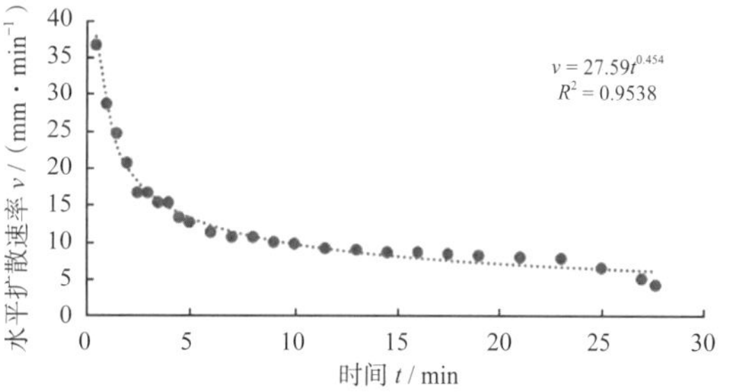

（h）配方 7 水平扩散速率 v 与时间 t 的关系

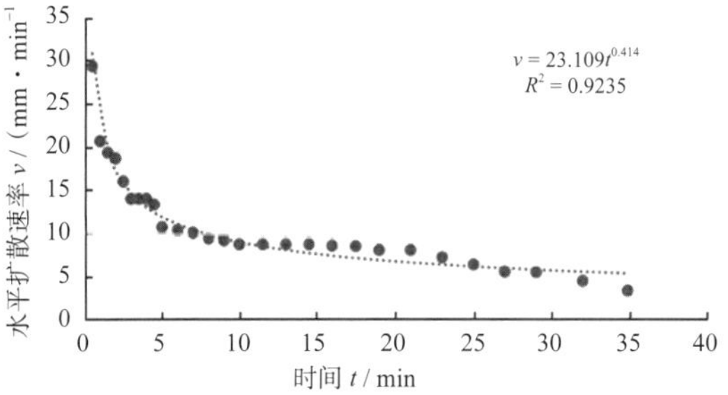

（i）配方 8 水平扩散速率 v 与时间 t 的关系

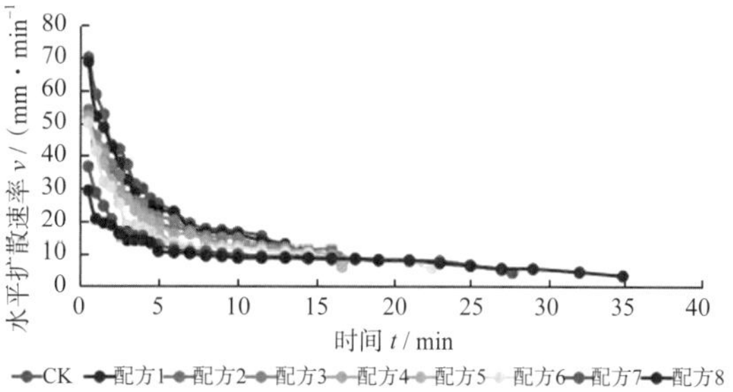

（j）水平扩散速率 v 与时间 t 的关系汇总图

图 5.22　气化渣对风沙土土壤水平扩散速率 v 的影响

（a）为 CK；（b）～（i）为配方 1 ～ 8；（j）为汇总图

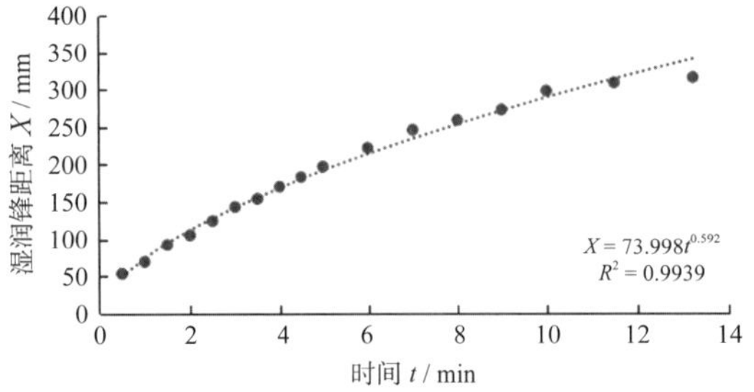

（a）对照组湿润锋距离 X 与时间 t 的关系

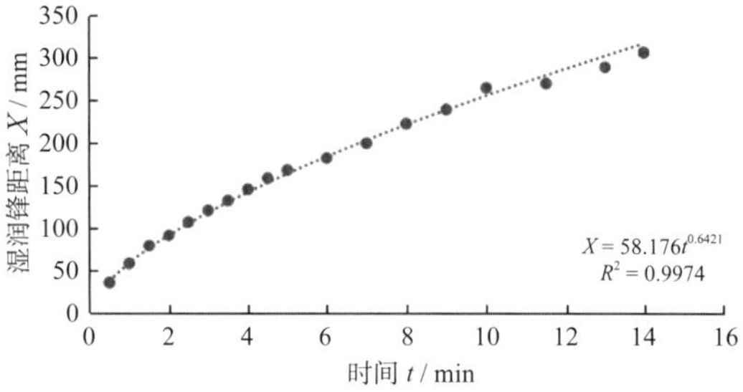

（b）配方 1 湿润锋距离 X 与时间 t 的关系

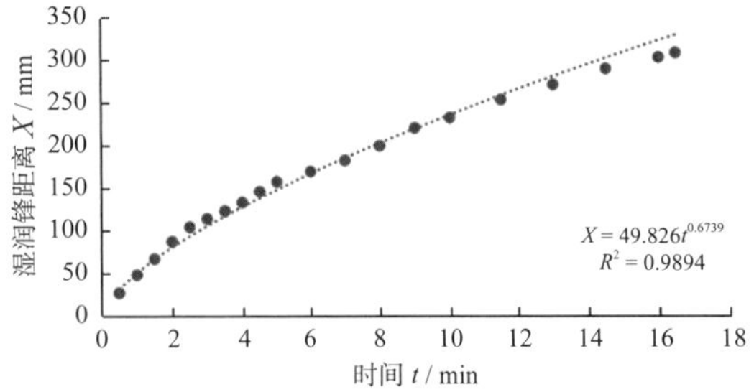

（c）配方 2 湿润锋距离 X 与时间 t 的关系

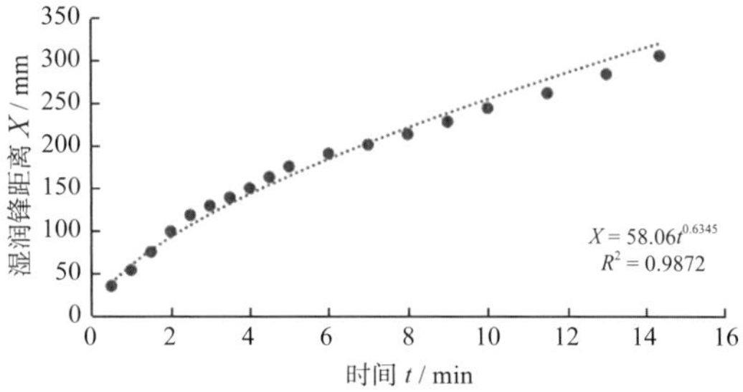

（d）配方 3 湿润锋距离 X 与时间 t 的关系

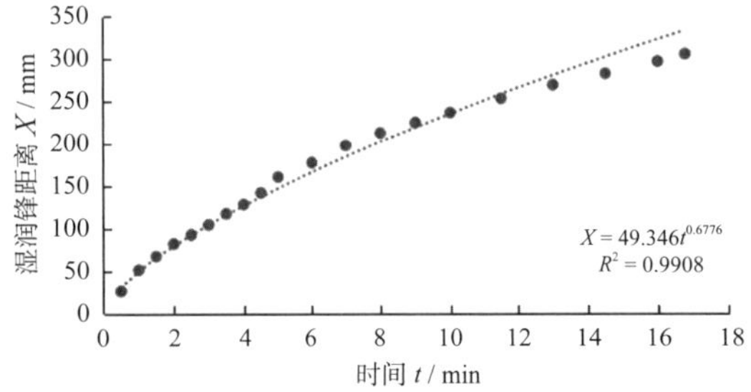

（e）配方 4 湿润锋距离 X 与时间 t 的关系

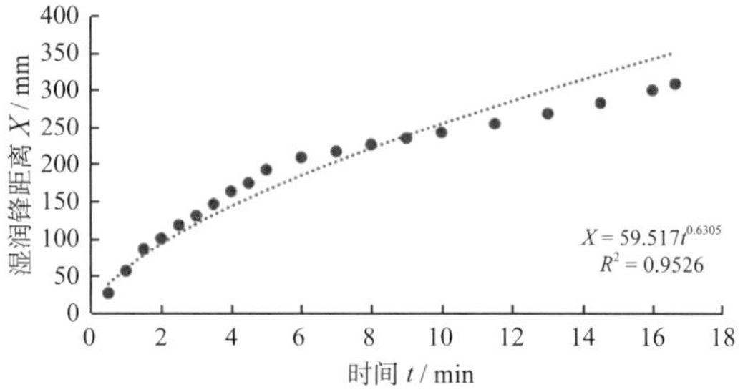

（f）配方 5 湿润锋距离 X 与时间 t 的关系

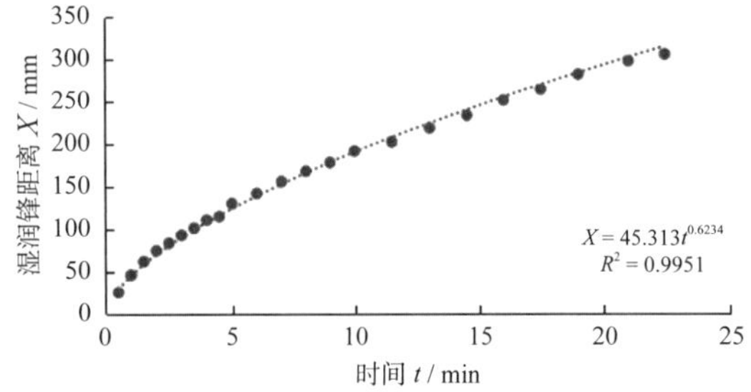

（g）配方 6 湿润锋距离 X 与时间 t 的关系

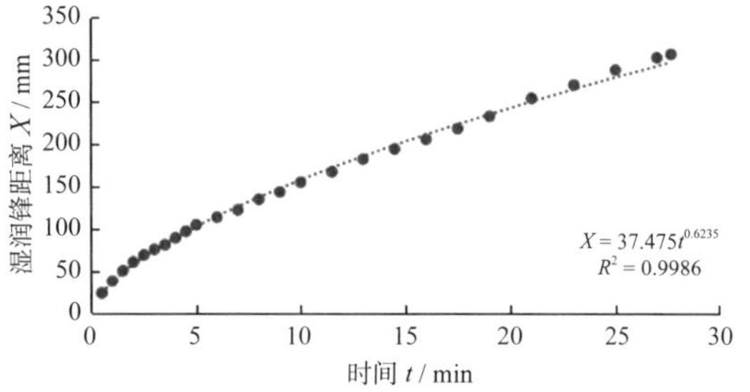

（h）配方 7 湿润锋距离 X 与时间 t 的关系

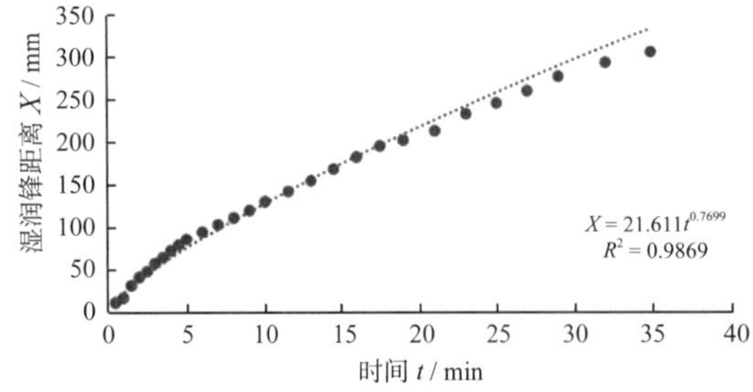

（i）配方 8 湿润锋距离 X 与时间 t 的关系

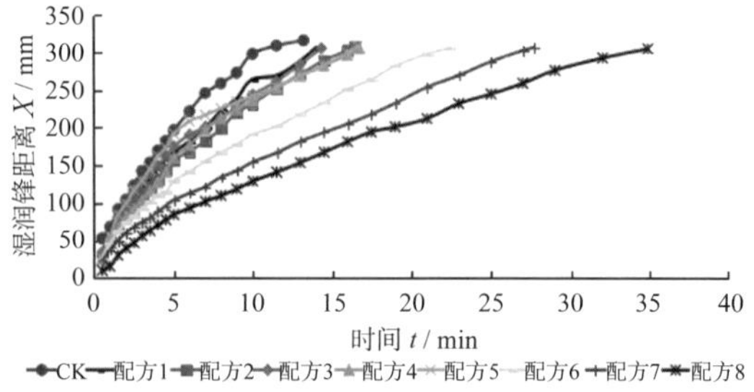

（j）土壤扩散湿润锋距离 X 与时间 t 的关系汇总图

图 5.23　气化渣对风沙土扩散湿润锋距离 X 的影响

（a）为 CK；（b）～（i）为处理 1 ～ 8；（j）为汇总图

表 5.16　风沙土湿润锋距离 X 与时间 t 的拟合方程

配方	扩散湿润锋距离 X 的拟合方程	确定系数 R^2
CK	$X=73.998t^{0.5920}$	$R^2=0.9939$
配方 1	$X=58.176t^{0.6421}$	$R^2=0.9974$
配方 2	$X=49.826t^{0.6739}$	$R^2=0.9894$
配方 3	$X=59.06t^{0.6345}$	$R^2=0.9872$
配方 4	$X=49.346t^{0.6776}$	$R^2=0.9908$
配方 5	$X=59.517t^{0.6305}$	$R^2=0.9526$
配方 6	$X=45.313t^{0.6234}$	$R^2=0.9951$
配方 7	$X=37.475t^{0.6235}$	$R^2=0.9986$
配方 8	$X=21.611t^{0.7699}$	$R^2=0.9869$

5.6.2　盐碱土土壤水平扩散率试验结果

5.6.2.1　土壤水平扩散率试验结果

水平扩散率与含水率的关系变化如图 5.24 所示，图中各处理水平扩散率与含水率的关系变化呈现相似趋势。由图 5.24（a）～（i）可以看出，水平扩散率与含水率的拟合曲线均为指数函数，R^2 均在 0.97 以上，拟合度均很高，表明土壤的水平扩散率与扩散时间呈良好的指数函数关系。因此，水平扩散率的动态变化过程可以用指数函数关系式进行模拟。在盐碱土土壤的水平扩散中，开始时土壤基质势很大，此时的水平扩散率非常大，随着扩散时间的延长，土壤基质势不断减小，水平扩散率呈现减小趋势。由图 5.24（j）可以看出：各处理初始水平扩散率都高于 CK（$P<0.01$），其中，CK 的初始水平扩散率达 4.92 cm²/min，配方 1 ～ 8 的初始水平扩散率分别为 20.31 cm²/min、28.12 cm²/min、31.51 cm²/ min、35.63 cm²/min、39.33 cm²/min、53.89 cm²/min、59.33 cm²/min、55.41 cm²/min。不同处理组的土柱，在扩散时间相等的情况下，其扩散率也存在差异，相同时间内，水平扩散率配方 8> 配方 7> 配方 5> 配方 6> 配方 3> 配方 4> 配方 1> 配方 2>CK，表明随着气化渣用量的增加，水平扩散率也在增大，由表 5.17 可以看出，随着气化渣用量的增加，水平扩散时间逐渐减小，扩散时间配方 7< 配方 8< 配方 6< 配方 5< 配方 4< 配方 3< 配方 2< 配方 1<CK，其主要原因是掺入气化渣后，改善了土壤孔隙结构，增大了风沙土土壤孔隙度，加快了土壤水运移速度。

表 5.17　不同配比的盐碱土重构土壤扩散率试验表

配方	扩散率 $D(\theta)$ 与含水率 θ 的拟合方程	R^2	水平扩散时间
CK	$D(\theta)=2\times10^{-70}e^{327.97\theta}$	0.9772	12 时 03 分 57 秒
配方 1	$D(\theta)=7\times10^{-38}e^{150.06\theta}$	0.9923	9 时 26 分 03 秒
配方 2	$D(\theta)=1\times10^{-27}e^{111.45\theta}$	0.9814	6 时 01 分 10 秒
配方 3	$D(\theta)=2\times10^{-25}e^{99.589\theta}$	0.9770	3 时 41 分 13 秒
配方 4	$D(\theta)=1\times10^{-24}e^{96.997\theta}$	0.9849	2 时 42 分 16 秒
配方 5	$D(\theta)=4\times10^{-28}e^{106.85\theta}$	0.9849	1 时 54 分 19 秒

续表

配方	扩散率 $D(\theta)$ 与含水率 θ 的拟合方程	R^2	水平扩散时间
配方 6	$D(\theta)=3\times10^{-26}e^{102.14\theta}$	0.9856	1 时 16 分 27 秒
配方 7	$D(\theta)=7\times10^{-33}e^{117.36\theta}$	0.9893	1 时 07 分 50 秒
配方 8	$D(\theta)=1\times10^{-29}e^{109.96\theta}$	0.9923	1 时 14 分 33 秒

5.6.2.2 Boltzmann 变换参数试验结果

各处理土壤 Boltzmann 变换参数 λ 与含水率 θ 的变化曲线如图 5.25 所示。Boltzmann 变换参数 λ 的值表征水分在土壤中水平入渗时，湿润锋向前移动的快慢程度，也可以代表在一定时间内水分渗入土壤的范围大小。由图 5.25 可以看出：随着土壤含水率的增加，Boltzmann 变换参数 λ 逐渐增大，从曲线的变化趋势来看，各处理及 CK 的 $\theta-\lambda$ 关系曲线随土壤含水率的增加呈现直线下降的趋势，随着气化渣的掺入比例增大，土壤含水率增大，各处理间 Boltzmann 变换参数 λ 与含水率 θ 关系曲线的斜率在逐渐变小，变化曲线总体呈现出逐渐变缓的趋势，表示随着气化渣掺入量的增加使得各处理间的 Boltzmann 变换参数 λ 的初始值随气化渣量增加而呈现增大的趋势，并且从总体来看也呈现出增大的趋势，变化规律为 CK< 配方 2< 配方 1< 配方 4 < 配方 3< 配方 6< 配方 5< 配方 8< 配方 7；变换参数 λ 值的变化范围也随着气化渣量的增加而减小。说明气化渣的添加抑制了土壤水分的运移，减慢了湿润锋向前运动的速度，能够提高盐碱土的持水性，并且随着气化渣掺入比例的提高，土壤持水性减弱，土壤水分扩散速率减弱，湿润锋扩散距离变短。

5.6.2.3 水平扩散速率试验结果

各处理土壤水平扩散速率随时间的变化曲线如图 5.26 所示，拟合方程如表 5.18 所示。由图 5.26 可以看出：扩散初始 10 min 内，水平扩散速率下降幅度最大，20 min 后降幅逐渐变小。由表 5.18 可以看出：土壤的水平扩散速率与扩散时间呈现幂函数关系，确定系数均大于 0.90，表明土壤的水平扩散速率与扩散时间呈良好的幂函数关系。由图 5.26（j）可以看出，各处理的水平扩散速率变化趋势基本一致，初始水平扩散速率较高，但随着时间的推移，水平扩散速率先快速下降后逐渐趋于平缓，即达到稳定扩散阶段；各处理初始扩散率配方 6> 配方 8> 配方 5> 配方 3> 配方 7> 配方 4> 配方 1> 配方 2>CK，表明掺入气化渣后，水平扩散速率整体呈现提高的趋势，其中，CK 的初始水平扩散速率最小达 5.66 $cm/min^{0.5}$，配方 6 初始水平扩散速率最大达 25.46 $cm/min^{0.5}$；在 10 min 后，水平扩散速率配方 7> 配方 8> 配方 5> 配方 6> 配方 4> 配方 3> 配方 2> 配方 1>CK，表明随气化渣施用量的增加，提高了盐碱土水平扩散速率。

表 5.18 盐碱土土壤水平扩散速率 v 与时间 t 的拟合方程

配方	水平扩散速率 v 的拟合方程	确定系数 R^2
CK	$v=2.0287t^{-0.412}$	$R^2=0.9926$
配方 1	$v=6.8620t^{-0.503}$	$R^2=0.9782$
配方 2	$v=9.1847t^{-0.517}$	$R^2=0.9857$
配方 3	$v=10.184t^{-0.485}$	$R^2=0.9887$
配方 4	$v=12.846t^{-0.499}$	$R^2=0.9843$

续表

配方	水平扩散速率 v 的拟合方程	确定系数 R^2
配方 5	$v=13.231t^{-0.462}$	$R^2=0.9875$
配方 6	$v=16.275t^{-0.461}$	$R^2=0.9548$
配方 7	$v=21.822t^{-0.54}$	$R^2=0.9592$
配方 8	$v=23.015t^{-0.535}$	$R^2=0.9636$

5.6.2.4 扩散湿润锋进程试验结果

各处理湿润锋推进距离随时间的变化曲线如图 5.27 所示，图中曲线斜率反映湿润锋的推进速度；拟合方程如表 5.19 所示。由图 5.27 可以看出，扩散初始 10 min 内，曲线斜率最大即湿润锋推进速度最快，20 min 后增幅逐渐变缓。由表 5.19 可以看出：各处理土壤的湿润锋推进距离与扩散时间呈现幂函数关系，确定系数均大于 0.97，各处理土壤的湿润锋推进距离与扩散时间呈良好的幂函数关系。由图 5.27（j）可以看出：各处理的湿润锋推进距离变化趋势基本一致，初始湿润锋推进距离较大，但随着时间的推移，湿润锋推进距离逐渐下降后趋于平缓，即达到稳定扩散阶段。扩散初期各处理的扩散速率均高于 CK，表明处理能促进湿润锋运移；各处理的曲线斜率都高于 CK，说明各处理具有增强湿润锋推进速度的作用，以处理 6 促进程度最大，湿润锋推进距离配方 6> 配方 8> 配方 1> 配方 3> 配方 5> 配方 4> 配方 7> 配方 2>CK，CK 小于各处理的湿润锋推进距离（$P<0.01$）；随着扩散过程的持续，相同时间内各处理的湿润锋前移距离均在逐渐减小；相同时间内，湿润锋推进距离配方 6> 配方 8> 配方 1> 配方 3> 配方 5> 配方 4> 配方 7> 配方 2>CK，表明相同时间内随气化渣施用量的增加，增加了湿润锋推进距离。

表 5.19 盐碱土湿润锋距离 X 与时间 t 的拟合方程

配方	扩散湿润锋距离 X 的拟合方程	确定系数 R^2
CK	$X=5.38802t^{0.5191}$	$R^2=0.9923$
配方 1	$X=11.867t^{0.5097}$	$R^2=0.9988$
配方 2	$X=23.236t^{0.5529}$	$R^2=0.9968$
配方 3	$X=18.024t^{0.5275}$	$R^2=0.9987$
配方 4	$X=16.477t^{0.5864}$	$R^2=0.9954$
配方 5	$X=19.584t^{0.5916}$	$R^2=0.9962$
配方 6	$X=25.607t^{0.5703}$	$R^2=0.9973$
配方 7	$X=20.785t^{0.6742}$	$R^2=0.9774$
配方 8	$X=23.266t^{0.5965}$	$R^2=0.9978$

5.6.3 酸土土壤水平扩散率试验结果

5.6.3.1 土壤水平扩散率试验结果

水平扩散率与含水率的关系变化见图 5.28，图中各处理水平扩散率与含水率的关系变化呈现相似变化趋势，水平扩散率越小，土壤含水率也越小；随着气化渣掺入比例的增加，水平扩散率逐渐减小，并且函数曲线斜率也逐渐变小。表 5.20 是为水平扩散率与土

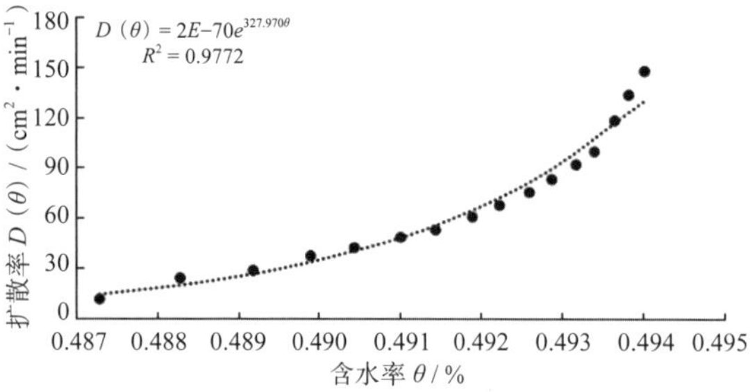

（a）对照组扩散率 D（θ）与含水率 θ 拟合图

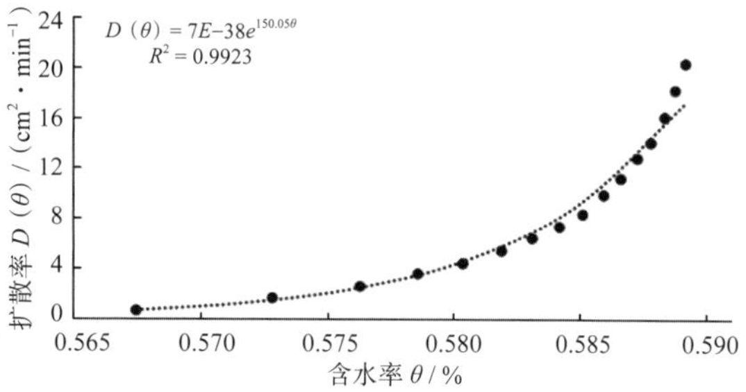

（b）配方 1 扩散率 D（θ）与含水率 θ 拟合图

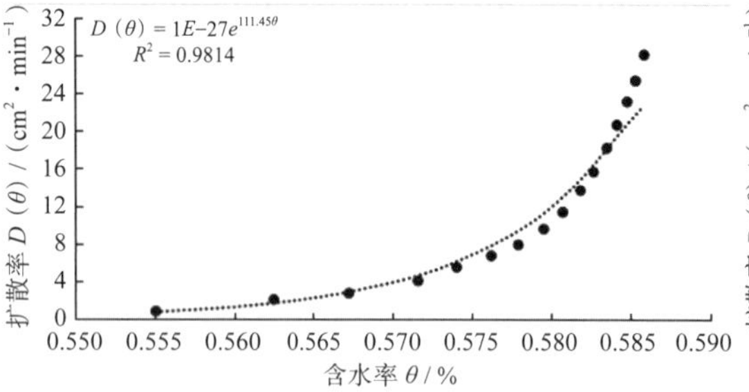

（c）配方 2 扩散率 D（θ）与含水率 θ 拟合图

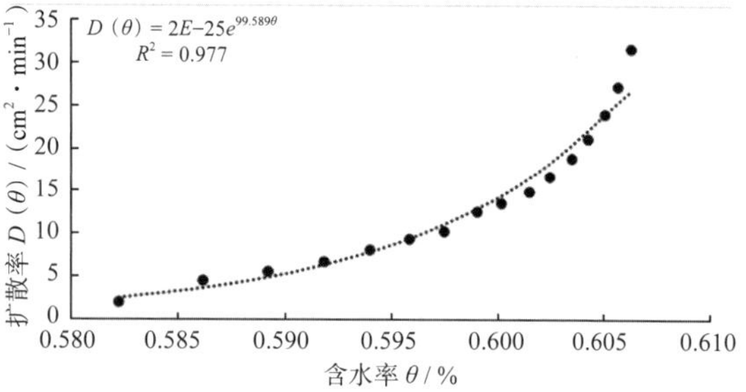

（d）配方 3 扩散率 D（θ）与含水率 θ 拟合图

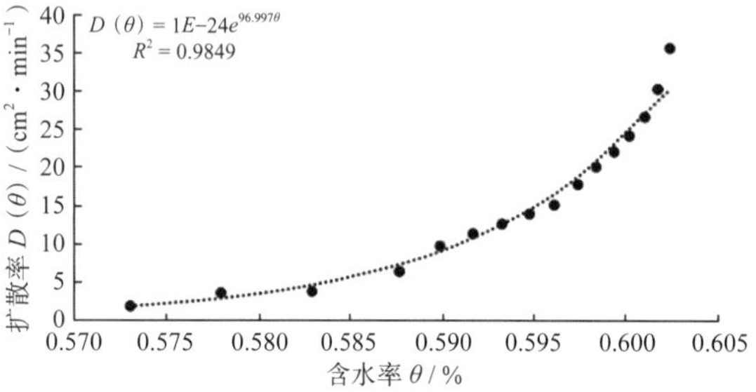

（e）配方 4 扩散率 D（θ）与含水率 θ 拟合图

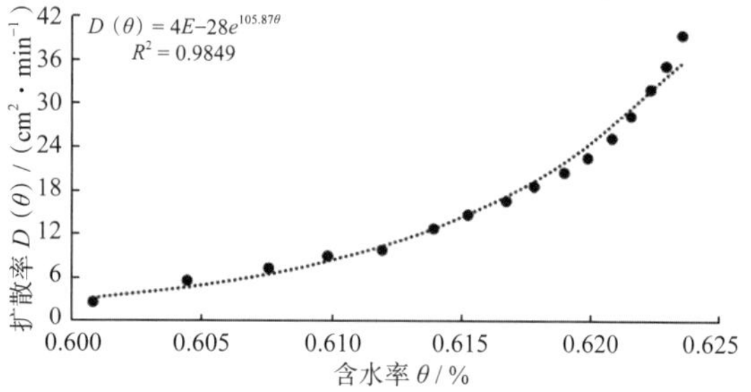

（f）配方 5 扩散率 D（θ）与含水率 θ 拟合图

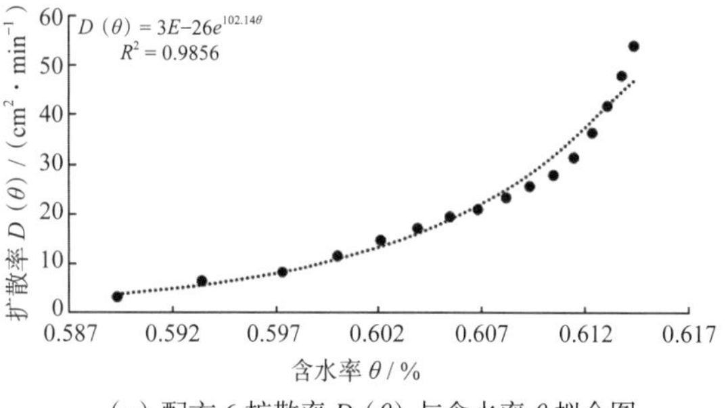

（g）配方 6 扩散率 D（θ）与含水率 θ 拟合图

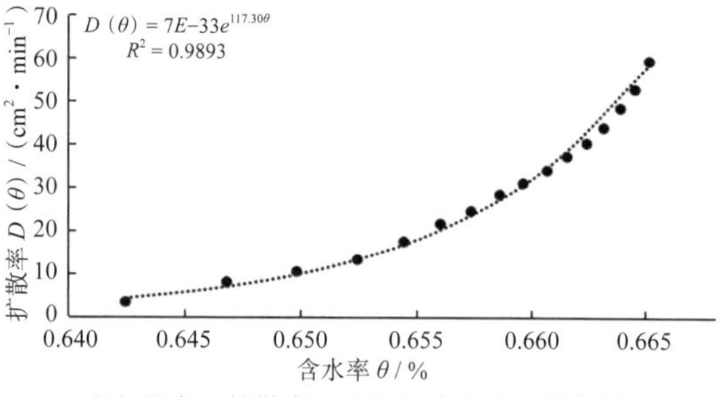

（h）配方 7 扩散率 D（θ）与含水率 θ 拟合图

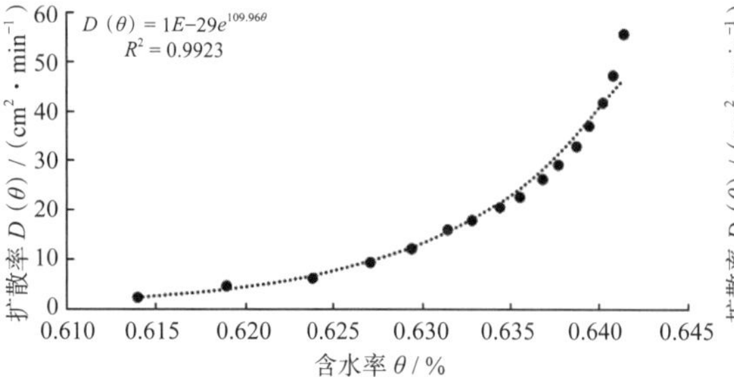

（i）配方 8 扩散率 D（θ）与含水率 θ 拟合图

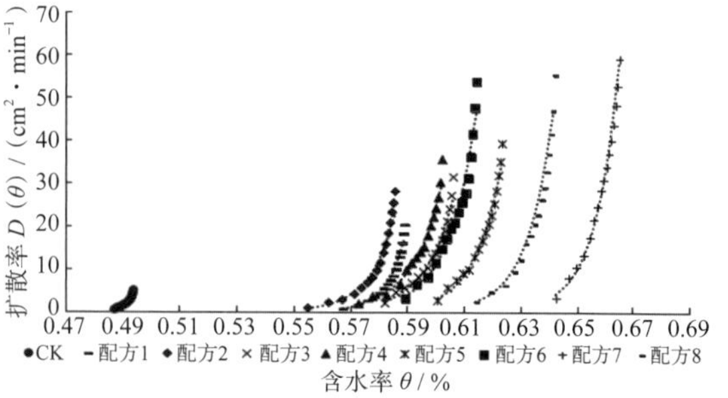

（j）扩散率 D（θ）与含水率 θ 拟合汇总图

图 5.24　气化渣对酸土土壤扩散率 $D(\theta)$ 的影响

（a）为 CK；（b）～（i）为配方 1 ～ 8；（j）为汇总图

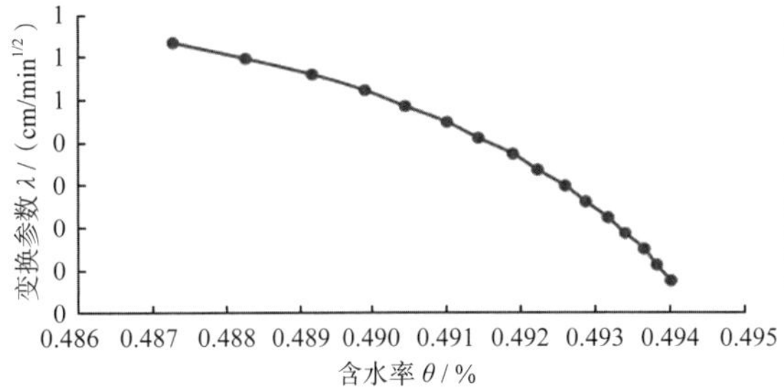

(a) 对照组 Boltzmann 变换参数 λ 与含水率 θ 变化

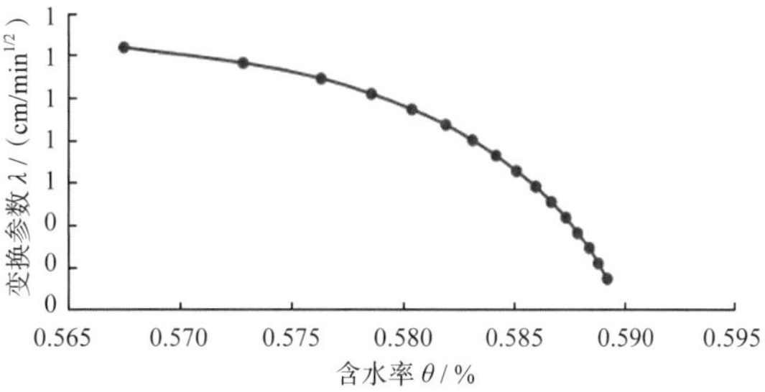

(b) 配方 1 Boltzmann 变换参数 λ 与含水率 θ 变化关系

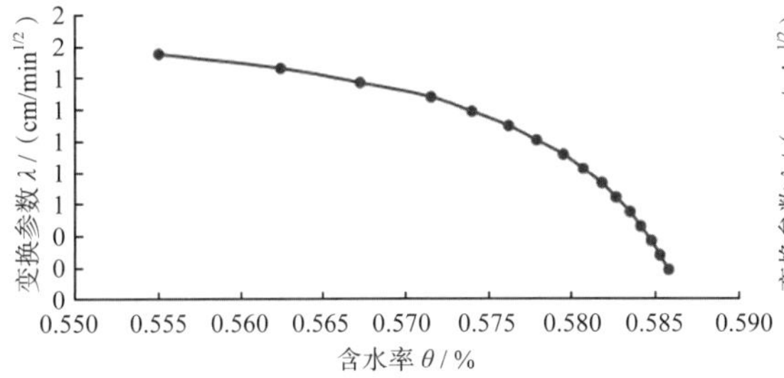

(c) 配方 2 Boltzmann 变换参数 λ 与含水率 θ 变化关系

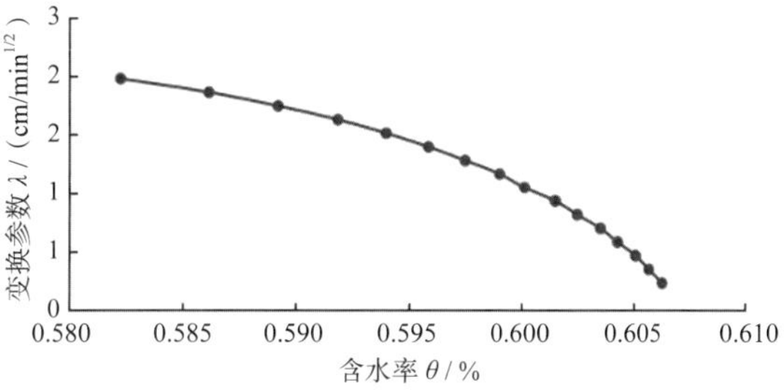

(d) 配方 3 Boltzmann 变换参数 λ 与含水率 θ 变化关系

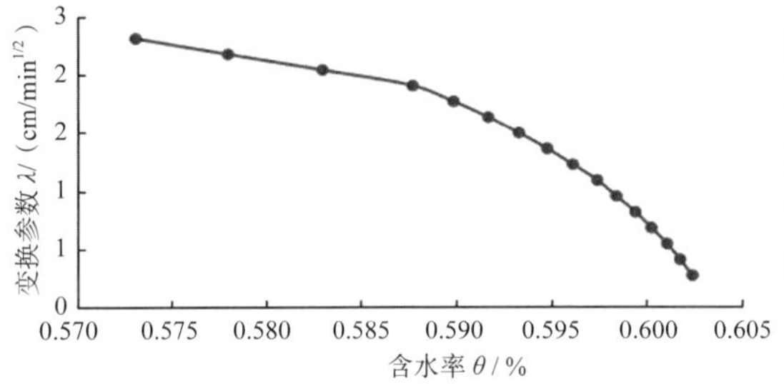

(e) 配方 4 Boltzmann 变换参数 λ 与含水率 θ 变化关系

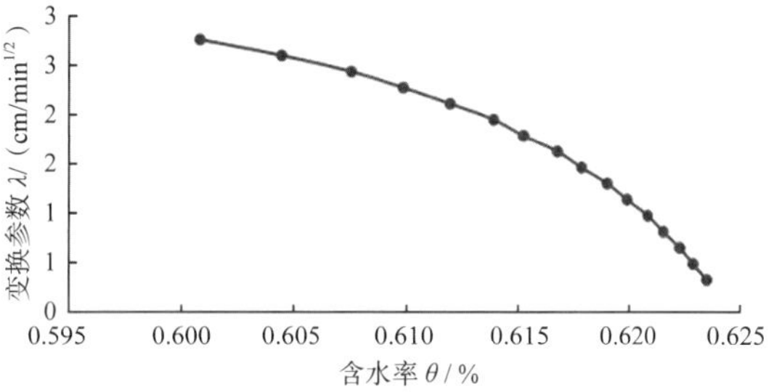

(f) 配方 5 Boltzmann 变换参数 λ 与含水率 θ 变化关系

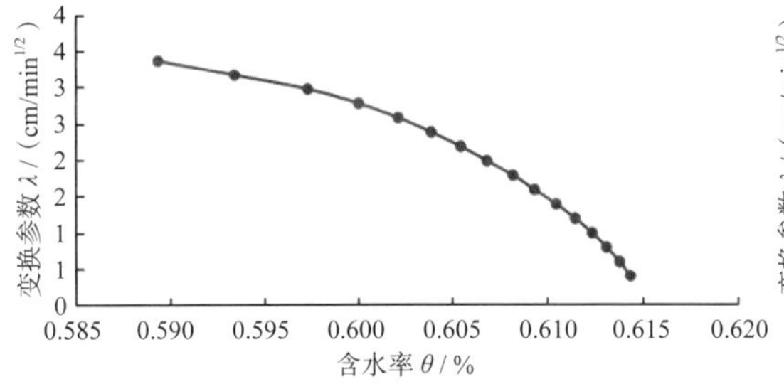

(g) 配方 6 Boltzmann 变换参数 λ 与含水率 θ 变化关系

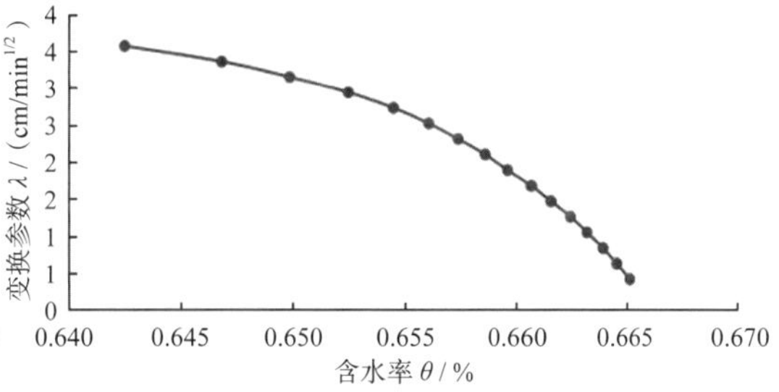

(h) 配方 7 Boltzmann 变换参数 λ 与含水率 θ 变化关系

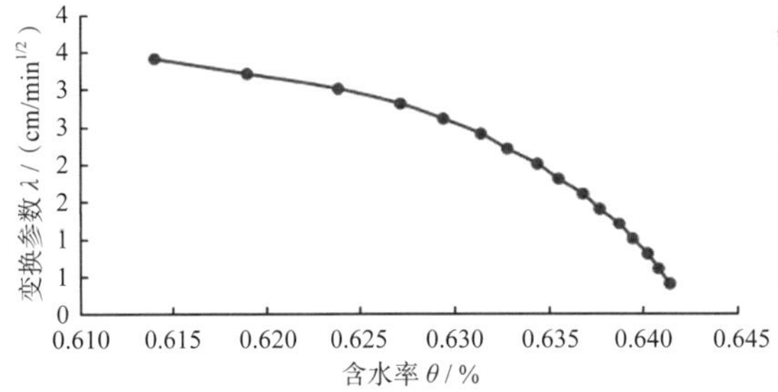

(i) 配方 8 Boltzmann 变换参数 λ 与含水率 θ 变化关系

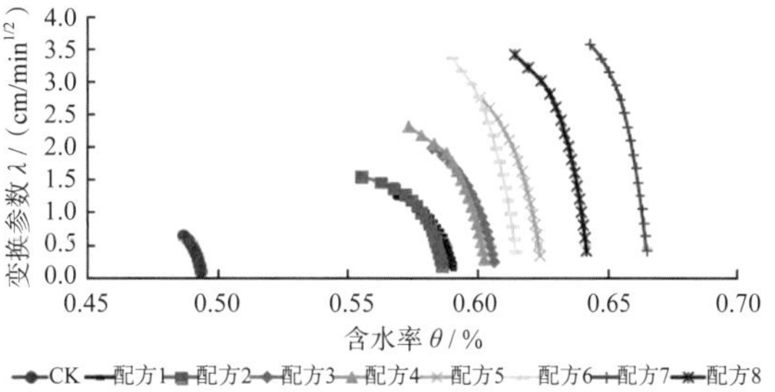

(j) Boltzmann 变换参数 λ 与含水率 θ 变化关系汇总图

图 5.25 气化渣对酸土土壤 Boltzmann 变换参数 λ 的影响

(a) 为 CK；(b) ~ (i) 为配方 1 ~ 8；(j) 为汇总图

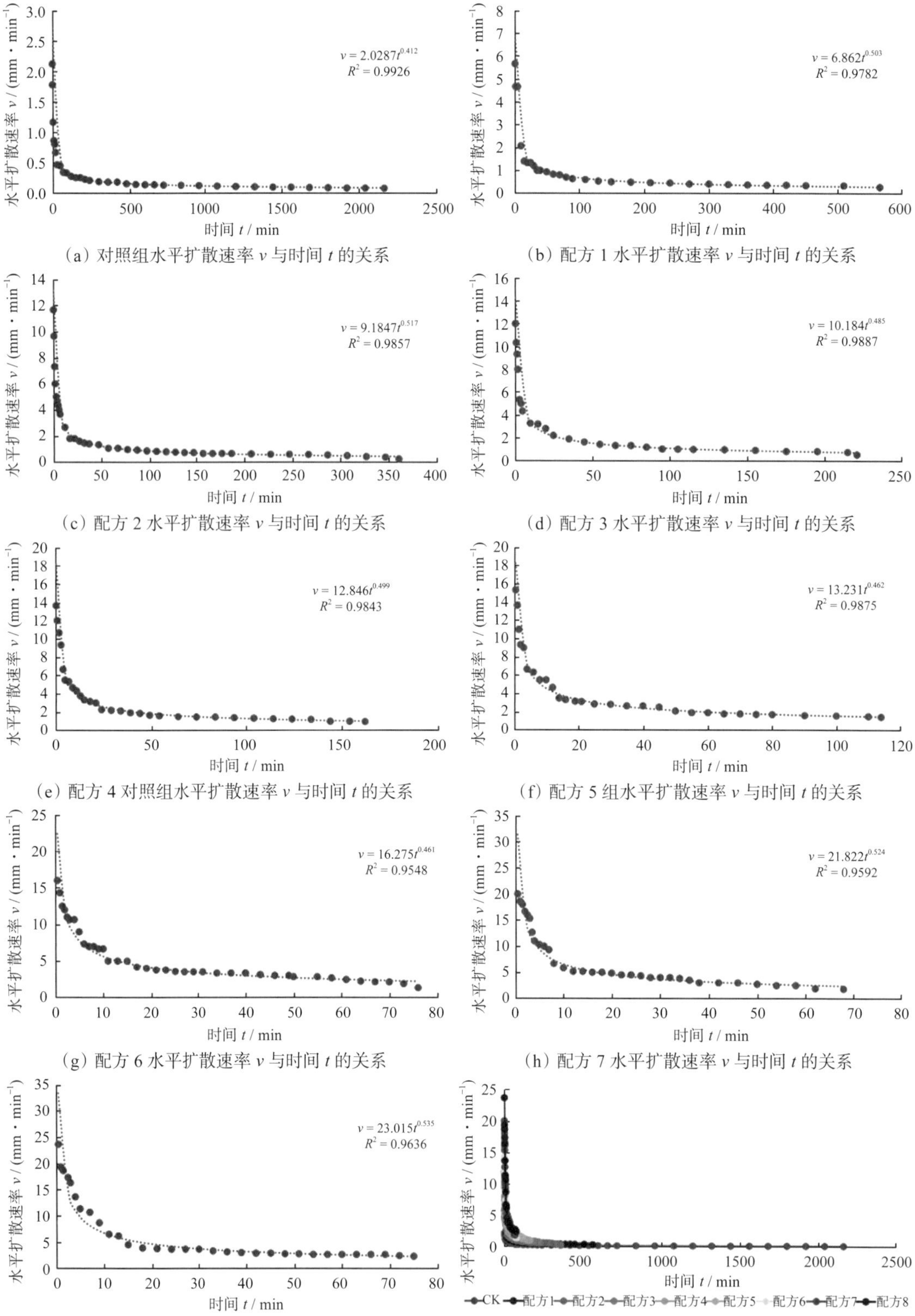

(a) 对照组水平扩散速率 v 与时间 t 的关系

(b) 配方 1 水平扩散速率 v 与时间 t 的关系

(c) 配方 2 水平扩散速率 v 与时间 t 的关系

(d) 配方 3 水平扩散速率 v 与时间 t 的关系

(e) 配方 4 对照组水平扩散速率 v 与时间 t 的关系

(f) 配方 5 组水平扩散速率 v 与时间 t 的关系

(g) 配方 6 水平扩散速率 v 与时间 t 的关系

(h) 配方 7 水平扩散速率 v 与时间 t 的关系

(i) 配方 8 水平扩散速率 v 与时间 t 的关系

(j) 水平扩散速率 v 与时间 t 的关系汇总图

图 5.26　气化渣对酸土土壤水平扩散速率 v 的影响

(a) 为 CK；(b ~ i) 为配方 1 ~ 8；(j) 为汇总图

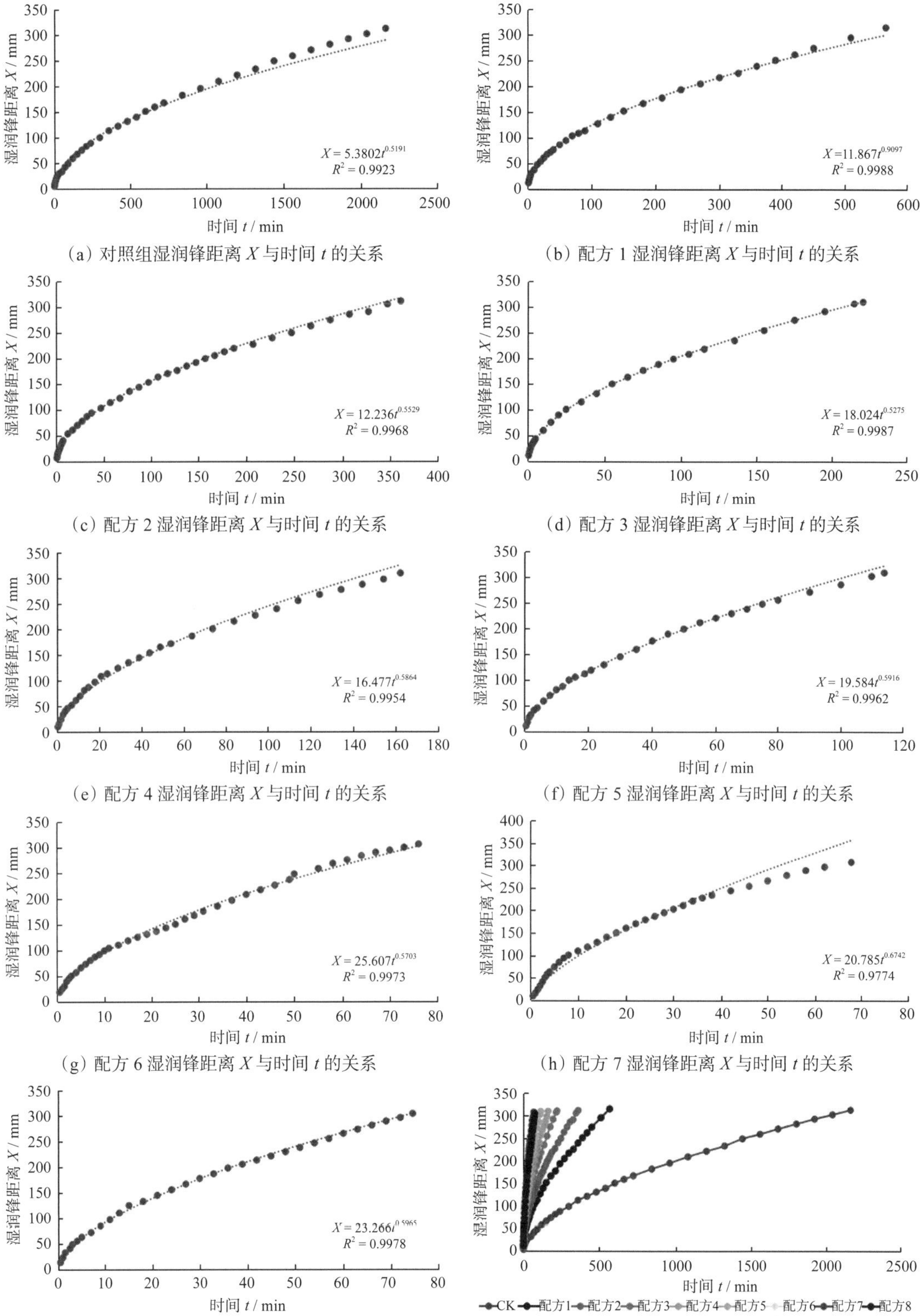

(a) 对照组湿润锋距离 X 与时间 t 的关系

(b) 配方 1 湿润锋距离 X 与时间 t 的关系

(c) 配方 2 湿润锋距离 X 与时间 t 的关系

(d) 配方 3 湿润锋距离 X 与时间 t 的关系

(e) 配方 4 湿润锋距离 X 与时间 t 的关系

(f) 配方 5 湿润锋距离 X 与时间 t 的关系

(g) 配方 6 湿润锋距离 X 与时间 t 的关系

(h) 配方 7 湿润锋距离 X 与时间 t 的关系

(i) 配方 8 湿润锋距离 X 与时间 t 的关系

(j) 湿润锋距离 X 与时间 t 的关系汇总图

图 5.27　气化渣对酸土扩散湿润锋距离 X 的影响

(a) 为 CK；(b) ～ (i) 为处理 1 ～ 8；(j) 为汇总图

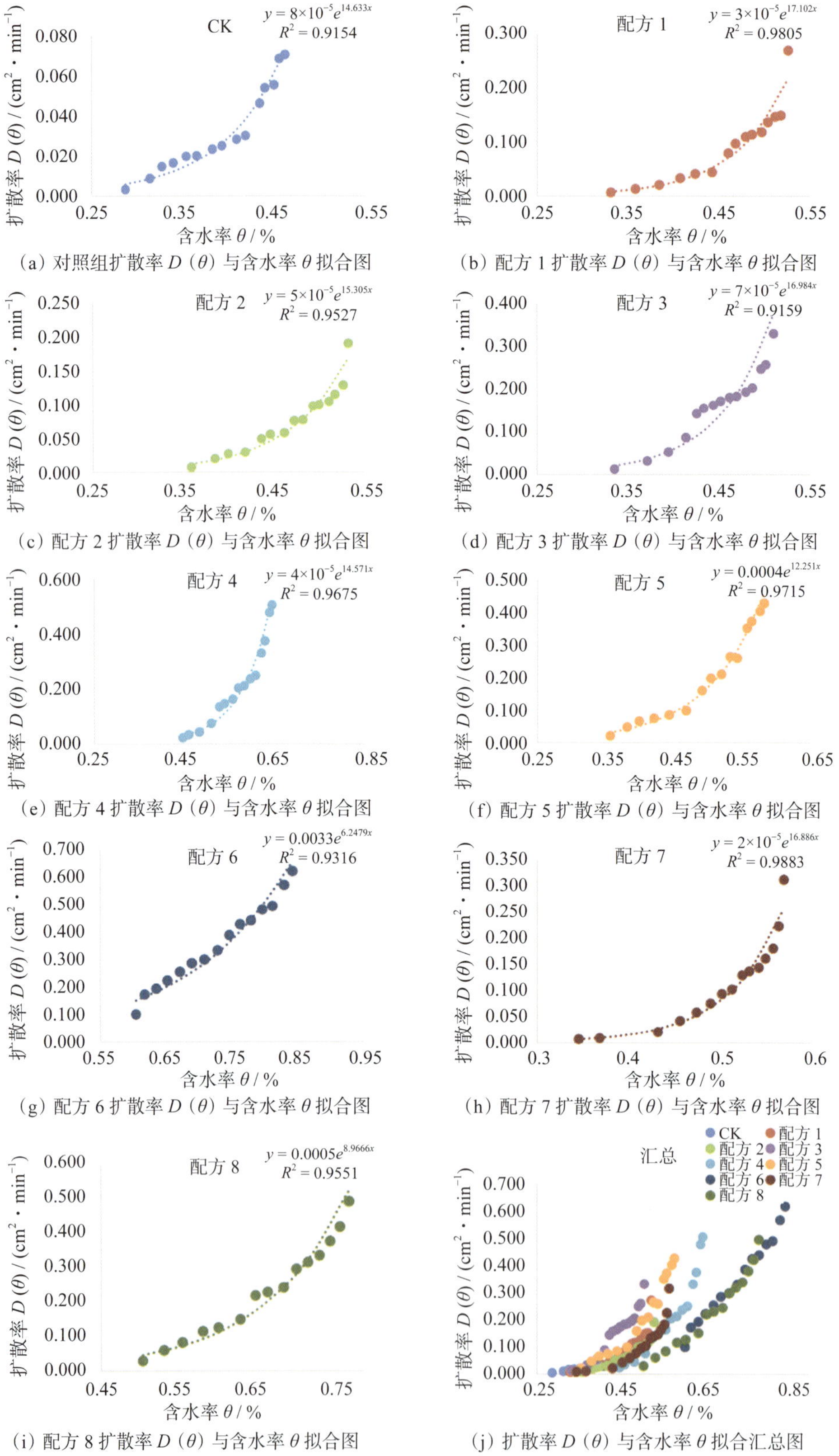

（a）对照组扩散率 D（θ）与含水率 θ 拟合图

（b）配方 1 扩散率 D（θ）与含水率 θ 拟合图

（c）配方 2 扩散率 D（θ）与含水率 θ 拟合图

（d）配方 3 扩散率 D（θ）与含水率 θ 拟合图

（e）配方 4 扩散率 D（θ）与含水率 θ 拟合图

（f）配方 5 扩散率 D（θ）与含水率 θ 拟合图

（g）配方 6 扩散率 D（θ）与含水率 θ 拟合图

（h）配方 7 扩散率 D（θ）与含水率 θ 拟合图

（i）配方 8 扩散率 D（θ）与含水率 θ 拟合图

（j）扩散率 D（θ）与含水率 θ 拟合汇总图

图 5.28　气化渣对酸土土壤扩散率 D（θ）的影响

壤含水率的拟合方程，从中可以看出，水平扩散率与含水率的拟合曲线均为指数函数，R^2均在 0.91 以上，拟合度均很高，表明土壤的水平扩散率与扩散时间呈良好的指数函数关系。

表 5.20　酸土土壤扩散率 $D(\theta)$ 与含水率 θ 的拟合方程

配方	扩散率 $D(\theta)$ 与含水率 θ 的拟合方程	确定系数 R^2	水平扩散时间 /min
CK	$D(\theta)=8\times10^{-5}e^{14.633\theta}$	$R^2=0.9154$	8980
配方 1	$D(\theta)=3\times10^{-5}e^{17.102\theta}$	$R^2=0.9805$	4004
配方 2	$D(\theta)=5\times10^{-5}e^{15.302\theta}$	$R^2=0.9527$	4646
配方 3	$D(\theta)=7\times10^{-5}e^{16.984\theta}$	$R^2=0.9159$	2675
配方 4	$D(\theta)=4\times10^{-5}e^{14.571\theta}$	$R^2=0.9675$	1069
配方 5	$D(\theta)=0.0004e^{12.251\theta}$	$R^2=0.9715$	1358
配方 6	$D(\theta)=0.0033e^{6.2479\theta}$	$R^2=0.9316$	579
配方 7	$D(\theta)=2\times10^{-5}e^{16.886\theta}$	$R^2=0.9883$	3577
配方 8	$D(\theta)=0.0005e^{8.9666\theta}$	$R^2=0.955$	1040

在酸土土壤的水平扩散中，开始时土壤基质势很大，此时的水平扩散率非常大，随着扩散时间的延长，土壤基质势不断减小，水平扩散率呈现减小趋势。各处理初始水平扩散率都显著低于配方 6（$P<0.05$），其中，配方 6 的初始水平扩散率达 0.614 cm^2/min，CK 的初始水平扩散率为 0.070 cm^2/min，其他处理的初始水平扩散率分别为 0.269 cm^2/min、0.189 cm^2/min、0.329 cm^2/min、0.502 cm^2/min、0.425 cm^2/min、0.312 cm^2/min、0.492 cm^2/min。不同处理组的土柱，在扩散时间相等的情况下，其扩散率也存在差异，相同时间内，水平扩散率的规律为配方 6> 配方 8> 配方 4> 配方 5> 配方 3> 配方 7> 配方 1> 配方 2>CK ，表明随着气化渣用量的增加，水平扩散率也在减小，由表 5.20 可以看出，随着气化渣用量的增加，水平扩散时间逐渐增加，扩散时间的规律为 CK< 配方 2< 配方 1< 配方 7< 配方 3< 配方 5< 配方 4< 配方 8< 配方 6，其主要原因是掺入气化渣后，改善了土壤孔隙结构，减小了酸土土壤孔隙度，减弱了土壤水运移速度，增强了土壤保水性。

5.6.3.2　Boltzmann 变换参数试验结果

各处理土壤 Boltzmann 变换参数 λ 与含水率 θ 的变化曲线如图 5.29 所示。Boltzmann 变换参数 λ 的值表征水分在土壤中水平入渗时，湿润锋向前移动的快慢程度，也可以代表在一定时间内水分渗入土壤的范围大小。由图 5.29 可以看出：随着土壤含水率的增加，Boltzmann 变换参数 λ 逐渐降低，从曲线的变化趋势来看，各处理及 CK 的 $\theta-\lambda$ 关系曲线随土壤含水率的增加呈现直线下降的趋势，随着气化渣的掺入比例增大，土壤含水率增大，各处理间 Boltzmann 变换参数 λ 与含水率 θ 关系曲线的斜率在逐渐变小，变化曲线总体呈现出逐渐变缓的趋势，表示随着气化渣掺入量的增加使得各处理间的 Boltzmann 变换参数 λ 的初始值随气化渣量增加而呈现减小的趋势，并且从总体来看也呈现出变小的趋势，变化规律为配方 6> 配方 8> 配方 4> 配方 5> 配方 3> 配方 7> 配方 1> 配方 2>CK；变换参数 λ 值的变化范围也随着气化渣量的增加而减小。说明气化渣的添加抑制了土壤水分的运移，减慢了湿润锋向前运动的速度，能够提高酸土的持水性，并且随着气化渣掺入比例的提高，土壤持水性更强，土壤水分扩散速率减弱，湿润锋扩散距离变短。

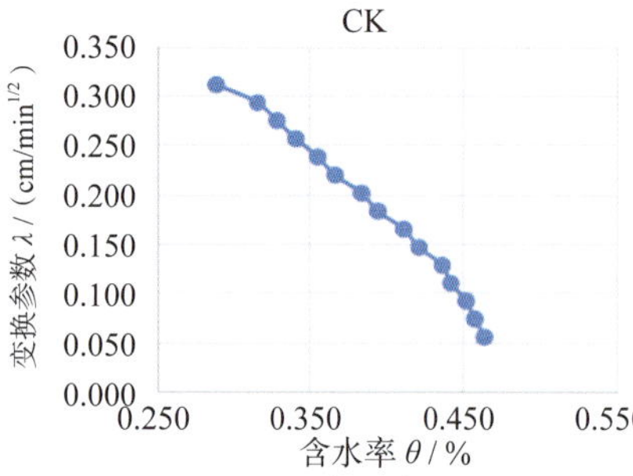

(a) 对照组 Boltzmann 变换参数 λ 与含水率 θ 变化关系

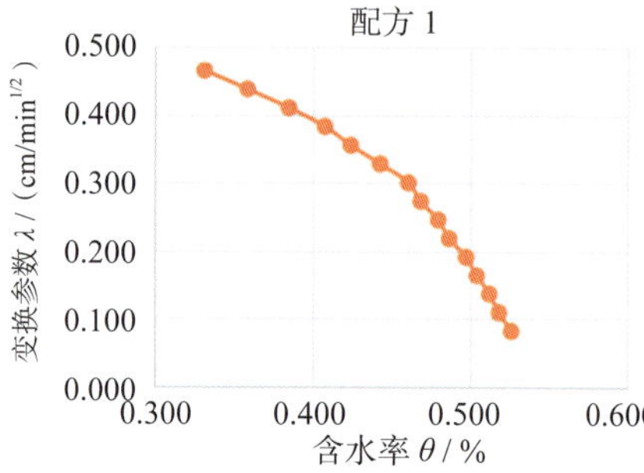

(b) 配方 1 Boltzmann 变换参数 λ 与含水率 θ 变化关系

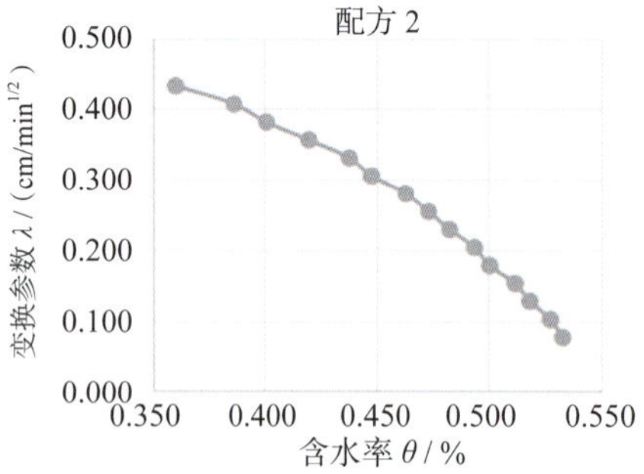

(c) 配方 2 Boltzmann 变换参数 λ 与含水率 θ 变化关系

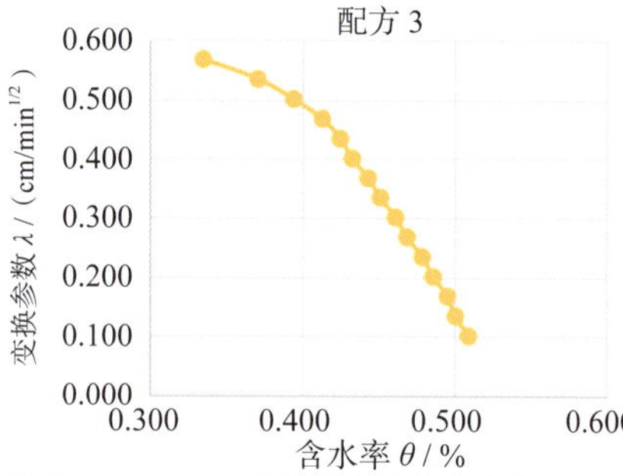

(d) 配方 3 Boltzmann 变换参数 λ 与含水率 θ 变化关系

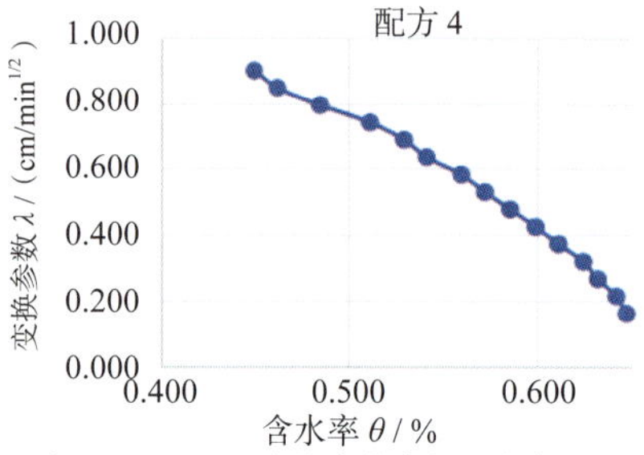

(e) 配方 4 Boltzmann 变换参数 λ 与含水率 θ 变化关系

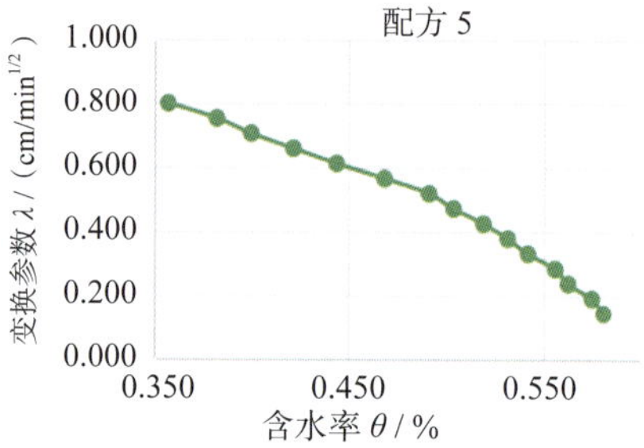

(f) 配方 5 Boltzmann 变换参数 λ 与含水率 θ 变化关系

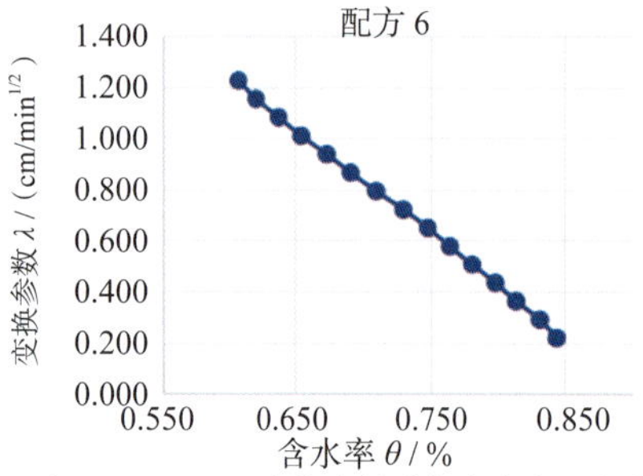

(g) 配方 6 Boltzmann 变换参数 λ 与含水率 θ 变化关系

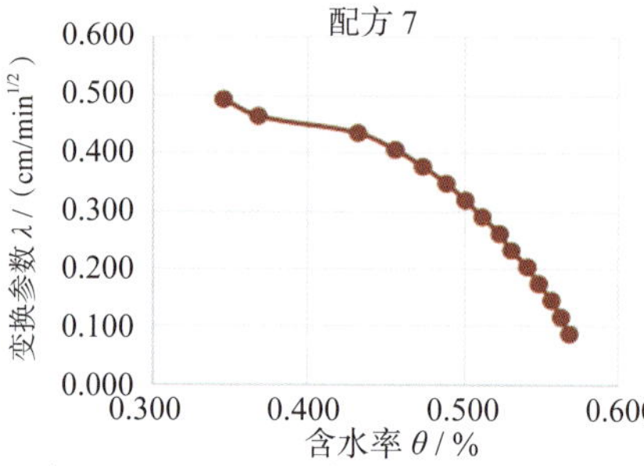

(h) 配方 7 Boltzmann 变换参数 λ 与含水率 θ 变化关系

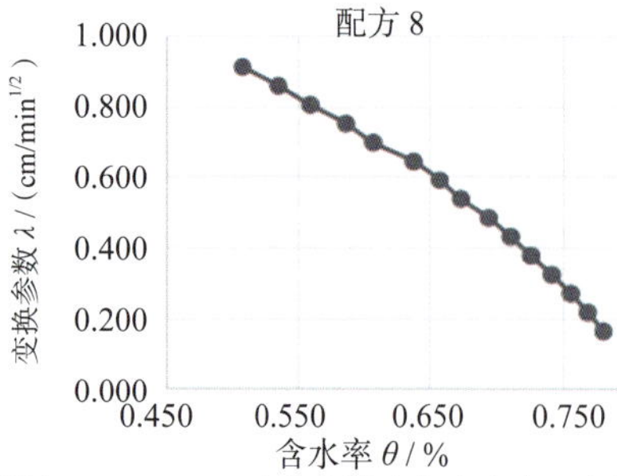

(i) 配方 8 Boltzmann 变换参数 λ 与含水率 θ 变化关系

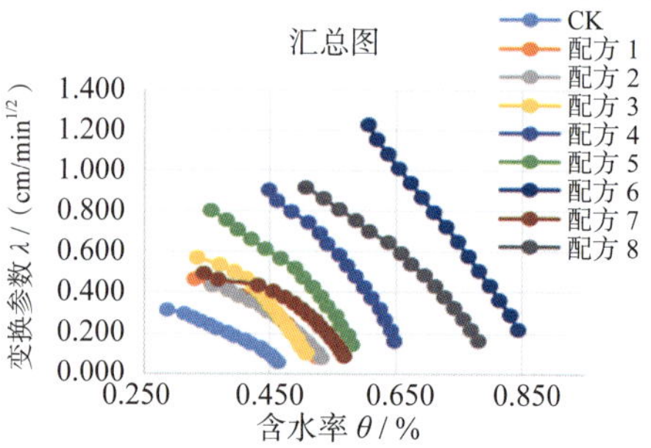

(j) Boltzmann 变换参数 λ 与含水率 θ 变化关系汇总图

图 5.29 气化渣对酸土土壤 Boltzmann 变换参数 λ 的影响

5.6.3.3 水平扩散速率试验结果

各处理土壤水平扩散速率随时间的变化曲线如图 5.30 所示。由图可以看出：各处理的水平扩散速率变化趋势基本一致，初始水平扩散速率较高，但随着时间的推移，水平扩散速率先快速下降后逐渐趋于平缓，即达到稳定扩散阶段。水平扩散初始 30 min 内，水平扩散速率下降幅度最大，60 min 后降幅逐渐变小。各处理初始水平扩散速率的规律为配方 6> 配方 8> 配方 4> 配方 5> 配方 3> 配方 7> 配方 1> 配方 2>CK，表明掺入气化渣后，水平扩散速率整体呈现减小的趋势，其中，配方 6 的初始水平扩散速率最高，达 2.1625 cm/min，CK 初始水平扩散速率最小达 0.4325 cm/min，表明随气化渣施用量的增加，增大了酸土扩散速率。表 5.21 表示水平扩散速率 v 与时间 t 的拟合方程，从中可以看出：土壤的水平扩散速率与扩散时间呈幂函数关系，确定系数均大于 0.91，表明土壤的水平扩散速率与扩散时间呈良好的幂函数关系。

表 5.21 酸土土壤水平扩散速率 v 与时间 t 的拟合方程

配方	水平扩散速率 v 的拟合方程	确定系数 R^2
CK	$v = 1.76156t^{-0.808}$	$R^2 = 0.9159$
配方 1	$v = 0.6655t^{-0.616}$	$R^2 = 0.9609$
配方 2	$v = 0.7274t^{-0.635}$	$R^2 = 0.9421$
配方 3	$v = 0.9899t^{-0.67}$	$R^2 = 0.9559$
配方 4	$v = 1.3248t^{-0.67}$	$R^2 = 0.9421$
配方 5	$v = 1.216t^{-0.669}$	$R^2 = 0.9667$
配方 6	$v = 1.6989t^{-0.678}$	$R^2 = 0.9357$
配方 7	$v = 0.886t^{-0.667}$	$R^2 = 0.9552$
配方 8	$v = 1.3049t^{-0.663}$	$R^2 = 0.938$

5.6.2.4 扩散湿润锋进程试验结果

各处理湿润锋推进距离随时间的变化曲线如图 5.31 所示，图中曲线斜率反映湿润锋的推进速度；表 5.22 表示湿润锋推进距离 X 与时间 t 的拟合方程，从中可以看出：各处理土壤的湿润锋推进距离与扩散时间呈现幂函数关系，确定系数均大于 0.96，各处理土壤的湿润锋推进距离与扩散时间呈良好的幂函数关系。由图 5.31 可以看出，各处理的湿润锋推进距离变化趋势基本一致，初始湿润锋推进距离较大，但随着时间的推移，湿润锋推进距离逐渐下降后趋于平缓，即达到稳定扩散阶段。扩散初始 60 min 内，曲线斜率最大即湿润锋推进速度最快，200 min 后增幅逐渐变缓。扩散初期 CK 均低于各处理的湿润锋推进距离，表明处理能减小湿润锋运移；CK 的曲线斜率都低于各处理，说明各处理具有增强湿润锋推进速度的作用，以 配方 6 增强程度最大，湿润锋推进距离配方 6> 配方 8> 配方 4> 配方 5> 配方 3> 配方 7> 配方 1> 配方 2>CK ；随着扩散过程的持续，各处理的湿润锋前移距离均在增大，但相同时间内的湿润锋前移距离在逐渐减小；相同时间内，湿润锋推进距离配方 6> 配方 8> 配方 4> 配方 5> 配方 3> 配方 7> 配方 1> 配方 2>CK，表明相同时间内，随气化渣施用量的增加，增大了湿润锋推进距离。

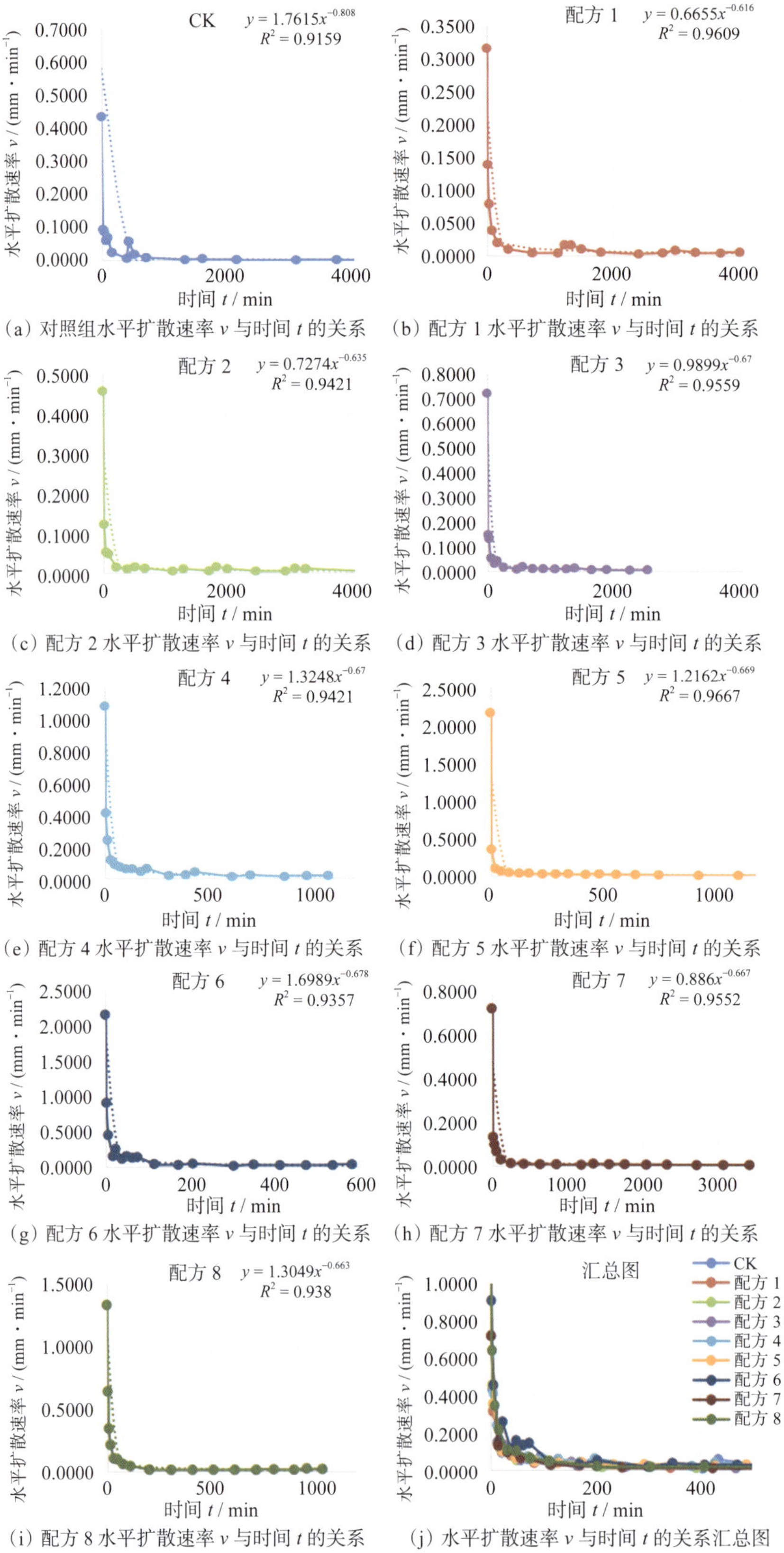

(a) 对照组水平扩散速率 v 与时间 t 的关系

(b) 配方 1 水平扩散速率 v 与时间 t 的关系

(c) 配方 2 水平扩散速率 v 与时间 t 的关系

(d) 配方 3 水平扩散速率 v 与时间 t 的关系

(e) 配方 4 水平扩散速率 v 与时间 t 的关系

(f) 配方 5 水平扩散速率 v 与时间 t 的关系

(g) 配方 6 水平扩散速率 v 与时间 t 的关系

(h) 配方 7 水平扩散速率 v 与时间 t 的关系

(i) 配方 8 水平扩散速率 v 与时间 t 的关系

(j) 水平扩散速率 v 与时间 t 的关系汇总图

图 5.30　气化渣对酸土土壤水平扩散速率 v 的影响

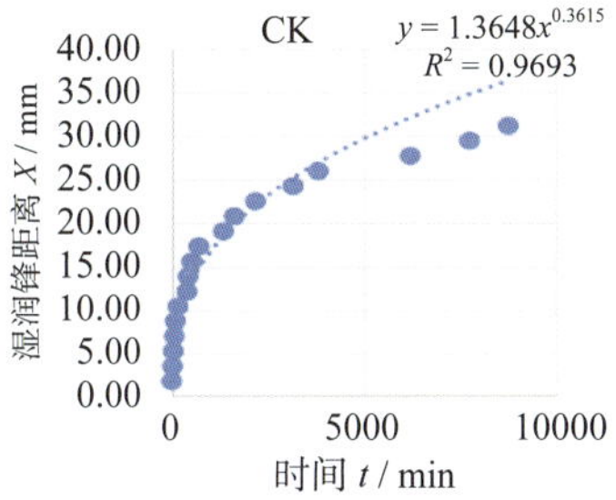

（a）对照组湿润锋距离 X 与时间 t 的关系

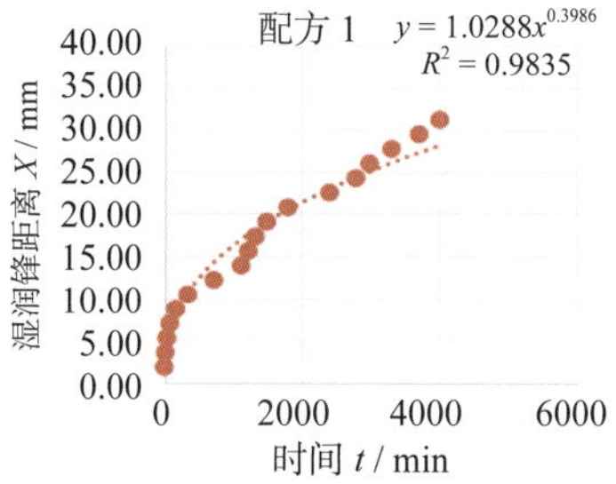

（b）配方 1 湿润锋距离 X 与时间 t 的关系

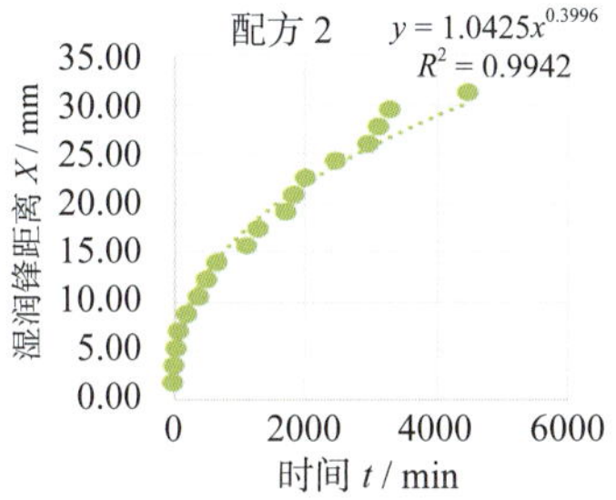

（c）配方 2 湿润锋距离 X 与时间 t 的关系

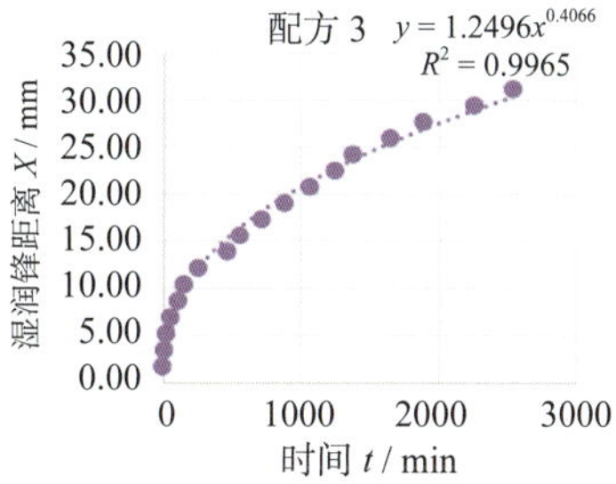

（d）配方 3 湿润锋距离 X 与时间 t 的关系

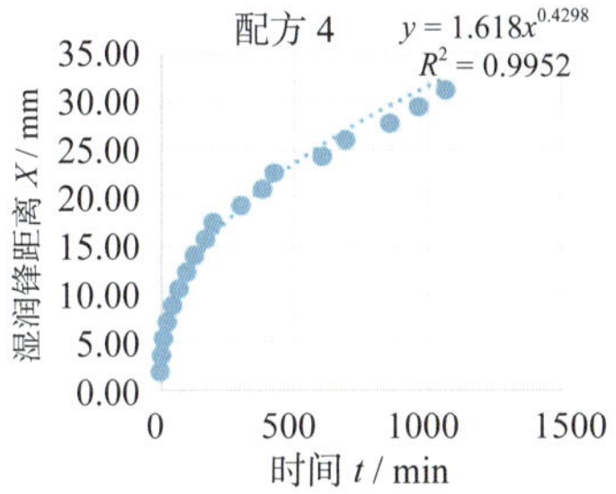

（e）配方 4 湿润锋距离 X 与时间 t 的关系

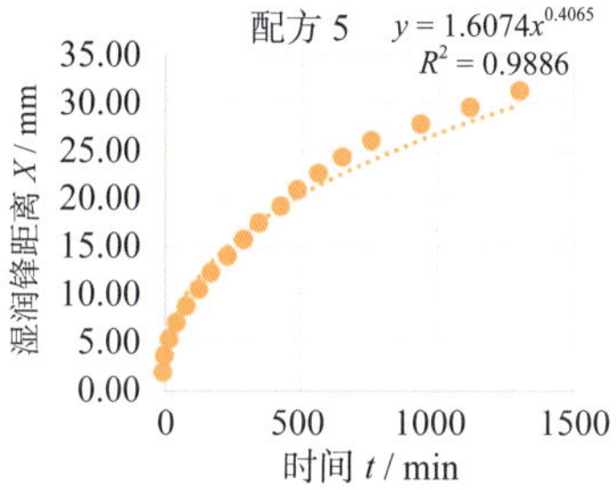

（f）配方 5 湿润锋距离 X 与时间 t 的关系

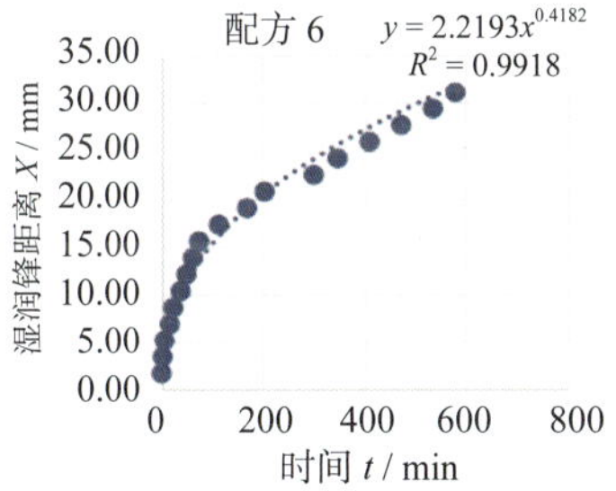

（g）配方 6 湿润锋距离 X 与时间 t 的关系

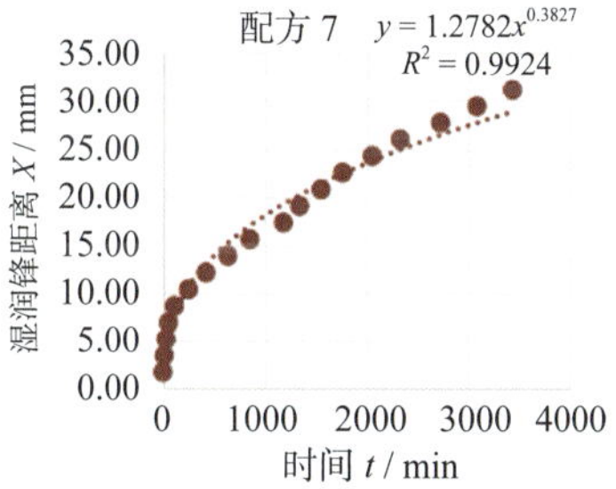

（h）配方 7 湿润锋距离 X 与时间 t 的关系

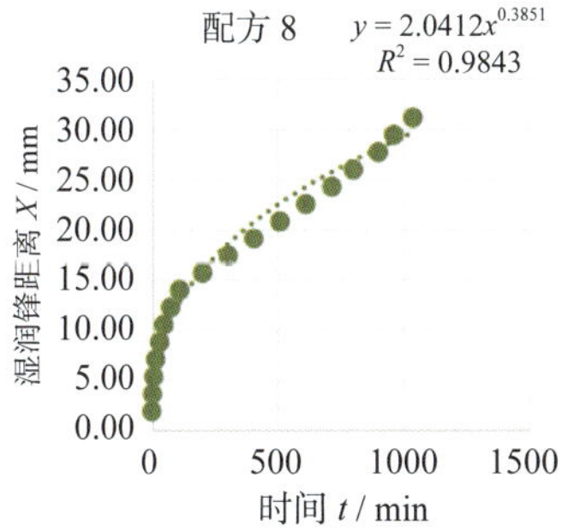

（i）配方 8 湿润锋距离 X 与时间 t 的关系

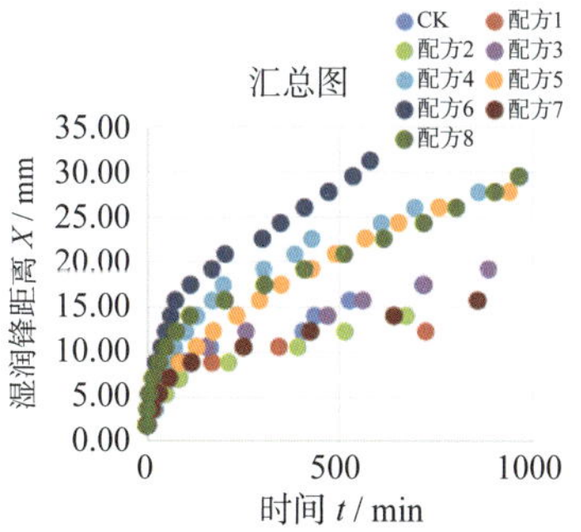

（j）湿润锋距离 X 与时间 t 的关系汇总图

图 5.31　气化渣对酸土扩散湿润锋距离 X 的影响

表 5.22　酸土扩散湿润锋距离 X 与时间 t 的拟合方程

配方	扩散湿润锋距离 X 的拟合方程	确定系数 R^2
CK	$X=1.3678t^{0.3615}$	$R^2=0.9693$
配方 1	$X=1.0288t^{0.3986}$	$R^2=0.9835$
配方 2	$X=1.0425t^{0.3996}$	$R^2=0.9942$
配方 3	$X=1.2496t^{0.4066}$	$R^2=0.9965$
配方 4	$X=1.618t^{0.4298}$	$R^2=0.9952$
配方 5	$X=1.6074t^{0.4065}$	$R^2=0.9886$
配方 6	$X=2.2193t^{0.4182}$	$R^2=0.9918$
配方 7	$X=1.2782t^{0.3827}$	$R^2=0.9924$
配方 8	$X=2.0412t^{0.3851}$	$R^2=0.9843$

5.6.4　土壤水平扩散率试验结果分析

试验表明：掺入气化渣后，对风沙土和盐碱土的土壤水平扩散率、土壤扩散速率和湿润锋进程都有明显的影响。对于风沙土来说，水平扩散率与含水率的拟合曲线为指数函数、水平扩散速率和湿润锋推进距离随扩散时间的拟合曲线均为幂函数，R^2 均在 0.92 以上，拟合度均很高，表明土壤的扩散率与含水率呈现良好的指数函数关系，扩散速率和湿润锋推进距离与扩散时间都呈现良好的幂函数关系，并且在相同时间内，随着气化渣用量的增加，水平扩散率逐渐减小，CK 的水平扩散时间显著小于其他处理，而 CK 的扩散速率和湿润锋推进距离都显著大于其他处理，其主要原因是掺入气化渣后，改善了土壤孔隙结构，减小了风沙土土壤孔隙度，减弱了土壤水运移速度，增强了土壤保水性。对于盐碱土来说，水平扩散率与含水率的拟合曲线为指数函数、水平扩散速率和湿润锋推进距离随扩散时间的拟合曲线均为幂函数，R^2 均在 0.91 以上，拟合度均很高，表明土壤的扩散率与含水率呈现良好的指数函数关系，扩散速率和湿润锋推进距离与扩散时间都呈现良好的幂函数关系，并且在相同时间内，随着气化渣用量的增加，水平扩散率逐渐增大，CK 的水平扩散时间显著大于其他处理，而 CK 的扩散速率和湿润锋推进距离都显著小于其他处理，其主要原因是掺入气化渣后，改善了土壤孔隙结构，增大了盐碱土土壤孔隙度，加快了土壤水运移速度，提高了土壤通透性。

5.7　主因子分析不同土壤配方的综合保水能力

主成分分析方法可在复杂的土壤肥力指标体系中筛选出若干个彼此不相关的综合性指标，这些综合指标能反映出原来全部指标所提供的大部分信息。采用 SPSS 对土壤保水性进行初步分析。

5.7.1　主因子分析风沙土土壤配方的综合保水能力

在沙化干旱地区，土壤水分是影响植物生长的重要因子之一，风沙土壤持水能力低，蓄水保水能力差，土壤蒸发量大，导致水分大量流失，所以对风沙土的改良首先就要考虑提高其土壤的保水性能。保水性能最为常见的指标就是土壤饱和含水率、毛管持水率和田间持水率。主成分分析方法是设法将原来变量重新组合成一组新的互相无关的几个综合变量，同时根据实际需要从中可以取出几个较少的综合变量尽可能多地反映原来变量的信息，也是数学上用来降维的一种方法。针对气化渣对风沙土保水性能的影响，选取各处理的饱和含水率、毛管持水率、田间持水率、毛管孔隙度和非毛管孔隙度 5 个因子，运用主成分分析方法进行分析和评价。

ZX_1 表示饱和含水率，ZX_2 表示毛管持水率，ZX_3 表示田间持水率，ZX_4 表示毛管孔隙度，ZX_5 表示非毛管孔隙度，通过主成分分析，根据累计贡献率的原则取得一个主成分，方差贡献率和累积方差贡献率为 94.433%，这一个主成分可以涵盖所有指标对风沙土土壤保水性能的影响；根据表 5.23 可以看出，载荷因子和主成分得分系数之间的关系，可以看出土壤保水性能指标在主成分上的权重不同；对 5 个因子原始数据进行标准化（表 5.24）；得出主成分与指标之间的线性表达式：

$$F_1 = 0.46ZX_1 + 0.44ZX_2 + 0.45ZX_3 + 0.45ZX_4 - 0.44ZX_5$$

表 5.23　土壤保水性能主成分计算指标参数

主成分	特征值	贡献率 /%	累积贡献率 /%	指标	因子荷载	得分系数
1	4.722	94.433	94.433	饱和含水率	0.998	0.46
2	0.257	5.148	99.580	毛管持水率	0.955	0.44
3	0.013	0.267	99.847	田间持水率	0.972	0.45
4	0.005	0.109	99.956	毛管孔隙度	0.974	0.45
5	0.002	0.044	100.000	非毛管孔隙度	−0.949	−0.44

表 5.24　土壤保水性能各处理指标标准化数据

处理	饱和含水率	毛管持水率	田间持水率	毛管孔隙度	非毛管孔隙度
CK	−1.177	−0.919	−1.068	−1.292	1.226
C0X1	−0.913	−0.739	−0.761	−0.942	1.019
C0X2	−0.711	−0.629	−0.614	−0.734	0.898
C1X2	−0.555	−0.475	−0.492	−0.691	0.486
C1X3	−0.215	−0.382	−0.202	−0.060	0.071
C1X4	0.217	−0.045	−0.007	0.189	−0.067
C2X4	0.433	0.116	0.234	0.787	−1.136
C2X5	0.999	0.794	0.639	1.311	−1.218
C2X6	1.921	2.280	2.271	1.431	−1.279

根据公式 $IFI = \lambda_1 F_1 + \lambda_2 F_2 + \cdots + \lambda_m F_m$ 获得得分表达式为

$$IFI = 0.944F$$

将标准化数据代入得分公式计算保水性能综合得分，计算结果见表 5.25。综合得分的 *IFI* 值越高表示保水能力越高；反之，则表示保水能力越低，得分排序为 C2X6>C2X5>C2X4>C1X4>C1X3>C1X2>CK，由此可见，随着气化渣的掺入比例增大，风沙土的保水能力增强。

表 5.25　土壤保水性能各处理综合主成分值

处理	CK	配方 1	配方 2	配方 3	配方 4	配方 5	配方 6	配方 7	配方 8
F	−2.55	−1.96	−1.61	−1.21	−0.42	0.19	1.21	2.22	4.12
IFI	−2.40	−1.85	−1.52	−1.14	−0.39	0.18	1.14	2.10	3.88
排名	9	8	7	6	5	4	3	2	1

5.7.2　主因子分析盐碱土土壤配方的综合保水能力

选取各处理的饱和含水率、毛管持水率、田间持水率、毛管孔隙度和非毛管孔隙度 5 个因子，采用 SPSS 进一步求出矩阵的特征值、特征向量、贡献率和累积贡献率，见表 5.23，根据特征值 $\lambda \geqslant 1$ 的原则，提取了 2 个主成分。2 个主成分的方差贡献率分别为 63.947%、32.705%，累积方差贡献率为 96.652%，基本能反映土壤肥力的基本信息。根据载荷因子和主成分得分系数之间的关系，可看出土壤养分指标在主成分上的权重不同，见表 5.24；第一主成分，饱和含水率、毛管持水率、非毛管孔隙度有较大的正值；第二主成分，田间持水率、毛管孔隙度有较大的正值。运用 SPSS 对 5 个因子原始数据进行标准化（分别用 ZX_1，ZX_2，ZX_3，…，ZX_5 表示），根据主成分得分系数矩阵（表 5.26）可得出各个主成分的综合得分线性表达式：

$$F_1 = 0.450ZX_1 + 0.498ZX_2 + 0.399ZX_3 + 0.498ZX_4 + 0.378ZX_5$$

$$F_2 = 0.446ZX_1 - 0.211ZX_2 - 0.567ZX_3 - 0.212ZX_4 + 0.625ZX_5$$

再根据 $IFI = \lambda_1 F_1 + \lambda_2 F_2 + \cdots + \lambda_m F_m$（$\lambda$ 为贡献率）计算土壤养分综合得分，获得表达式为 IFI=0.640F_1+0.0.327F_2，综合得分在 IFI 值越高表示保水能力越高；反之，则表示保水能力越低，得分见表 5.25，得分排序为配方 6> 配方 3> 配方 8> 配方 7> 配方 4> 配方 1> 配方 5> 配方 2>CK，因此保水能力配方 6 最大，CK 最小，所以选择配方 3、4、6、7、8 作为盆栽试验的处理。

表 5.26　盐碱土的主成分特征向量及累积贡献

主成分	特征值	贡献率 /%	累积贡献率 /%
1	3.197	63.947	63.947
2	1.635	32.705	96.652
3	0.131	2.623	99.275
4	0.026	0.528	99.803
5	0.010	0.197	100.000

表 5.27　盐碱土的初始因子荷载与成分得分系数矩阵

指标	因子荷载		得分系数	
	1	2	1	2
饱和含水率	0.928	−0.364	0.450	0.446
毛管持水率	0.925	0.334	0.498	−0.211
田间持水率	0.693	0.706	0.399	−0.567
毛管孔隙度	−0.323	0.930	0.498	−0.212
非毛管孔隙度	0.946	−0.170	0.378	0.625

表 5.28　盐碱土的综合得分表

配方	F_1	F_2	IFI	排名
CK	−3.54	−0.45	−2.78	9
1	0.27	−1.41	−0.13	6
2	−1.94	−0.28	−1.54	8
3	1.91	−1.30	1.14	2
4	0.32	−0.06	0.23	5
5	−0.75	0.27	−0.51	7
6	2.96	0.11	2.27	1
7	−0.16	2.05	0.36	4
8	0.93	1.06	0.95	3

5.7.3　主因子分析酸土土壤配方的综合保水能力

选取各处理的饱和含水率、毛管持水率、田间持水率、毛管孔隙度和非毛管孔隙度 5 个因子，采用 SPSS 进一步求出矩阵的特征值、特征向量、贡献率和累积贡献率，见表 5.26，根据特征值 $\lambda \geqslant 1$ 的原则，提取了 1 个主成分。1 个主成分的方差贡献率为 92.366%，累积方差贡献率为 92.366%，基本能反映土壤肥力的基本信息。运用 SPSS 对 5 个因子原始数据进行标准化（分别用 ZX_1，ZX_2，…，ZX_5 表示），根据主成分得分系数矩阵可得出各个主成分的综合得分线性表达式：

$$F = 0.463ZX_1 + 0.457ZX_2 + 0.450ZX_3 + 0.457ZX_4 + 0.408ZX_5$$

再根据 $IFI = \lambda_1 F_1 + \lambda_2 F_2 + \cdots + \lambda_m F_m$（$\lambda$ 为贡献率）计算土壤养分综合得分，获得表达式为 $IFI = 0.924F$，综合得分在 IFI 值越高表示保水能力越高；反之，则表示保水能力越低，得分见表 5.31，得分排序为配方 8> 配方 6> 配方 4> 配方 5> 配方 7> 配方 3> 配方 2> 配方 1>CK，因此保水能力配方 8 最大，CK 最小，所以选择配方 4、5、6、7、8 作为盆栽试验的处理。

表 5.29　酸土的主成分特征向量及累积贡献

主成分	特征值	贡献率 /%	累积贡献率 /%
1	4.618	92.366	92.366
2	0.331	6.630	98.996
3	0.050	1.004	100.000

表 5.30　酸土的初始因子荷载与成分得分系数矩阵

指标	因子荷载	得分系数
饱和含水率	0.995	0.463
毛管持水率	0.981	0.457
田间持水率	0.967	0.450
毛管孔隙度	0.981	0.457
非毛管孔隙度	0.877	0.408

表 5.31　酸土的综合得分表

配方	F	IFI	排名
CK	−3.663	−3.383	9
1	−3.035	−2.803	8
2	−0.593	−0.548	7
3	−0.204	−0.189	6
4	1.335	1.233	3
5	1.180	1.090	4
6	1.542	1.425	2
7	0.598	0.553	5
8	2.838	2.621	1

5.8　小结

试验结果表明气化渣的添加可以起到降低土壤容重的作用，对土壤水力学性质（饱和含水率、毛管持水率、田间持水率、毛管孔隙度和非毛管孔隙度）也有所提高，对土壤水分特征曲线、土壤水平扩散率、土壤扩散速率和湿润锋进程都有明显的影响。说明气化渣的添加有助于改善土壤孔隙结构，提高土壤通透性，加快土壤水运移，提高土壤保水性。原因是气化渣中气化粗渣的砂粒相对密度大，砂粒粒径大，可以改善土壤的气孔结构，使内部孔隙增多，因而使土壤容重降低，土壤保水性增强；气化细渣黏粒相对密度大，黏粒的表面积大，具有较强的吸附作用，与土壤混合，其可以填充在土壤的大孔隙之间，改善了土壤的质地，优化了土壤孔隙结构，提高了土壤的保水性。

对于风沙土来说，以气化细渣为主，明显降低了风沙土土壤容重，使土壤颗粒的总表面积增大，提高了土壤颗粒的吸附作用，提高了风沙土土壤的保水性，因此风沙土的土壤水分特征曲线呈现整体上移趋势，相同压力下，CK 的含水率基本大于其他处理；水平扩散率与含水率的拟合曲线为指数函数、水平扩散速率和湿润锋推进距离随扩散时间的拟合曲线均为幂函数，R^2 均在 0.92 以上，拟合度均很高，表明土壤的扩散率与含水率呈现良好的指数函数关系，扩散速率和湿润锋推进距离与扩散时间都呈现良好的幂函数关系，并且在相同时间内，随着气化渣用量的增加，水平扩散率逐渐减小，CK 的水平扩散时间显著小于其他处理，而 CK 的扩散速率和湿润锋推进距离都显著大于其他处理，极大地改善了风沙土土壤质地疏松孔隙大、保水能力差的缺点。其中选择配方 4、5、6、7、8 作为风沙土的盆栽试验的处理。

对于盐碱土来说，以气化粗渣为主，增加土壤孔隙度，提高土壤通透性，让土壤质地变得疏松，加快了土壤水运移，降低了土壤盐含量，减弱了土壤盐化程度，也使盐碱土的土壤水分特征曲线呈现整体下移趋势，在相同压力下，CK 的含水率基本大于其他处理；水平扩散率与含水率的拟合曲线为指数函数、水平扩散速率和湿润锋推进距离随扩散时间的拟合曲线均为幂函数，R^2 均在 0.91 以上，拟合度均很高，表明土壤的扩散率与含水率呈现良好的指数函数关系，扩散速率和湿润锋推进距离与扩散时间都呈现良好的幂函数关系，并且在相同时间内，随着气化渣用量的增加，水平扩散率逐渐增大，CK 的水平扩散时间显著大于其他处理，而 CK 的扩散速率和湿润锋推进距离都显著小于其他处理，极大地改善了盐碱土中盐分含量高、通气透水不良的缺点。其中选择配方 3、4、6、7、8 作为盐碱土的盆栽试验的处理。

对于酸土来说，以气化粗渣为主，增大了颗粒间孔隙，减小了土壤颗粒的总表面积，减弱了酸土土壤对水的吸附作用，使酸土的土壤水分特征曲线呈现整体下移趋势，在相同压力下，CK 的含水率要小于其他处理；改善土壤孔隙结构，增加土壤孔隙度，减弱毛细管作用，提高土壤通透性，加快水运移，改善了粒径小、排水不良的缺点。其中选择配方 4、5、6、7、8 作为酸土的盆栽试验的处理。

综合说明，气化渣对风沙土、盐碱土和酸土的保水性有明显的改良效果。

第 6 章　气化渣复配土的作物室内生长适应性

6.1　复配土对玉米苗生长的影响

6.1.1　对玉米种子萌发的影响

6.1.1.1　风沙土复配土对玉米种子萌发的影响

风沙土复配土对玉米种子萌发影响见表 6.1。从表 6.1 中可以看出，风沙土中掺入气化渣对玉米种子萌发起到促进作用，发芽率分别为 90.6%、96.9%、100%、100%、100%、96.9%，发芽数和发芽势的变化规律为 CK< 配方 2 = 配方 8< 配方 7 = 配方 6 = 配方 5，种子萌发时间基本一致，其中配方 5、6、7 的种子萌发数最多，萌发势也最高，说明配方 5、6、7 对种子萌发的效果最为显著。

表 6.1　风沙土复配土对玉米种子萌发的影响

发芽数 / 个 日期	处理					
	CK	配方 2	配方 5	配方 6	配方 7	配方 8
10 月 17 日	0	0	0	0	0	0
10 月 18 日	0	0	0	0	0	0
10 月 19 日	2	4	5	4	3	4
10 月 20 日	9	11	13	10	12	11
10 月 21 日	15	18	16	19	18	17
10 月 22 日	24	26	25	24	26	24
10 月 23 日	26	27	28	27	28	27
10 月 24 日	27	28	28	28	28	27
10 月 25 日	27	28	29	28	29	28
10 月 26 日	29	29	30	29	29	29
10 月 27 日	29	30	31	30	30	30
10 月 28 日	29	30	32	31	31	30
10 月 29 日	29	30	32	32	32	31
10 月 30 日	29	31	32	32	32	31
发芽势 /%	90.6	96.9	100	100	100	96.9

6.1.1.2　盐碱土复配土对玉米种子萌发的影响

盐碱土复配土对玉米种子萌发影响见表 6.2。从表 6.2 中可以看出，盐碱土中掺入气化渣对玉米种子萌发起到促进作用，发芽率分别为 84.4%、93.8%、100%、96.9%、100%、96.9%，发芽数和发芽势的变化规律为 CK< 配方 1< 配方 8 = 配方 4< 配方 3 = 配方 6，种子萌发时间基本一致，其中配方 3、6 的种子萌发数最多，萌发势也最高，说明配方 3、6 对种子萌发的效果最为显著。

表 6.2　盐碱土复配土对玉米种子萌发的影响

日期 \ 发芽数 / 个	处理					
	CK	配方 1	配方 3	配方 4	配方 6	配方 8
10 月 17 日	0	0	0	0	0	0
10 月 18 日	0	0	0	0	0	0
10 月 19 日	3	5	4	4	3	3
10 月 20 日	8	11	15	14	13	12
10 月 21 日	15	18	19	16	20	18
10 月 22 日	23	26	25	24	26	23
10 月 23 日	25	27	28	28	27	26
10 月 24 日	26	27	28	28	28	27
10 月 25 日	26	28	28	29	28	27
10 月 26 日	27	28	29	29	29	29
10 月 27 日	27	29	30	30	30	30
10 月 28 日	27	30	32	31	31	30
10 月 29 日	27	30	32	31	31	31
10 月 30 日	27	30	32	31	32	31
发芽势 /%	84.4	93.8	100	96.9	100	96.9

6.1.1.3　酸土复配土对玉米种子萌发的影响

酸土复配土对玉米种子萌发影响见表 6.3。从表 6.3 中可以看出，酸土中掺入气化渣对玉米种子萌发起到促进作用，发芽率分别为 90.6%、96.9%、100%、100%、100%、96.9%，发芽数和发芽势的变化规律为 CK< 配方 8< 配方 7< 配方 6 = 配方 4 = 配方 5，种子萌发时间基本一致，其中配方 4、5、6 的种子萌发数最多，萌发势也最高，说明配方 4、5、6 对种子萌发的效果最为显著。

表 6.3　酸土复配土对玉米种子萌发的影响

日期 \ 发芽数 / 个	处理					
	CK	配方 4	配方 5	配方 6	配方 7	配方 8
10 月 17 日	0	0	0	0	0	0
10 月 18 日	0	0	0	0	0	0
10 月 19 日	3	4	5	4	4	3

续表

日期 \ 发芽数 / 个	处理					
	CK	配方 4	配方 5	配方 6	配方 7	配方 8
10 月 20 日	10	13	15	14	14	11
10 月 21 日	17	19	20	21	18	17
10 月 22 日	24	26	25	26	24	25
10 月 23 日	26	27	28	28	27	27
10 月 24 日	26	27	28	29	27	27
10 月 25 日	27	28	29	29	28	28
10 月 26 日	27	29	29	30	29	29
10 月 27 日	28	30	30	31	30	30
10 月 28 日	28	31	31	31	31	30
10 月 29 日	28	32	32	32	31	30
10 月 30 日	28	32	32	32	31	30
发芽势 /%	87.5	100	100	100	96.9	93.8

6.1.2 对玉米生长性状的影响

6.1.2.1 风沙土复配土对玉米株高的影响

风沙土复配土对玉米株高的影响见表 6.4。从表 6.4 中可以看出，风沙土中掺入气化渣对玉米株高起到促进作用，株高变化规律为 CK< 配方 2< 配方 8< 配方 6< 配方 7< 配方 5，其中配方 5 的株高长势最高，说明风沙土复配成土配方 5 对玉米株高的促进效果最为显著。

表 6.4 风沙土复配土对玉米株高的影响

日期 \ 株高 /mm	处理					
	CK	配方 2	配方 5	配方 6	配方 7	配方 8
11 月 21 日	2	11	37	8	11	5
11 月 22 日	7	12	68	20	24	11
11 月 23 日	10	18	84	28	45	11
11 月 24 日	15	24	107	54	60	23
11 月 25 日	19	32	126	83	74	36
11 月 26 日	23	33	143	92	84	41
11 月 27 日	25	35	169	93	98	45
11 月 28 日	27	36	184	96	102	47
11 月 29 日	31	38	196	101	111	48
11 月 30 日	40	40	206	108	116	51
12 月 1 日	46	43	213	117	119	53
12 月 2 日	51	47	217	122	128	62

续表

日期＼株高 /mm	处理					
	CK	配方 2	配方 5	配方 6	配方 7	配方 8
12 月 3 日	53	53	220	131	143	71
12 月 4 日	56	58	232	143	148	78
12 月 5 日	57	60	253	145	152	82
12 月 6 日	60	62	261	145	158	84
12 月 7 日	60	63	268	147	161	86
12 月 8 日	60	63	282	149	162	87
12 月 9 日	61	65	303	155	182	91
12 月 10 日	62	66	332	159	200	93
12 月 11 日	63	67	373	160	227	95
12 月 12 日	64	67	405	169	253	98

6.1.2.2 盐碱土复配土对玉米株高的影响

盐碱土复配土对玉米株高的影响见表 6.5。从表 6.5 中可以看出，盐碱土中掺入气化渣对玉米株高起到促进作用，株高变化规律为 CK< 配方 1< 配方 4< 配方 8< 配方 3< 配方 6，其中配方 6 的株高长势最高，说明盐碱土复配土配方 6 对玉米株高的促进效果最为显著。

表 6.5 盐碱土复配土对玉米株高的影响

日期＼株高 /mm	处理					
	CK	配方 1	配方 3	配方 4	配方 6	配方 8
11 月 21 日	0	0	13	8	20	15
11 月 22 日	4	10	44	18	55	42
11 月 23 日	12	15	48	25	61	50
11 月 24 日	19	28	64	42	90	78
11 月 25 日	34	60	133	53	125	100
11 月 26 日	48	63	151	68	168	123
11 月 27 日	54	66	161	78	183	139
11 月 28 日	59	69	173	91	185	160
11 月 29 日	61	72	182	103	185	168
11 月 30 日	64	76	188	108	210	174
12 月 1 日	74	85	198	122	214	187
12 月 2 日	84	91	205	130	221	197
12 月 3 日	95	104	211	144	236	206
12 月 4 日	103	109	225	160	250	213
12 月 5 日	108	114	238	171	261	217
12 月 6 日	113	124	247	189	275	227

续表

日期 \ 株高 /mm	处理					
	CK	配方 1	配方 3	配方 4	配方 6	配方 8
12 月 7 日	119	131	259	197	282	233
12 月 8 日	124	145	267	204	294	244
12 月 9 日	131	149	272	205	301	252
12 月 10 日	137	154	286	212	314	264
12 月 11 日	143	166	296	222	320	276
12 月 12 日	151	174	301	233	331	281

6.1.2.3 酸土复配土对玉米株高的影响

酸土复配土对玉米株高的影响见表 6.6。从表 6.6 中可以看出，酸土中掺入气化渣对玉米株高起到促进作用，株高变化规律为 CK< 配方 8< 配方 7< 配方 4< 配方 6< 配方 5，其中配方 5 的株高长势最高，说明酸土复配土配方 5 对玉米株高的促进效果最为显著。

表 6.6 酸土复配土对玉米株高的影响

日期 \ 株高 /mm	处理					
	CK	配方 4	配方 5	配方 6	配方 7	配方 8
11 月 21 日	2	6	8	7	4	5
11 月 22 日	10	22	32	26	15	18
11 月 23 日	22	32	45	39	25	26
11 月 24 日	29	40	57	51	31	37
11 月 25 日	30	44	74	58	33	39
11 月 26 日	42	50	82	72	43	45
11 月 27 日	44	57	90	84	48	51
11 月 28 日	46	63	98	88	53	56
11 月 29 日	50	76	102	95	61	75
11 月 30 日	59	87	113	107	72	80
12 月 1 日	68	94	123	112	82	91
12 月 2 日	75	108	130	117	88	98
12 月 3 日	94	118	166	128	99	110
12 月 4 日	96	132	182	143	108	118
12 月 5 日	103	140	192	157	116	125
12 月 6 日	108	151	212	169	136	144
12 月 7 日	119	156	221	176	147	152
12 月 8 日	133	185	232	199	167	175
12 月 9 日	148	205	246	219	188	197
12 月 10 日	175	224	261	236	202	213
12 月 11 日	195	244	276	259	211	226
12 月 12 日	214	263	291	276	231	248

6.2 对玉米叶绿素含量的影响

6.2.1 风沙土复配土对玉米叶绿素含量的影响

风沙土复配土对玉米叶片性状及叶绿素含量的影响见表 6.7。从表 6.7 中可以看出，风沙土中掺入气化渣对玉米叶片性状及叶绿素含量起到促进作用，叶面积变化规律为 CK< 配方 2< 配方 8< 配方 6< 配方 7< 配方 5；叶周长变化规律为 CK< 配方 2< 配方 8< 配方 6< 配方 7< 配方 5；叶长变化规律为 CK< 配方 2< 配方 7< 配方 5< 配方 8< 配方 6；叶宽变化规律为 CK< 配方 8< 配方 6< 配方 2< 配方 5< 配方 7；叶绿素含量变化规律为 CK< 配方 2< 配方 8< 配方 6< 配方 7< 配方 5；综合来看，配方 5 的玉米叶片生长情况及叶绿素含量效果最好，说明风沙土复配土配方 5 对玉米的促进效果最为显著。

表 6.7 风沙土复配土对玉米叶绿素含量的影响

指标	处理					
	CK	配方 2	配方 5	配方 6	配方 7	配方 8
叶面积 /mm^2	1018.7	1873.1	2294.3	2241.7	2269.3	2141.1
周长 /mm	265.7	355.1	469.8	453	467.3	452.8
长 /mm	126.3	174.7	224.7	235.3	219.0	233.3
宽 /mm	10.9	13.3	13.4	13.1	17.2	12.4
叶绿素（SPAD）	10.0	11.8	13	12.2	12.6	12.2

6.2.2 盐碱土复配土对玉米叶绿素含量的影响

盐碱土复配土对玉米叶片性状及叶绿素含量的影响见表 6.8。从表 6.8 中可以看出，盐碱土中掺入气化渣对玉米叶片性状及叶绿素含量起到促进作用，叶面积变化规律为 CK< 配方 1< 配方 4< 配方 3< 配方 8< 配方 6；叶周长变化规律为 CK< 配方 1< 配方 4< 配方 3< 配方 8< 配方 6；叶长变化规律为 CK< 配方 1< 配方 4< 配方 3< 配方 4< 配方 6；叶宽变化规律为 CK< 配方 1= 配方 4< 配方 3< 配方 8< 配方 6；叶绿素含量变化规律为 CK< 配方 1< 配方 4< 配方 3< 配方 8< 配方 6；其中配方 6 的株高长势最高，说明盐碱土复配土配方 6 对玉米株高的促进效果最为显著。

表 6.8 盐碱土复配土对玉米叶绿素含量的影响

指标	处理					
	CK	配方 1	配方 3	配方 4	配方 6	配方 8
叶面积 /mm^2	1125.6	1658.4	2007.0	1860.1	2193.7	2146.8
周长 /mm	230.3	322.4	442.2	406.8	503	473.0
长 /mm	108.0	155.7	210.0	204.3	239.3	252.0
宽 /mm	11.6	11.7	11.9	11.7	13.9	13.1
叶绿素（SPAD）	9.9	12.0	12.8	12	13.2	12.8

6.2.3 酸土复配土对玉米叶绿素含量的影响

酸土复配土对玉米叶片性状及叶绿素含量的影响见表 6.9。从表 6.9 中可以看出，酸土中掺入气化渣对玉米叶片性状及叶绿素含量起到促进作用，叶面积变化规律为 CK< 配方 8< 配方 7< 配方 4< 配方 6< 配方 5；叶周长变化规律为 CK< 配方 7< 配方 4< 配方 8< 配方 5< 配方 6；叶长变化规律为 CK< 配方 7< 配方 8< 配方 4< 配方 6< 配方 5；叶宽变化规律为 CK< 配方 4< 配方 8 = 配方 7< 配方 6< 配方 5；叶绿素含量变化规律为 CK< 配方 8< 配方 7< 配方 4< 配方 6< 配方 5；其中配方 5 的株高长势最高，说明酸土复配土配方 5 对玉米株高的促进效果最为显著。

表 6.9 酸土复配土对玉米叶绿素含量的影响

指标	处理					
	CK	配方 4	配方 5	配方 6	配方 7	配方 8
叶面积 /mm^2	1579.6	2524.7	3179.1	2746.2	1927.7	2427.2
周长 /mm	393.9	534.5	597.6	597.8	412.2	563.2
长 /mm	187.0	276.7	307.3	289.7	214.0	265.3
宽 /mm	11.5	12.6	17.2	13.1	12.7	12.7
叶绿素（SPAD）	8.5	11.1	12.2	11.3	10.9	10.4

6.3 对玉米土壤养分含量的影响

6.3.1 风沙土复配土对玉米土壤养分含量的影响

风沙土复配土对玉米土壤养分含量详见表 6.10。从表 6.10 中可以看出，在玉米生长期间，各配方的土壤养分含量基本都要高于对照组；相比于 CK，有机质含量分别提高 36.3% ~ 260.8%，变化规律为 CK< 配方 2< 配方 7< 配方 5< 配方 6< 配方 8；全氮含量分别提高 306.5% ~ 1641.9%，变化规律为 CK< 配方 2< 配方 7< 配方 6< 配方 8< 配方 5；全磷含量分别提高 226.4% ~ 1732.1%，变化规律为 CK< 配方 2< 配方 7< 配方 6< 配方 8< 配方 5；全钾含量分别提高 −6.6% ~ 14.8%，变化规律为配方 8< 配方 7<CK< 配方 6< 配方 5< 配方 2；水解性氮含量分别提高 795.3% ~ 2502.8%，变化规律为 CK< 配方 2< 配方 7< 配方 6< 配方 8< 配方 5；有效磷含量分别提高 −66.8% ~ 275.7%，变化规律为配方 7< 配方 6<CK< 配方 5< 配方 8< 配方 2；速效钾含量分别提高 531.7% ~ 2358.5%，变化规律为 CK< 配方 2< 配方 5< 配方 7< 配方 6< 配方 8；阳离子交换量分别提高 28.8% ~ 203.8%，变化规律为 CK< 配方 2< 配方 7< 配方 8< 配方 6< 配方 5；水溶性盐总量分别提高 242.9% ~ 1450%，变化规律为 CK< 配方 2< 配方 7< 配方 6< 配方 8< 配方 5；砷含量分别提高 98.7% ~ 495.7%，变化规律为 CK< 配方 2< 配方 5< 配方 7< 配方 6< 配方 8；镉含量分别提高 317.1% ~ 800.0%，变化规律为 CK< 配方 5< 配方 2< 配方 6< 配方 7< 配方 8；铬含量分别提高 95% ~ 330%，变化规律为 CK< 配方 2< 配方 8< 配方 5< 配方 7< 配方 6；由于土壤养分含量基数小，因此有些含量变化幅度大。综合来看，配方 5 的土壤养分含量最大。

表 6.10　风沙土复配土对玉米土壤养分含量的影响

指标	处理					
	CK	配方 2	配方 5	配方 6	配方 7	配方 8
有机质 / $(g \cdot kg^{-1})$	60.0b	81.8b	141.7ab	193.35a	90.2b	216.5a
全氮 / $(g \cdot kg^{-1})$	0.155b	0.63ab	2.7a	1.735ab	1.43ab	2.525ab
全磷 / $(g \cdot kg^{-1})$	0.265c	0.865c	4.855a	3.50ab	1.84bc	3.645ab
全钾 /%	2.265ab	2.60a	2.33ab	2.165b	2.15b	2.115b
水解性氮 / $(mg \cdot kg^{-1})$	53.5b	479ab	1392.5a	1016a	906.5ab	1209.5a
有效磷 / $(mg \cdot kg^{-1})$	26.8b	100.7a	77.9a	10.8b	8.9b	80.5a
速效钾 / $(mg \cdot kg^{-1})$	41.0d	259cd	1008.00a	554bc	490bc	647.0b
阳离子交换量 / $(cmol \cdot kg^{-1})$	2.6a	3.35a	5.75a	7.90a	4.35a	5.65a
水溶性盐总量 / $(g \cdot kg^{-1})$	0.7d	2.4cd	10.85a	7.35ab	5.95bc	8.85ab
pH 值	7.365	6.04	7.735	5.95	6.095	6.495
砷 / $(mg \cdot kg^{-1})$	1.855b	3.685b	8.45a	10.835a	11.05a	10.445a
镉 / $(mg \cdot kg^{-1})$	0.0175b	0.0335b	0.0205b	0.0715ab	0.0795ab	0.16a
铬 / $(mg \cdot kg^{-1})$	50.0b	97.5ab	161ab	215a	170.0a	157.00ab

6.3.2　盐碱土复配土对玉米土壤养分含量的影响

盐碱土复配土对玉米土壤养分含量详见表 6.11。从表 6.11 中可以看出，在玉米生长期间，各配方的土壤养分含量基本都要高于对照组；相比于 CK，有机质含量分别提高 336.2% ~ 1096.8%，变化规律为 CK< 配方 1< 配方 3< 配方 4< 配方 8< 配方 6；全氮含量分别提高 30.2% ~ 98.8%，变化规律为 CK< 配方 1< 配方 4< 配方 3< 配方 8< 配方 6；全磷含量分别提高 74.8% ~ 374.3%，变化规律为 CK< 配方 1< 配方 4< 配方 3< 配方 8< 配方 6；全钾含量分别提高 −12.5% ~ 6.4%，变化规律为配方 6< 配方 8< 配方 4<CK= 配方 1< 配方 3；水解性氮含量分别提高 212.8% ~ 419.1%，变化规律为 CK< 配方 1< 配方 4< 配方 3< 配方 8< 配方 6；有效磷含量分别提高 89.6% ~ 199.0%，变化规律为 CK< 配方 1< 配方 3< 配方 8< 配方 4< 配方 6；速效钾含量分别提高 9% ~ 65.4%，变化规律为 CK< 配方 1< 配方 8< 配方 4< 配方 3< 配方 6；阳离子交换量分别提高 160.9% ~ 268.1%，变化规律为 CK< 配方 1< 配方 8< 配方 4< 配方 3< 配方 6；水溶性盐总量分别提高 3.3% ~ 13%，变化规律为配方 3<CK< 配方 1= 配方 8< 配方 6< 配方 4；砷含量分别提高 22.6% ~ 69%，变化规律为 CK< 配方 1< 配方 4< 配方 8< 配方 3< 配方 6；镉含量分别提高 −42.4% ~ 30.8%，变化规律为配方 6< 配方 4< 配方 8<CK< 配方 1< 配方 3；铬含量分别提高 1.3% ~ 36.9%，变化规律为 CK< 配方 1< 配方 3< 配方 4< 配方 6< 配方 8；由于土壤养分含量基数小，因此有些含量变化幅度大。综合来看，配方 6 的土壤养分含量最大。

表 6.11 盐碱土复配土对玉米土壤养分含量的影响

指标	处理					
	CK	配方 1	配方 3	配方 4	配方 6	配方 8
有机质 / (g · kg^{-1})	25.15d	109.7cd	180.8bc	182.2bc	301a	245.25ab
全氮 / (g · kg^{-1})	1.225d	1.595c	1.96b	1.895b	2.435a	2.14ab
全磷 / (g · kg^{-1})	1.05d	1.835cd	4.02ab	3.135bc	4.98a	3.725ab
全钾 /%	2.04ab	2.04ab	2.17a	1.875bc	1.785c	1.825c
水解性氮 / (mg · kg^{-1})	343c	1073b	1376ab	1340.5ab	1780.5a	1481ab
有效磷 / (mg · kg^{-1})	106.3b	201.5ab	246a	267a	317.8a	251.1a
速效钾 / (mg · kg^{-1})	399d	435cd	575ab	529bc	660a	526bc
阳离子交换量 / (cmol · kg^{-1})	3.45d	9c	11.1b	11b	12.7a	10.95b
水溶性盐总量 / (g · kg^{-1})	18.1a	18.a7	17.4a	20.45a	19.15a	18.7a
pH 值	8.255a	7.8ab	7.455bc	7.51bc	7.055d	7.375bc
砷 / (mg · kg^{-1})	12.91d	15.83c	18.69b	17.02bc	21.82a	18.555b
镉 / (mg · kg^{-1})	0.2125a	0.2475a	0.278a	0.1605a	0.1225a	0.206a
铬 / (mg · kg^{-1})	196.5b	199b	209b	221ab	243ab	269a

6.3.3 酸土复配土对玉米土壤养分含量的影响

酸土复配土对玉米土壤养分含量详见表 6.12。从表 6.12 中可以看出，在玉米生长期间，各配方的土壤养分含量基本都要高于对照组；相比于 CK，有机质含量分别提高 459.8% ~ 586.8%，变化规律为 CK< 配方 5< 配方 7< 配方 6= 配方 8< 配方 4；全氮含量分别提高 −5.1% ~ 26.5%，变化规律为配方 6< 配方 4<CK< 配方 7< 配方 8< 配方 5；全磷含量分别提高 148.4% ~ 317.9%，变化规律为 CK< 配方 7< 配方 4< 配方 6< 配方 5< 配方 8；全钾含量分别提高 −37.9% ~ −11.2%，变化规律为配方 4< 配方 7< 配方 6< 配方 8< 配方 5<CK；水解性氮含量分别提高 −7.1% ~ 44.1%，变化规律为配方 4<CK= 配方 6< 配方 7< 配方 8< 配方 5；有效磷含量分别提高 115.9% ~ 296.3%，变化规律为 CK< 配方 6< 配方 7< 配方 4< 配方 5< 配方 8；速效钾含量分别提高 30.2% ~ 116.7%，变化规律为 CK< 配方 4< 配方 6< 配方 7< 配方 8< 配方 5；阳离子交换量分别提高 −46.8% ~ −10.8%，变化规律为配方 6< 配方 4< 配方 8< 配方 7< 配方 5<CK；水溶性盐总量分别提高 17.7% ~ 72.6%，变化规律为 CK< 配方 8< 配方 4< 配方 7< 配方 5< 配方 6；砷含量分别提高 32.7% ~ 61.9%，变化规律为 CK< 配方 5< 配方 4< 配方 7< 配方 6< 配方 8；镉含量分别提高 −83.5% ~ 2.1%，变化规律为配方 5< 配方 8< 配方 6< 配方 7<CK< 配方 4；铬含量分别提高 7.6% ~ 75.1%，变化规律为 CK< 配方 5< 配方 8< 配方 7< 配方 4< 配方 6；由于土壤养分含量基数小，因此有些含量变化幅度大。综合来看，配方 5 的土壤养分含量最大。

表 6.12　酸土复配土对玉米土壤养分含量的影响

指标	处理					
	CK	配方 4	配方 5	配方 6	配方 7	配方 8
有机质 / ($g \cdot kg^{-1}$)	44.8d	307.7a	250.8cd	293ab	291.8bc	293ab
全氮 / ($g \cdot kg^{-1}$)	2.72d	2.65c	3.44a	2.58b	2.74b	2.99ab
全磷 / ($g \cdot kg^{-1}$)	0.95d	2.85cd	3.46a	3.34bc	2.36ab	3.97ab
全钾 /%	1.61ab	1ab	1.43c	1.18bc	1.17a	140c
水解性氮 / ($mg \cdot kg^{-1}$)	522c	485b	752a	522ab	557ab	707ab
有效磷 / ($mg \cdot kg^{-1}$)	54.2b	169.8ab	207.4a	117a	151.7a	214.8a
速效钾 / ($mg \cdot kg^{-1}$)	192d	250cd	416a	254bc	286ab	304bc
阳离子交换量 / ($cmol \cdot kg^{-1}$)	15.8d	10.3c	14.1a	8.4b	11b	10.5b
水溶性盐总量 / ($g \cdot kg^{-1}$)	6.2a	7.4a	7.8a	10.7a	7.5a	7.3a
pH 值	8.05a	7.36ab	7.13c	7.59bc	7.64bc	7.59bc
砷 / ($mg \cdot kg^{-1}$)	11.08d	15.01c	14.7a	16.35bc	16.18b	17.94b
镉 / ($mg \cdot kg^{-1}$)	0.328a	0.335a	0.054a	0.166a	0.171a	0.15a
铬 / ($mg \cdot kg^{-1}$)	185b	322b	199ab	324ab	304b	237a

6.4　小结

试验结果表明，气化渣的添加可以对玉米种子萌发以及生长发育起到促进作用。在风沙土盆栽试验中，种子萌发时间基本一致，其中配方 5、6、7 的种子萌发数最多，萌发势也最高；在配方 5 中的玉米的株高长势最高、叶片生长情况及叶绿素含量也最好，并且土壤养分含量最大，说明风沙土复配土配方中配方 5 对玉米株高的促进效果最为显著，可以选择配方 5 作为风沙土大田试验的试验处理。在盐碱土盆栽试验中，种子萌发时间基本一致，其中配方 3、6 的种子萌发数最多，萌发势也最高；在配方 6 中的玉米的株高长势最高、叶片生长情况及叶绿素含量也最好，并且土壤养分含量最大，说明盐碱土复配土配方中配方 6 对玉米株高的促进效果最为显著，可以选择配方 6 作为盐碱土大田试验的试验处理。在酸土盆栽试验中，种子萌发时间基本一致，其中配方 4、5、6 的种子萌发数最多，萌发势也最高；在配方 5 中的玉米的株高长势最高、叶片生长情况及叶绿素含量也最好，并且土壤养分含量最大，说明酸土复配成土配方中配方 5 对玉米株高的促进效果最为显著，可以选择配方 5 作为酸土的大田试验的试验处理。

第7章 气化渣复配土的大田作物选育及生长适应性

7.1 2018年重构土壤对作物生长适应性

7.1.1 重构土壤对菊芋生长适应性研究

7.1.1.1 对菊芋土壤含水率的影响

菊芋试验组和对照组0 ~ 50 cm厚度土壤含水率变化趋势见图7.1。从图7.1中可以看出，对于菊芋整个生育期，试验组0 ~ 10 cm厚度土层的含水率都要高于对照组，达到了极显著水平（$P<0.05$）；试验组10 ~ 20 cm厚度土层的含水率也基本高于对照组，达到显著水平（$P<0.05$），但是差异程度没有0 ~ 10 cm厚度土层那么明显；在0 ~ 50 cm厚度土层，试验组与对照组的含水率相差不多，差异性不显著（$P>0.05$）；对于试验组同一时期的不同土层含水率表现为：0 ~ 10 cm >10 ~ 20 cm >30 ~ 50 cm。

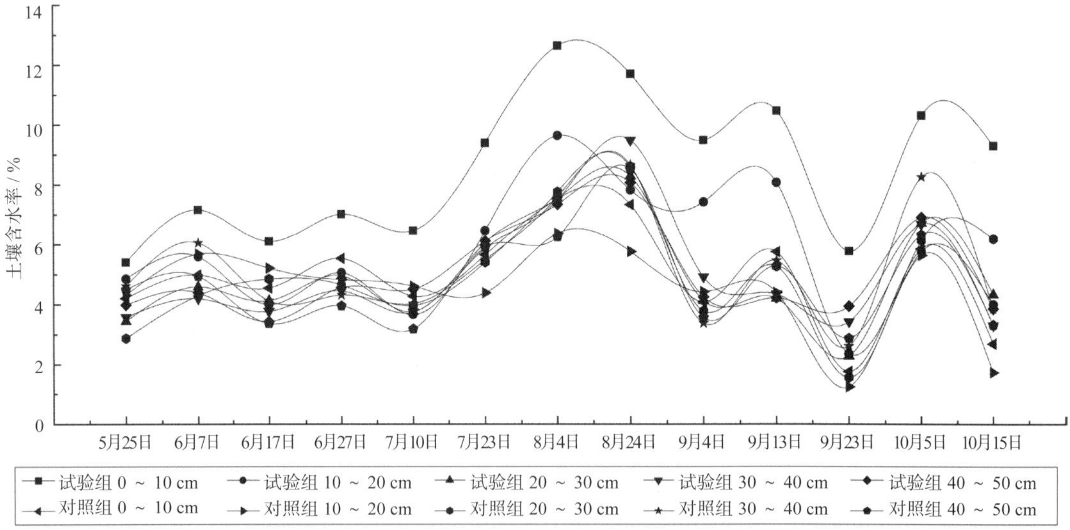

图7.1 土壤水分动态变化

7.1.1.2 对菊芋土壤肥力的影响

菊芋试验组和对照组的土壤养分含量详见表7.1。从表7.1中可以看出，在菊芋各生育期内，试验组的土壤养分含量基本都要高于对照组，其中阳离子交换量在苗期的含量达到显著水平（$P<0.05$），整个生育期内提高了 −2.02% ～ 25.63%；全盐含量在苗期、拔节期、开花期达到显著水平，整个生育期内提高了 15.08% ～ 142.11%；有机质含量在整个生育期内达到显著水平，整个生育期内提高了 68.01.35% ～ 339.08%；全氮含量在苗期、开花期内达到显著水平，整个生育期内提高了 44.88% ～ 88.24%；碱解氮含量在开花期内达到显著水平，整个生育期内提高了 −39.68% ～ 44.03%；有效磷在苗期、成熟期达到显著水平，整个生育期内提高了 11.79% ～ 103.62%；速效钾含量在整个生育期内不显著，提高了 −13.37% ～ 14.63%。由于土壤养分含量基数小，所以有些含量变化幅度大。

表 7.1　菊芋土壤养分含量结果

土壤养分		6 月 9 日	7 月 23 日	8 月 28 日	9 月 21 日
阳离子交换量 /（cmol · kg^{-1}）	试验组	41.370a	7.421 a	34.718 a	46.513 a
	对照组	32.928b	9.505 a	35.418 a	40.402 a
全盐 /（g · kg^{-1}）	试验组	1.88a	1.64a	1.38 a	0.534 a
	对照组	1.22b	0.54b	0.57 b	0.464 a
有机质 /（g · kg^{-1}）	试验组	40.29a	9.56a	24.94a	36.75a
	对照组	14.87b	5.69b	5.68b	5.37b
全氮 /%	试验组	2.01a	0.48a	1.25a	1.84 a
	对照组	1.24b	0.28b	0.68 a	1.27 b
碱解氮 /（mg · kg^{-1}）	试验组	35.42a	15.19a	18.84a	6.88a
	对照组	35.55a	16.74a	13.08b	9.61a
有效磷 /（mg · kg^{-1}）	试验组	59.48a	14.21a	11.94a	13.62 a
	对照组	29.21b	12.71a	10.01a	4.97b
速效钾 /（mg · kg^{-1}）	试验组	72.07a	60.57a	60.78 a	39.61 a
	对照组	71.35a	69.65a	63.13 a	45.04 a

注：同组间不同字母表示处理间差异显著（$P<0.05$）。

7.1.1.3　对菊芋生长性状的影响

菊芋试验组和对照组的作物性状详见表 7.2。从表 7.2 中可以看出，试验组的株高、茎粗、根深和叶绿素含量大部分都要高于对照组，其中株高、茎粗生育后期达到显著水平（$P<0.05$），株高、茎粗和根深后期的变化趋势要比前期大，表明试验组后期增长速度要比对照组快，生长发育好。以上结果说明气化渣掺入风沙土中能促进菊芋的生长。

表 7.2　菊芋作物性状结果

作物性状		6 月 14 日	7 月 25 日	8 月 28 日	10 月 1 日
株高 /cm	试验组	34.55 a	146.67 a	251.67 a	288.00 a
	对照组	30.00 a	126.67 b	182.33 b	235.87 b
茎粗 /cm	试验组	0.87 a	1.40 a	2.23 a	2.70 a
	对照组	0.69 a	1.30 a	1.67 b	2.40 b

续表

作物性状		6 月 14 日	7 月 25 日	8 月 28 日	10 月 1 日
叶绿素 a /（mg・L^{-1}）	试验组	7.27 a	8.56 a	7.58 a	7.46 a
	对照组	4.41 b	6.43 b	6.25 a	7.06 a
叶绿素 b /（mg・L^{-1}）	试验组	3.12 a	2.57 a	2.53 a	2.38 a
	对照组	1.80 b	2.19 a	2.10 a	2.09 a
根深 /cm	试验组	22.00 a	37.93 a	39.83 a	41.03 a
	对照组	10.00 b	21.07 b	32.83 a	35.90 a

注：同组间不同字母表示处理间差异显著（$P<0.05$）。

7.1.1.4 对菊芋产量的影响

作物的产量结果详见表 7.3。从表 7.3 中可以看出，作物的试验组的产量要高于对照组，达到了显著水平（$P<0.05$），菊芋的产量提高了 6.21%，说明气化渣掺入风沙土中能提高菊芋的产量。

表 7.3 作物产量结果

菊芋	试验组	对照组	增产率 / %
产量 /（kg・hm^{-2}）	66287.10 a	62412.14 b	6.21

注：同组间不同字母表示处理间差异显著（$P<0.05$）。

7.1.2 重构土壤对糜子生长适应性研究

7.1.2.1 对糜子土壤含水率的影响

糜子试验组和对照组 0 ~ 50 cm 厚度土壤含水率变化趋势见图 7.2。从图 7.2 中可以看出，对于糜子整个生育期，试验组 ~ 10 cm 厚度土层的含水率都要高于对照组，达到了极显著水平（$P<0.01$）；试验组 10 ~ 20 cm 厚度土层的含水率也基本高于对照组，达到显著水平（$P<0.05$），但是差异程度小于 0 ~ 10 cm 厚度土层；在 20 ~ 50 cm 厚度土层，试验组与对照组的含水率总体相差不多，总体差异性不显著（$P>0.05$）；总体来看，对于试验组同一时期的不同土层含水率表现为：0 ~ 10 cm >10 ~ 20 cm >30 ~ 50 cm。

7.1.2.2 对糜子土壤肥力的影响

糜子试验组和对照组的土壤养分含量详见表 7.4。从表 7.4 中可以看出，在糜子各生育期内，试验组的土壤养分含量基本都要高于对照组，其中阳离子交换量在全生育期的含量达到显著水平，整个生育期内提高了 0.15% ~ 1.54%；全盐含量在拔节期、开花期达到显著水平，整个生育期内提高了 12.28% ~ 147.53%；有机质含量在整个生育期内达到显著水平，整个生育期内提高了 67.41% ~ 118.78%；全氮含量在出苗期、拔节期、开花期内达到显著水平，整个生育期内提高了 67.67% ~ 164.86%；碱解氮含量在灌浆期、开花期内达到显著水平，整个生育期内提高了 9.04% ~ 121.95%；有效磷在出苗期达到显著水平，整个生育期内提高了 16.37% ~ 48.70%；速效钾含量在整个出苗期显著，生育期内提高了 0.27% ~ 10.06%。由于土壤养分含量基数小，因此有些含量变化幅度大。

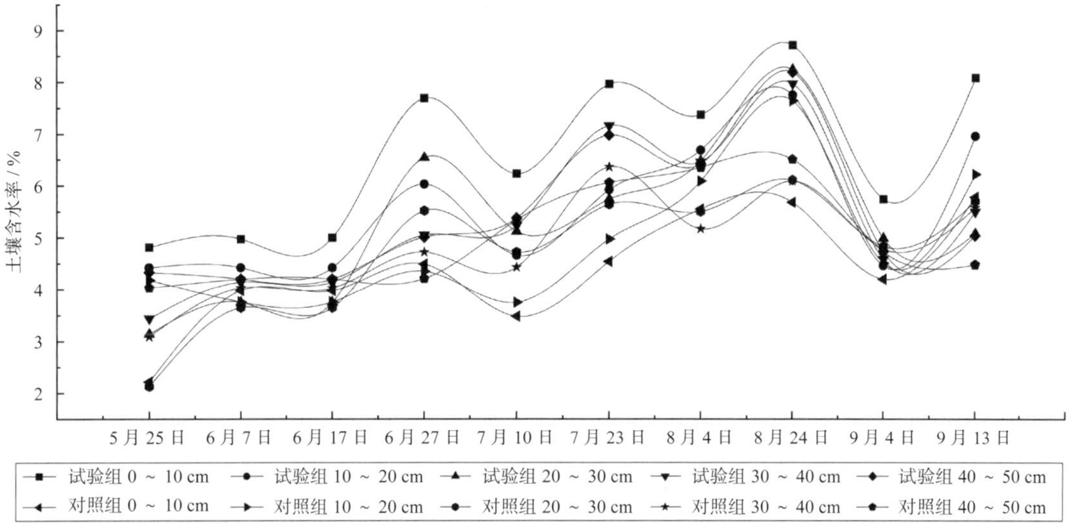

图 7.2　气化渣对糜子 0 ~ 50 cm 厚度土壤含水率的影响

表 7.4　糜子土壤养分含量结果

土壤养分		6 月 27 日	7 月 23 日	8 月 4 日	8 月 28 日
阳离子交换量 /(cmol · kg^{-1})	试验组	32.04a	21.11a	19.27a	21.16a
	对照组	14.06b	13.15b	10.76b	7.39b
全盐 /(g · kg^{-1})	试验组	1.774 a	0.953 a	1.115 a	0.534 a
	对照组	1.580 a	0.385 b	0.622 b	0.464 a
有机质 /(g · kg^{-1})	试验组	18.533 a	9.127 a	10.637 a	7.783 a
	对照组	12.997 b	7.475 b	5.679 b	4.649 b
全氮 /%	试验组	0.927 a	0.456 a	0.532 a	0.389 a
	对照组	0.350 b	0.274 b	0.284 b	0.232 a
碱解氮 /(mg · kg^{-1})	试验组	27.324 a	12.584 a	14.205 a	9.484 a
	对照组	25.059 a	10.498 a	10.234 b	4.273 b
有效磷 /(mg · kg^{-1})	试验组	16.121 a	7.805 a	10.779 a	4.032 a
	对照组	11.740 b	6.707 a	7.249 a	6.208 a
速效钾 /(mg · kg^{-1})	试验组	69.637 a	62.496 a	64.508 a	53.559 a
	对照组	63.271 b	61.485 a	64.336 a	54.004 a

注：同组间不同字母表示处理间差异显著（$P<0.05$）。

7.1.2.3　对糜子生长性状的影响

糜子试验组和对照组的作物性状详见表 7.5。从表 7.5 中可以看出，试验组的株高、茎粗、根深和叶绿素含量都要高于对照组，其中根深在全生育期都达到显著水平，株高、叶绿素 a 在生育后期达到显著水平（$P<0.05$），茎粗和叶绿素 b 的差异不明显；株高和根深的变化趋势要比对照组大，表明试验组的增长速度要比对照组快，生长发育好。以上结果说明气化渣掺入风沙土中能对糜子的生长起促进作用。

表 7.5 糜子作物性状结果

作物性状		6 月 28 日	7 月 25 日	8 月 3 日	8 月 28 日
株高 /cm	试验组	56.23 a	153.00 a	187.67 a	193.67 a
	对照组	53.47 a	141.63 a	143.00 b	163.67 b
茎粗 /cm	试验组	0.80 a	0.93 a	1.07 a	1.97 a
	对照组	0.66 a	0.90 a	0.93 a	1.63 a
叶绿素 a /（$mg \cdot L^{-1}$）	试验组	10.47 a	12.41 a	8.61 a	6.48 a
	对照组	8.30 b	10.61 b	6.81 b	5.55 a
叶绿素 b /（$mg \cdot L^{-1}$）	试验组	3.13 a	3.99 a	3.11 a	3.06 a
	对照组	2.79 a	3.43 a	2.53 a	2.68 a
根深 /cm	试验组	23.60 a	25.70 a	27.13 a	34.16 a
	对照组	18.30 b	19.07 b	22.43 b	25.87 b

注：同组间不同字母表示处理间差异显著（$P<0.05$）。

7.1.2.4 对糜子产量的影响

作物的产量结果详见表 7.6。从表 7.6 中可以看出，作物的试验组的产量要高于对照组，达到了显著水平（$P<0.05$），糜子的产量提高了 10.20%，说明气化渣掺入风沙土中能提高糜子的产量。

表 7.6 作物产量结果

糜子	试验组	对照组	增产率 / %
产量 /（$kg \cdot hm^{-2}$）	3885.60a	3526.06b	10.20

注：同组间不同字母表示处理间差异显著（$P<0.05$）。

7.1.3 重构土壤对玉米伊单生长适应性研究

7.1.3.1 对玉米伊单土壤含水率的影响

玉米伊单试验组和对照组 0 ~ 50 cm 厚度土壤含水率变化趋势见图 7.3。从图 7.3 中可以看出，对于玉米伊单整个生育期，试验组 0 ~ 10 cm 厚度土层的含水率都要高于对照组，达到了显著水平（$P<0.05$）；试验组 10 ~ 20 cm 厚度土层的含水率也基本高于对照组，达到显著水平（$P<0.05$），但是差异程度小于 0 ~ 10 cm 厚度土层；在 20 ~ 50 cm 厚度土层，试验组与对照组的含水率总体相差不多，总体差异性不显著（$P>0.05$）；总体来看，对于试验组同一时期的不同土层含水率表现为：0 ~ 10 cm >10 ~ 20 cm >30 ~ 50 cm。

7.1.3.2 对玉米伊单土壤肥力的影响

玉米伊单试验组和对照组的土壤养分含量详见表 7.7。从表 7.7 中可以看出，在玉米伊单各生育期内，试验组的土壤养分含量基本都要高于对照组，其中阳离子交换量在全生育期的含量达到显著水平，整个生育期内提高了 42.76% ~ 215.73%；全盐含量在拔节期、抽雄期、开花期、灌浆期达到显著水平，整个生育期内提高了 50.22% ~ 201.47%；有机质含量在整个生育期内达到显著水平，整个生育期内提高了 36.08% ~ 148.44%；全氮含量在出

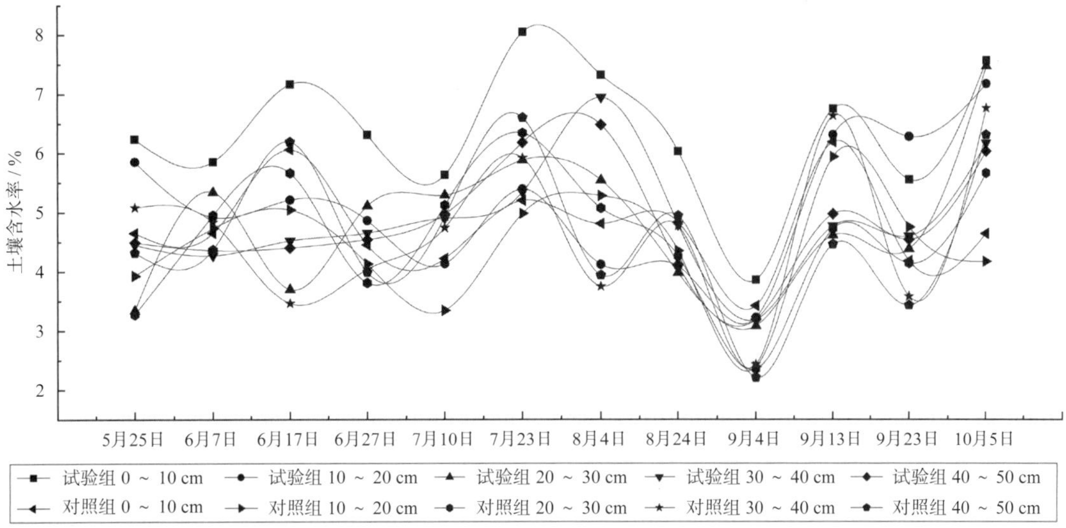

图 7.3　气化渣对玉米伊单 0 ~ 50 cm 土壤含水率的影响

苗期、拔节期、抽雄期、开花期、灌浆期内达到显著水平，整个生育期内提高了 112.70% ~ 148.44%；碱解氮含量在抽雄期、开花期内达到显著水平，整个生育期内提高了 7.23% ~ 148.40%；有效磷在出苗期、拔节期、抽雄期、灌浆期内达到显著水平，整个生育期内提高了 5.28% ~ 40.78%；速效钾含量在灌浆期内达到显著水平，提高了 0.38% ~ 19.67%。由于土壤养分含量基数小，因此有些含量变化幅度大。

表 7.7　玉米伊单土壤养分含量结果

土壤养分		6 月 9 日	7 月 23 日	8 月 10 日	8 月 18 日	9 月 17 日	9 月 21 日
阳离子交换量 /(cmol · kg^{-1})	试验组	21.68 a	52.98 a	17.36 a	30.02 a	19.20 a	25.69 a
	对照组	9.69 b	16.78 b	12.16 b	9.81 b	6.31 b	16.05 b
全盐 /(g · kg^{-1})	试验组	1.222 a	1.637 a	1.471 a	1.381 a	1.046 a	0.396 a
	对照组	1.881 a	0.543 b	0.508 b	0.569 b	0.467 b	0.291 a
有机质 /(g · kg^{-1})	试验组	10.240 a	12.596 a	10.386 a	17.038 a	11.320 a	10.889 a
	对照组	8.258 b	8.342 b	7.816 b	12.572 b	7.709 b	4.383 b
全氮 / %	试验组	0.512 a	0.630 a	0.519 a	0.852 a	0.566 a	0.544 a
	对照组	0.263 b	0.467 b	0.391 b	0.429 b	0.285 b	0.219 a
碱解氮 /(mg · kg^{-1})	试验组	56.194 a	34.355 a	26.991 a	22.655 a	16.621 a	13.346 a
	对照组	52.406 a	29.274 a	14.361 b	10.236 b	12.629 a	12.677 a
有效磷 /(mg · kg^{-1})	试验组	12.606 a	14.004 a	12.410 a	7.171 a	12.044 a	12.689 a
	对照组	9.947 b	12.521 b	7.073 b	4.383 a	8.555 b	10.822 a
速效钾 /(mg · kg^{-1})	试验组	70.663 a	59.962 a	63.001 a	61.405 a	49.780 a	50.922 a
	对照组	65.725 a	58.090 a	60.751 a	59.931 a	41.597 b	50.727 a

注：同组间不同字母表示处理间差异显著（ $P<0.05$ ）。

7.1.3.3 对玉米伊单生长性状的影响

玉米伊单试验组和对照组的作物性状详见表 7.8。从表 7.8 中可以看出，试验组的株高、茎粗、根深和叶绿素含量都要高于对照组，其中株高和根深在全生育期均达到显著水平（$P<0.05$），叶绿素 b 的总差异不明显；株高、茎粗和根深的变化趋势要比对照组大，表明试验组的增长速度要比对照组快，生长发育要好。以上结果说明气化渣掺入风沙土中能对玉米伊单的生长起促进作用。

表 7.8 玉米伊单作物性状结果

作物性状		6 月 14 日	7 月 12 日	7 月 28 日	8 月 9 日	8 月 17 日	9 月 17 日
株高 / cm	试验组	36.10 a	169.60 a	268.50 a	295.63 a	297.10 a	315.85 a
	对照组	27.10 a	130.03 b	234.97 b	253.00 b	257.40 b	265.85 b
茎粗 / cm	试验组	2.16 a	2.17 a	2.90 a	2.90 a	3.15 a	3.20 a
	对照组	1.93 b	1.97 b	2.06 b	2.70 b	2.70b	2.71 b
叶绿素 a /（$mg \cdot L^{-1}$）	试验组	7.43 a	6.26 a	4.37 a	20.47 a	18.51 a	15.94 a
	对照组	6.30 a	5.28 a	3.37 a	7.96 b	10.43 b	11.75b
叶绿素 b /（$mg \cdot L^{-1}$）	试验组	2.14 a	2.74 a	1.39 a	6.94 a	6.46 a	4.31 a
	对照组	1.94 a	2.13 a	1.39 a	3.03 b	3.36 b	3.07 a
根深 /cm	试验组	23.90 a	27.00 a	27.27 a	28.50 a	33.20 a	33.80 a
	对照组	20.40 b	22.37 b	23.67 b	26.50 a	26.50 b	29.80 b

注：同组间不同字母表示处理间差异显著（$P<0.05$）。

7.1.3.4 对玉米伊单产量的影响

作物的产量结果详见表 7.9。从表 7.9 中可以看出，作物的试验组的产量要高于对照组，达到了显著水平（$P<0.05$），玉米伊单的产量提高了 7.92%，说明气化渣掺入风沙土中能提高玉米伊单的产量。

表 7.9 作物产量结果

糜子	试验组	对照组	增产率 / %
产量 /（$kg \cdot hm^{-2}$）	9132.09 a	8462.09 b	7.92

注：同组间不同字母表示处理间差异显著（$P<0.05$）。

7.1.4 重构土壤对玉米赤单生长适应性研究

7.1.4.1 对玉米赤单土壤含水率的影响

玉米赤单试验组和对照组 0 ~ 50 cm 厚度土壤含水率变化趋势见图 7.4。从图 7.4 中可以看出，对于玉米赤单整个生育期，试验组 0 ~ 10 cm 厚度土层的含水率都要高于对照组，达到了显著水平（$P<0.05$）；试验组 10 ~ 20 cm 厚度土层的含水率也基本高于对照组，达到显著水平（$P<0.05$），但是差异程度小于 0 ~ 10 cm 厚度土层；在 20 ~ 50 cm 厚度土层，试验组与对照组的含水率总体相差不多，总体差异性不显著（$P>0.05$）。总体来看，对于试验组同一时期的不同土层含水率表现为：0 ~ 10 cm >10 ~ 20 cm >30 ~ 50 cm。

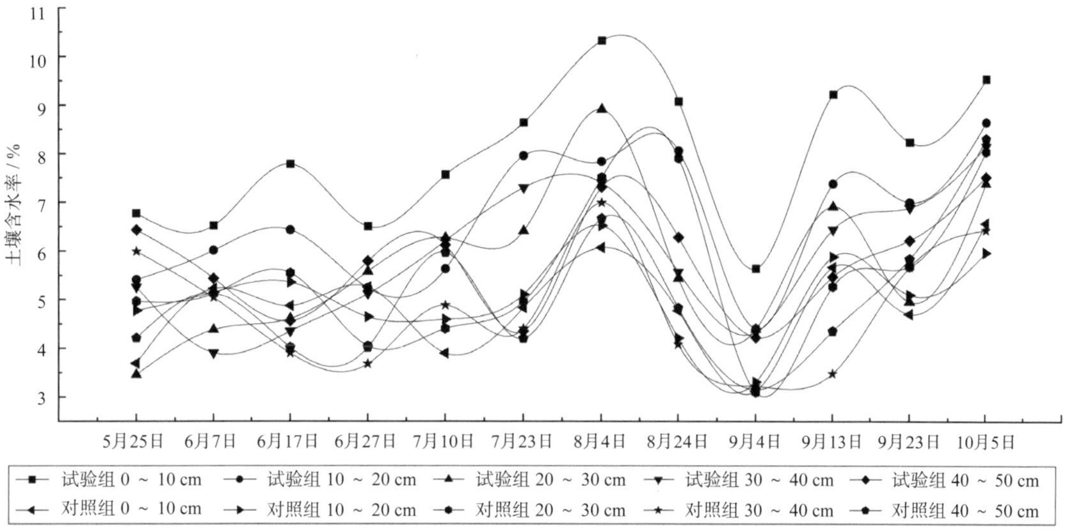

图 7.4　气化渣对玉米赤单 0 ~ 50 cm 厚度土壤含水率的影响

7.1.4.2　对玉米赤单土壤肥力的影响

玉米赤单出苗期、拔节期、抽雄期、开花期、灌浆期、成熟期试验组和对照组的土壤养分含量详见表 7.10。从表 7.10 中可以看出，在玉米赤单各生育期内，试验组的土壤养分含量基本都要高于对照组，其中阳离子交换量在出苗期、拔节期、抽雄期和成熟期的含量达到显著水平，整个生育期内提高了 −9.02% ~ 348.14%；全盐含量在出苗期、拔节期达到显著水平，整个生育期内提高了 1.90% ~ 130.15%；有机质含量在出苗期、拔节期、抽雄期、灌浆期内达到显著水平，整个生育期内提高了 41.05% ~ 53.55%；全氮含量在出苗期、拔节期、抽雄期、灌浆期内达到显著水平，整个生育期内提高了 19.59% ~ 79.17%；碱解氮含量在抽雄期、灌浆期、成熟期内达到显著水平，整个生育期内提高了 60.26% ~ 145.50%；有效磷在出苗期、拔节期、灌浆期、成熟期内达到显著水平，整个生育期内提高了 18.99% ~ 184.68%；速效钾含量在出苗期、抽雄期、灌浆期、成熟期内达到显著水平，提高了 7.69% ~ 32.58%。由于土壤养分含量基数小，因此有些含量变化幅度大。

表 7.10　玉米赤单土壤养分含量结果

土壤养分		6 月 9 日	7 月 23 日	8 月 10 日	8 月 18 日	9 月 17 日	9 月 21 日
阳离子交换量 /(cmol · kg^{-1})	试验组	47.19 a	20.97 a	21.78 a	16.50 a	14.52 a	26.67 a
	对照组	10.53 b	11.35 b	14.26 a	8.62 b	15.83 a	9.46 b
全盐 /(g · kg^{-1})	试验组	1.443 a	1.312 a	1.503 a	0.627 a	0.811 a	0.748 a
	对照组	0.653 b	0.595 b	1.475 a	0.347 a	1.015 a	0.325 a
有机质 /(g · kg^{-1})	试验组	9.238 a	12.737 a	10.713 a	6.026 a	6.502 a	6.044 a
	对照组	6.011 b	8.295 b	7.084 b	4.365 a	4.745 b	4.285 a
全氮 / %	试验组	0.462 a	0.637 a	0.536 a	0.301 a	0.325 a	0.417 a
	对照组	0.351 b	0.465 b	0.454 b	0.168 a	0.287 b	0.275 a

续表

土壤养分		6月9日	7月23日	8月10日	8月18日	9月17日	9月21日
碱解氮 /(mg·kg^{-1})	试验组	27.675 a	21.208 a	22.693 a	8.786 a	19.728 a	15.658 a
	对照组	24.045 a	17.687 a	14.160 b	6.296 a	12.517 b	10.918 b
有效磷 /(mg·kg^{-1})	试验组	24.572 a	23.395 a	10.227 a	10.546 a	6.404 a	12.181 a
	对照组	20.650 b	8.218 b	8.315 a	11.252 a	2.857 b	4.699 b
速效钾 /(mg·kg^{-1})	试验组	65.793 a	70.357 a	59.900 a	48.314 b	62.988 a	59.517 a
	对照组	56.741 b	65.330 a	45.813 b	54.809 a	51.328 b	44.891 b

注：同组间不同字母表示处理间差异显著（$P<0.05$）。

7.1.4.3 对玉米赤单生长性状的影响

玉米赤单试验组和对照组的作物性状详见表 7.11。从表 7.11 中可以看出，试验组的株高、茎粗、根深和叶绿素含量都要高于对照组，其中叶绿素 a 全生育期达到显著水平（$P<0.05$），茎粗的差异不明显；株高、茎粗和根深的变化趋势要比对照组大，表明试验组的增长速度要比对照组快，生长发育要好。以上结果说明气化渣掺入风沙土中能对玉米赤单的生长起促进作用。

表 7.11 玉米赤单作物性状结果

作物性状		6月14日	7月12日	7月28日	8月9日	8月17日	9月17日
株高 /cm	试验组	50.77 a	188.75 a	266.50 a	274.00 a	274.47 a	279.30 a
	对照组	30.67 b	148.73 b	262.77 a	265.00 a	268.00 a	270.90 a
茎粗 /cm	试验组	2.37 a	2.55 a	3.10 a	3.18 a	3.20 a	3.50 a
	对照组	2.08 a	2.10 a	2.80 a	2.87 a	2.88 a	3.13 a
叶绿素 a /(mg·L^{-1})	试验组	8.88 a	10.76 a	10.72 a	11.05 a	18.32 a	17.30 a
	对照组	4.30 b	6.53 b	5.82 b	7.41 b	14.93 b	13.30 b
叶绿素 b /(mg·L^{-1})	试验组	4.04 a	3.58 a	3.19 a	3.90 a	5.23 a	4.47 a
	对照组	1.39 b	2.32 a	2.59 a	2.92 a	4.27 a	3.58 a
根深 /cm	试验组	22.00 a	27.85 a	28.25 a	29.75 a	31.77 a	37.93 a
	对照组	10.00 b	25.55 a	26.15 a	27.40 a	30.87 a	32.83 b

注：同组间不同字母表示处理间差异显著（$P<0.05$）。

7.1.4.4 对玉米赤单产量的影响

作物的产量结果详见表 7.12。从表 7.12 中可以看出，作物的试验组的产量要高于对照组，达到了显著水平（$P<0.05$），玉米赤单的产量提高了 9.03%，说明气化渣掺入风沙土中能提高玉米赤单的产量。

表 7.12 作物产量结果

玉米赤单	试验组	对照组	增产率 / %
产量 /(kg·hm^{-2})	9552.11 a	8761.01 b	9.03

注：同组间不同字母表示处理间差异显著（$P<0.05$）。

7.1.5 重构土壤对大麻生长适应性研究

7.1.5.1 对大麻土壤含水率的影响

大麻试验组和对照组 0 ～ 50 cm 厚度土壤含水率变化趋势见图 7.5。从图 7.5 中可以看出，对于大麻整个生育期，试验组 0 ～ 10 cm 厚度土层的含水率都要高于对照组，达到了显著水平（$P<0.05$）；试验组 10 ～ 20 cm 厚度土层的含水率也基本高于对照组，达到显著水平（$P<0.05$），但是差异程度小于 0 ～ 10 cm 厚度土层；在 20 ～ 50 cm 厚度土层，试验组与对照组的含水率总体相差不多，总体差异性不显著（$P>0.05$）；总体来看，对于试验组同一时期的不同土层含水率表现为：0 ～ 10 cm >10 ～ 20 cm >30 ～ 50 cm。

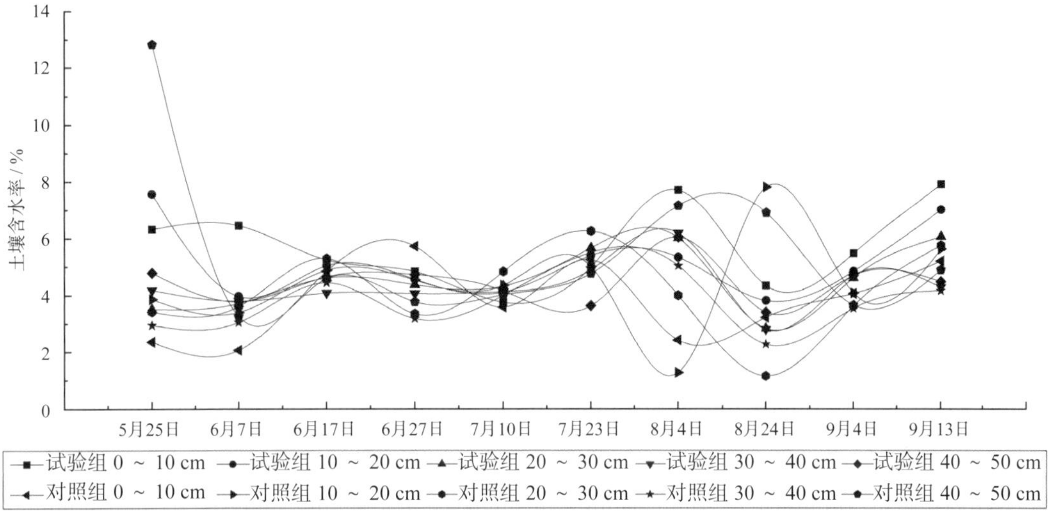

图 7.5 气化渣对大麻 0 ～ 50 cm 厚度土壤含水率的影响

7.1.5.2 对大麻土壤肥力的影响

大麻出苗期、幼苗生长期、快速生长期、成熟期。大麻试验组和对照组的土壤养分含量详见表 7.13。从表 7.13 中可以看出，在大麻各生育期内，试验组的土壤养分含量除阳离子交换量外基本都要高于对照组，其中阳离子交换量在快速成长期、成熟期的含量达到显著水平；全盐含量在出苗期和快速成长期达到显著水平，整个生育期内提高了 3.90% ～ 46.99%；有机质含量在全生育期内达到显著水平，整个生育期内提高了 15.05% ～ 48.84%；全氮含量在出苗期、快速生长期内达到显著水平，整个生育期内提高了 79.17% ～ 163.63%；碱解氮含量在出苗期和快速生长期内达到显著水平，整个生育期内提高了 15.10% ～ 212.02%；有效磷在出苗期、成熟期内达到显著水平，整个生育期内提高了 18.99% ～ 61.86%；速效钾含量在出苗期和快速生长期内达到显著水平，提高了 7.69% ～ 32.58%。由于土壤养分含量基数小，因此有些含量变化幅度大。

表 7.13 大麻土壤养分含量结果

土壤养分		6 月 27 日	7 月 23 日	8 月 4 日	9 月 14 日
阳离子交换量 /（$cmol \cdot kg^{-1}$）	试验组	7.15a	15.41a	14.39a	32.74a
	对照组	5.37a	5.15b	17.77a	13.97b

续表

土壤养分		6 月 27 日	7 月 23 日	8 月 4 日	9 月 14 日
全盐 /(g · kg^{-1})	试验组	4.16a	0.98a	0.97a	0.67a
	对照组	2.83b	0.89a	0.44b	0.65a
有机质 /(g · kg^{-1})	试验组	13.20a	15.97a	17.38a	16.70a
	对照组	11.60b	13.44b	13.63b	11.22b
全氮 /%	试验组	0.51a	0.80a	0.87a	0.34a
	对照组	0.28b	0.67a	0.33b	0.23a
碱解氮 /(mg · kg^{-1})	试验组	29.33a	9.72a	14.52a	18.34a
	对照组	9.40b	9.82a	9.72b	17.80a
有效磷 /(mg · kg^{-1})	试验组	23.05a	6.28a	15.80a	6.46a
	对照组	14.24b	5.09b	14.46a	4.55b
速效钾 /(mg · kg^{-1})	试验组	72.42a	64.89a	65.21a	61.67a
	对照组	53.41b	66.57a	61.27b	63.72a

注：同组间不同字母表示处理间差异显著（$P<0.05$）。

7.1.5.3 对大麻生长性状的影响

大麻试验组和对照组的作物性状详见表 7.14。从表 7.14 中可以看出，试验组的株高、茎粗、根深和叶绿素含量都要高于对照组，其中茎粗和叶绿素 a 在生育期后期达到显著水平（$P<0.05$）；株高、茎粗和根深的变化趋势要比对照组大，表明试验组的增长速度要比对照组快，生长发育要好。以上结果说明气化渣掺入风沙土中能对大麻的生长起促进作用。

表 7.14 大麻作物性状结果

作物性状		6 月 28 日	7 月 25 日	8 月 3 日	9 月 14 日
株高 /cm	试验组	60.93a	214.50a	242.33a	228.03a
	对照组	55.23b	195.00b	232.50a	216.97a
茎粗 /cm	试验组	0.89a	2.74a	2.90a	3.00a
	对照组	0.83a	1.58b	1.95b	2.30b
叶绿素 a /(mg · L^{-1})	试验组	15.70a	14.30a	16.81a	7.18a
	对照组	14.32a	2.82b	10.66b	4.75b
叶绿素 b /(mg · L^{-1})	试验组	4.97a	3.91a	5.13a	2.26a
	对照组	4.41a	1.71b	4.20a	1.47b
根深 /cm	试验组	28.67a	35.35a	47.55a	44.60a
	对照组	19.33b	27.25b	44.43a	21.25b

注：同组间不同字母表示处理间差异显著（$P<0.05$）。

7.1.5.4 对大麻产量的影响

作物的产量结果详见表 7.15。从表 7.15 中可以看出，作物的试验组的产量要高于对照组，达到了显著水平（$P<0.05$），大麻的产量提高了 23.06%，说明气化渣掺入风沙土中能提高大麻的产量。

表 7.15 作物产量结果

大麻	试验组	对照组	增产率 / %
产量 /（$kg\cdot hm^{-2}$）	1335.73a	1085.44b	23.06

注：同组间不同字母表示处理间差异显著（$P<0.05$）。

7.1.6 重构土壤对亚麻生长适应性研究

7.1.6.1 对亚麻土壤含水率的影响

亚麻试验组和对照组 0 ~ 50 cm 厚度土壤含水率变化趋势见图 7.6。从图 7.6 中可以看出，对于亚麻整个生育期，试验组 0 ~ 10 cm 厚度土层的含水率都要高于对照组，达到了显著水平（$P<0.05$）；试验组 10 ~ 20 cm 厚度土层的含水率也基本高于对照组，达到显著水平（$P<0.05$），但是差异程度小于 0 ~ 10 cm 厚度土层；在 20 ~ 50 cm 厚度土层，试验组与对照组的含水率总体相差不多，总体差异性不显著（$P>0.05$）；总体来看，对于试验组同一时期的不同土层含水率表现为：0 ~ 10 cm >10 ~ 20 cm >30 ~ 50 cm。

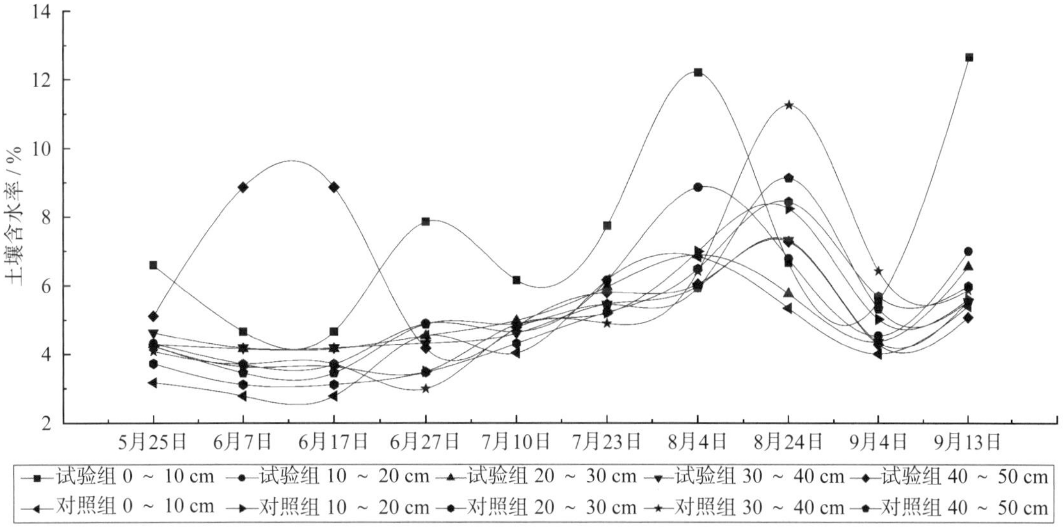

图 7.6 气化渣对亚麻 0 ~ 50 cm 土壤含水率的影响

7.1.6.2 对亚麻土壤肥力的影响

亚麻苗期、枞形期、快速生长期、开花期试验组和对照组的土壤养分含量详见表 7.16。从表 7.16 中可以看出，在生育期内，试验组的土壤养分含量基本都要高于对照组，其中阳离子交换量在生育期内均达显著水平，整个生育期内相差不大，整个生育期内提高了 59.45% ~ 288.83%；全盐含量在苗期、枞形期、开花期达到显著水平，整个生育期内提高了 11.44% ~ 250.91%；有机质含量在生育期内达到显著水平，整个生育期内提高了 37.78% ~ 107.87%；全氮含量在生育期内达到显著水平，整个生育期内提高了 12.50% ~ 113.04%；碱解氮含量在苗期、开花期内达到显著水平，整个生育期内提高了 10.50% ~ 135.81%；有效磷在生育期内达到显著水平，整个生育期内提高了 26.78% ~ 158.74%；速效钾含量在枞形期、开花期和苗期内达到显著水平，提高了 7.69% ~ 32.58%。由于土壤养分含量基数小，因此有些含量变化幅度大。

表 7.16 亚麻土壤养分含量结果

土壤养分		6 月 27 日	7 月 23 日	8 月 4 日	8 月 18 日
阳离子交换量 /(cmol·kg^{-1})	试验组	28.49a	10.46 a	19.55a	29.11a
	对照组	9.25b	6.56b	6.21b	8.31b
全盐 /(g·kg^{-1})	试验组	1.93a	0.62a	0.78a	0.95a
	对照组	0.55b	0.29b	0.29b	0.83a
有机质 /(g·kg^{-1})	试验组	12.58a	6.07a	5.07a	5.32a
	对照组	9.13b	2.92b	3.59b	3.33b
全氮 /%	试验组	0.63a	0.30a	0.25a	0.27a
	对照组	0.56b	0.15b	0.13b	0.12b
碱解氮 /(mg·kg^{-1})	试验组	36.45a	29.81a	19.36a	16.58a
	对照组	19.60b	29.65a	8.21b	16.60a
有效磷 /(mg·kg^{-1})	试验组	46.25a	5.92a	5.68a	9.47a
	对照组	23.78b	4.37b	4.48b	3.66b
速效钾 /(mg·kg^{-1})	试验组	60.57a	59.62a	57.93a	56.64a
	对照组	49.91b	53.68b	59.67a	47.42b

注：同组间不同字母表示处理间差异显著（$P<0.05$）。

7.1.6.3 对亚麻生长性状的影响

亚麻试验组和对照组的作物性状详见表 7.17。从表 7.17 中可以看出，试验组的株高、茎粗、根深和叶绿素含量大部分都要高于对照组，其中根深在快速生长期、开花期和成熟期达到显著水平（$P<0.05$），叶绿素 b 的总差异不明显；株高、茎粗的变化趋势要比对照组大，表明试验组的增长速度要比对照组快，生长发育要好。以上结果说明气化渣掺入风沙土中能对亚麻的生长起促进作用。

表 7.17 亚麻作物性状结果

土壤养分		7 月 23 日	8 月 4 日	8 月 18 日	9 月 14 日
株高 / cm	试验组	18.47a	60.70 a	71.77 a	82.00a
	对照组	13.27 b	46.53 b	66.67 a	57.73 b
叶绿素 a /(mg·L^{-1})	试验组	8.08 a	8.45a	6.84a	9.49 a
	对照组	6.75 b	9.05 a	7.39 a	9.00 a

续表

土壤养分		7月23日	8月4日	8月18日	9月14日
叶绿素 b /（mg·L^{-1}）	试验组	2.57 a	3.15 a	2.58 a	2.75 a
	对照组	2.14 a	3.26 a	2.86 a	2.60 a
根深 / cm	试验组	12.17 a	15.03 a	16.90 a	14.07 a
	对照组	11.80a	11.05 b	9.97 b	13.17 a

注：同组间不同字母表示处理间差异显著（$P<0.05$）。

7.2 2019 年重构土壤对作物生长适应性

7.2.1 重构土壤对菊芋生长适应性研究

7.2.1.1 对菊芋土壤含水率的影响

菊芋试验组和对照组 0 ~ 50 cm 厚度土壤含水率变化趋势见图 7.7。从图 7.7 中可以看出，对于菊芋整个生育期，试验组 0 ~ 10 cm 厚度土层的含水率都要高于对照组，达到了极显著水平（$P<0.01$）；试验组 10 ~ 20 cm 厚度土层的含水率也基本高于对照组，达到显著水平（$P<0.05$），但是差异程度没有 0 ~ 10 cm 厚度土层那么明显；在 20 ~ 50 cm 厚度土层，试验组与对照组的含水率相差不多，差异性不显著（$P>0.05$）。

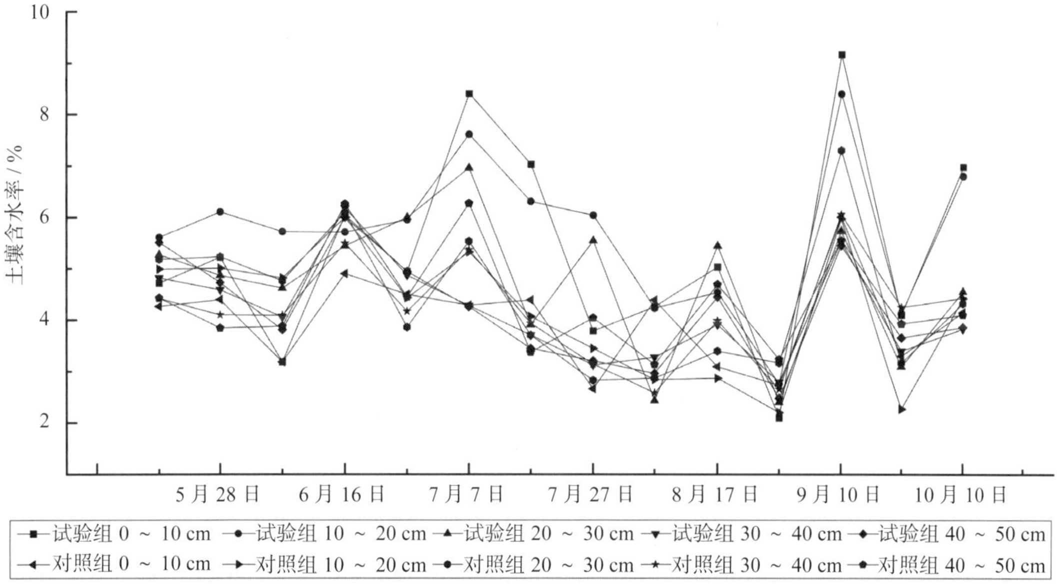

图 7.7 气化渣对菊芋 0 ~ 50 cm 厚度土壤含水率的影响

7.2.1.2 对菊芋土壤肥力的影响

菊芋试验组和对照组的土壤养分含量详见表 7.18。从表 7.18 中可以看出，在菊芋各生育期内，试验组的土壤养分含量基本都要高于对照组，其中阳离子交换量在开花期的含量达到显著水平（$P<0.05$），整个生育期内提高了 0.05% ~ 0.5%；全盐含量在幼苗期、成熟期达到显著水平，整个生育期内提高了 18.66% ~ 140.97%；有机质含量在整个生育期

内达到显著水平，整个生育期内提高了 20.58% ~ 212.09%；全氮含量在幼苗期、开花期、成熟期内达到显著水平，整个生育期内提高了 3.08% ~ 86.17%；碱解氮含量在开花期、成熟期内达到显著水平，整个生育期内提高了 10.22% ~ 44.10%；有效磷在幼苗期、成熟期达到显著水平，整个生育期内提高了 11.79% ~ 174.08%；速效钾含量在整个生育期内不显著，提高了 2.44% ~ 15.00%。由于土壤养分含量基数小，所以有些含量变化幅度大。

表 7.18　菊芋土壤养分含量结果

土壤养分			6 月 12 日	7 月 27 日	9 月 23 日	10 月 17 日
阳离子交换量 /(cmol · kg^{-1})	0 ~ 20 cm 厚度土层	试验组	19.44 a	49.80a	23.97a	41.72a
		对照组	12.50 b	55.77b	21.08b	27.34b
	20 ~ 40 cm 厚度土层	试验组	18.53 a	52.51a	61.60a	43.53a
		对照组	12.68 b	26.12b	55.77a	22.21b
盐分 /(g · kg^{-1})	0 ~ 20 cm 厚度土层	试验组	0.49 a	0.62a	2.32a	2.19a
		对照组	0.47 a	0.58a	1.61b	0.87b
	20 ~ 40 cm 厚度土层	试验组	0.55 a	0.58a	2.03a	0.80a
		对照组	0.48 a	0.52a	1.11b	0.82a
有机质 /(g · kg^{-1})	0 ~ 20 cm 厚度土层	试验组	28.81 a	38.13a	35.01	30.24a
		对照组	12.80 b	22.21b	16.70	24.15
	20 ~ 40 cm 厚度土层	试验组	2.69 a	19.07a	22.92a	13.31a
		对照组	1.05 b	7.59b	13.56b	9.36b
全氮 / %	0 ~ 20 cm 厚度土层	试验组	2.17 a	2.29a	1.65a	2.08a
		对照组	1.46 b	1.23b	1.41a	1.52b
	20 ~ 40 cm 厚度土层	试验组	1.70 a	1.58a	2.03a	1.67a
		对照组	1.22 b	1.00b	1.76a	1.62a
碱解氮 /(mg · kg^{-1})	0 ~ 20 cm 厚度土层	试验组	39.47a	15.19a	20.98a	45.15a
		对照组	49.72a	15.06a	14.38b	23.88b
	20 ~ 40 cm 厚度土层	试验组	34.68a	15.12a	16.98a	18.93a
		对照组	33.22a	10.63b	15.86a	12.50a
有效磷 /(mg · kg^{-1})	0 ~ 20 cm 厚度土层	试验组	7.77a	7.27a	29.68a	58.73a
		对照组	7.07a	2.93b	29.64a	20.08b
	20 ~ 40 cm 厚度土层	试验组	3.44a	1.87a	78.94a	26.00a
		对照组	3.38a	1.14b	25.63b	24.01a
全钾 /(mg · kg^{-1})	0 ~ 20 cm 厚度土层	试验组	206.12a	215.35a	226.78 a	286.00 a
		对照组	166.13b	154.98b	241.93 a	208.88 b
	20 ~ 40 cm 厚度土层	试验组	196.41a	210.62a	279.57 a	160.67 b
		对照组	174.92b	134.91b	212.09 b	223.76 a
速效钾 /(mg · kg^{-1})	0 ~ 20 cm 厚度土层	试验组	58.60a	53.16a	50.09a	61.16a
		对照组	57.73a	50.34a	47.70a	47.37b

续表

土壤养分			6 月 12 日	7 月 27 日	9 月 23 日	10 月 17 日
速效钾 /（mg·kg^{-1}）	20 ~ 40 cm 厚度土层	试验组	54.01a	48.52a	50.71a	47.93a
		对照组	53.44a	46.97a	45.14a	44.88a

注：同组间不同字母表示处理间差异显著（ $P<0.05$ ）。

7.2.1.3　对菊芋生长性状的影响

菊芋试验组和对照组的作物性状详见表 7.19。从表 7.19 中可以看出，试验组的株高、茎粗、根深和叶绿素含量都要高于对照组，其中株高、地上湿重全生育期均达到显著水平（ $P<0.05$ ），茎粗的差异不明显；株高、地上 / 地下湿重的变化趋势要比对照组大，表明试验组前期增长速度要比对照组快，生长发育好。以上结果说明气化渣掺入风沙土中能促进菊芋的生长。

表 7.19　菊芋作物性状结果

作物性状		6 月 11 日	7 月 27 日	9 月 23 日	10 月 17 日
株高 /cm	试验组	28.77 a	137.52 a	231.69 a	190.62 a
	对照组	22.80 b	103.91b	194.14 b	166.53 b
茎粗 /mm	试验组	7.92 a	19.94 a	22.20 a	20.61 a
	对照组	7.47 a	17.03 a	20.57 a	21.32 a
根长 /cm	试验组	17.56 a	17.30a	21.88 a	23.32 a
	对照组	15.22 a	16.48 a	22.60a	21.12 a
根宽 /cm	试验组	9.24a	23.30a	28.03 a	38.42a
	对照组	10.24 a	22.44 a	23.64 b	40.26a
地上湿重 /g	试验组	214.02 a	1398.00 a	1554.67 a	514.67 a
	对照组	183.22 b	860.00 b	703.75 b	341.67 b
地上干重 /g	试验组	38.24 a	282.48 a	494.00 a	375.93a
	对照组	33.57 a	163.45 b	352.67 b	246.16b
地下湿重 /g	试验组	123.94 a	396.67a	299.33 a	376.67 a
	对照组	67.84 b	230.00 b	345.33a	299.33 a
地下干重 /g	试验组	19.96 a	91.09 a	107.15 a	82.89a
	对照组	11.80 b	53.21 b	95.99 a	57.32 b

注：同组间不同字母表示处理间差异显著（ $P<0.05$ ）。

7.2.1.4　对菊芋产量的影响

作物的产量结果详见表 7.20。从表 7.20 中可以看出，作物的试验组的产量要高于对照组，未达到了显著水平（ $P<0.05$ ），菊芋的产量提高了 7.17%，说明气化渣掺入风沙土中能提高菊芋的产量。

表 7.20　作物产量结果

菊芋	试验组	对照组	增产率 / %
产量 / （$kg \cdot hm^{-2}$）	41581.05a	38799.82a	7.17

注：同组间不同字母表示处理间差异显著（ P<0.05 ）。

7.2.2　重构土壤对糜子生长适应性研究

糜子试验组和对照组的作物性状详见表 7.21。从表 7.21 中可以看出，试验组的株高、茎粗、根深和叶绿素含量基本都要高于对照组，其中地上湿重和地下干湿重达到显著水平（ P<0.05 ），茎粗和根长的差异不明显；株高和根深的变化趋势要比对照组大，表明试验组的增长速度要比对照组快，生长发育好。以上结果说明气化渣掺入风沙土中能对糜子的生长起促进作用。

表 7.21　糜子作物性状结果

作物性状		7 月 6 日	7 月 18 日	8 月 5 日	8 月 23 日
株高 / cm	试验组	79.67 a	99.84 a	160.72 a	175.84a
	对照组	56.51b	79.69 b	143.54 a	157.08 a
茎粗 / mm	试验组	7.48 a	7.23 a	6.65 a	6.99 a
	对照组	6.28 a	6.26 a	6.32 a	5.54 a
根长 / cm	试验组	12.40 a	9.33 a	12.08a	16.00 a
	对照组	8.44 b	9.15 a	11.17 a	13.68a
根宽 / cm	试验组	10.19 a	10.47 a	11.00 a	16.47 a
	对照组	9.47 a	10.80 a	10.98 a	12.81b
地上湿重 / g	试验组	16.97 a	40.94 a	430.37a	58.73a
	对照组	10.89 b	23.11 b	309.89 b	38.00b
地上干重 / g	试验组	5.08 a	57.58 a	102.33a	169.20a
	对照组	2.82 b	42.63 b	79.67 b	123.40b
地下湿重 / g	试验组	66.86 a	39.69 a	50.48 a	69.26 a
	对照组	55.42 b	35.34 a	38.34 b	66.46 a
地下干重 / g	试验组	31.12 a	11.61 a	12.67 a	19.93 a
	对照组	18.20 b	11.99 a	10.00 a	20.04 a

注：同组间不同字母表示处理间差异显著（ P<0.05 ）。

7.2.3　重构土壤对顺鑫玉米生长适应性研究

7.2.3.1　对顺鑫玉米生长性状的影响

玉米顺鑫试验组和对照组的作物性状详见表 7.22。从表 7.22 中可以看出，试验组的株高、茎粗地上地下干湿重都要高于对照组，其中地上干湿重生育期都达到显著水平（ P<0.05 ），株高茎粗的总差异不明显；地上下干湿重的变化趋势要比对照组大，表明试验

组的增长速度要比对照组快，生长发育要好。以上结果说明气化渣掺入风沙土中能对玉米顺鑫的生长起促进作用。

表 7.22　玉米顺鑫作物性状结果

作物性状		6月14日	7月13日	7月26日	8月11日	8月29日
株高 / cm	试验组	45.03 a	187.74a	229.61 a	258.43 a	248.62 a
	对照组	38.03a	148.46 b	222.89 a	225.90 a	223.48 a
茎粗 / mm	试验组	20.65 a	30.69 a	27.51 a	30.96 a	23.37 a
	对照组	19.60 a	30.05 a	25.50 a	27.25a	23.35 a
根长 / cm	试验组	14.10 a	22.92 a	22.92a	24.50 a	29.90 a
	对照组	14.78 a	20.33 a	20.74a	26.01a	27.86 a
根宽 /c m	试验组	25.71 a	22.41 a	20.33 a	26.76 a	20.93a
	对照组	19.85b	21.22 a	17.33 b	24.74 a	21.64 a
地上湿重 / g	试验组	214.20 a	2257.97a	2116.00 a	1092.00a	1816.67a
	对照组	154.56 b	1637.71b	1658.33 b	943.33a	1452.00b
地上干重 / g	试验组	30.61 a	318.20 a	388.48a	483.33a	611.87a
	对照组	22.05b	226.63 b	282.86b	354.67 b	493.46b
地下湿重 / g	试验组	40.59a	591.01 a	567.33 a	404.67a	296.71a
	对照组	32.90 b	423.61 b	304.67b	356.67 b	245.79a
地下干重 / g	试验组	6.18 a	121.11 a	216.30a	112.31 a	52.00a
	对照组	5.00 a	88.45 b	90.28 b	98.94 a	51.33 a

注：同组间不同字母表示处理间差异显著（ $P<0.05$ ）。

7.2.3.2　对玉米顺鑫产量的影响

作物的产量结果详见表 7.23。从表 7.23 中可以看出，作物的试验组的产量要高于对照组，达到了显著水平（ $P<0.05$ ），玉米的产量提高了 10.70%，说明气化渣掺入风沙土中能提高玉米的产量。

表 7.23　作物产量结果

糜子	试验组	对照组	增产率 /%
产量 / ($kg \cdot hm^{-2}$)	753.14a	680.37b	10.70

注：同组间不同字母表示处理间差异显著（ $P<0.05$ ）。

7.2.4　重构土壤对玉米赤单生长适应性研究

7.2.4.1　对玉米赤单生长性状的影响

玉米赤单试验组和对照组的作物性状详见表 7.24。从表 7.24 中可以看出，试验组的株高、茎粗、根深和叶绿素含量都要高于对照组，其中茎粗和叶绿素 a 达到显著水平（ $P<0.05$ ），茎粗、根长、根宽的总差异不明显；株高、地下干湿重的变化趋势要比对照组

大，表明试验组的增长速度要比对照组快，生长发育要好。以上结果说明气化渣掺入风沙土中能对玉米赤单的生长起促进作用。

表 7.24 玉米赤单作物性状结果

作物性状		6月11日	7月13日	7月26日	8月11日	8月29日
株高/cm	试验组	36.79 a	165.08 a	246.06a	256.33a	244.69a
	对照组	33.82a	132.87b	219.18b	229.06b	239.17a
茎粗/mm	试验组	18.35 a	31.49 a	26.86 a	28.30a	26.09a
	对照组	17.18a	32.46 a	28.95 a	29.64 a	20.68b
根长/cm	试验组	14.42 a	21.19a	21.53a	26.62a	24.76 a
	对照组	15.40 a	18.16 a	20.93a	24.44 a	21.64 a
根宽/cm	试验组	19.28a	20.83 a	21.69 a	27.36a	23.43 a
	对照组	18.81 a	20.71 a	21.84 a	26.44 a	20.43 a
地上湿重/g	试验组	120.76 a	1972.32 a	2597.67 a	1108.00 a	2003.33a
	对照组	113.82 a	1861.49a	2141.33 b	1002.00 a	1561.33b
地上干重/g	试验组	17.76 a	321.11a	479.89 a	506.67a	634.00 a
	对照组	15.47 a	297.44 a	379.71 b	478.67a	486.29b
地下湿重/g	试验组	31.32 a	501.36 a	783.33 a	398.67 a	364.87 a
	对照组	25.42 b	430.36 b	465.33 b	394.00 a	231.63b
地下干重/g	试验组	4.02a	87.39 a	278.95a	109.63a	72.67 a
	对照组	3.57a	86.88 a	163.41 b	109.65a	50.67 b

注：同组间不同字母表示处理间差异显著（$P<0.05$）。

7.2.4.2 对玉米赤单产量的影响

作物的产量结果详见表 7.25。从表 7.25 中可以看出，作物的试验组的产量要高于对照组，达到了显著水平（$P<0.05$），玉米的产量提高了 15.13%，说明气化渣掺入风沙土中能提高玉米赤单的产量。

表 7.25 作物产量结果

玉米赤单	试验组	对照组	增产率/%
产量/($kg \cdot hm^{-2}$)	764.66a	664.20b	15.13

注：同组间不同字母表示处理间差异显著（$P<0.05$）。

7.2.5 重构土壤对大麻生长适应性研究

7.2.5.1 对大麻生长性状的影响

大麻试验组和对照组的作物性状详见表 7.26。从表 7.26 中可以看出，试验组的株高、茎粗、根深和叶绿素含量都要高于对照组，其中地下湿重全生育期差异达到显著水平（$P<0.05$），茎粗的总差异不明显；株高、地下湿重的变化趋势要比对照组大，表明试

验组的增长速度要比对照组快，生长发育要好。以上结果说明气化渣掺入风沙土中能对大麻的生长起促进作用。

表 7.26　大麻作物性状结果

作物性状		6 月 11 日	7 月 18 日	8 月 6 日	9 月 12 日
株高 / cm	试验组	31.51a	223.81 a	262.92 a	275.81 a
	对照组	27.19 a	206.11 a	236.26 a	201.98 b
茎粗 / mm	试验组	7.88 a	21.55 a	26.99 a	24.65a
	对照组	7.27 a	23.14 a	26.46 a	21.26 a
根长 / cm	试验组	10.96 a	28.32a	20.61 a	21.93 a
	对照组	11.85 a	18.24 b	23.41 a	23.02 a
根宽 / cm	试验组	10.51a	30.96 b	53.17 a	71.90a
	对照组	7.55 a	37.20 a	54.01 a	51.42 b
地上湿重 / g	试验组	132.74 a	2180.67 b	1362.67 a	2037.33a
	对照组	69.73 b	2901.33a	962.67 b	1298.67b
地上干重 / g	试验组	29.75 a	498.67b	407.32 a	336.25a
	对照组	16.55b	619.83 a	274.27 b	378.00a
地下湿重 / g	试验组	11.82 a	372.00 a	192.67 a	278.00 a
	对照组	6.35 b	332.00 a	139.33b	188.67 b
地下干重 / g	试验组	2.87 a	68.67 a	48.82 b	71.00 a
	对照组	1.73 b	79.43 a	84.97 a	46.33 b

注：同组间不同字母表示处理间差异显著（$P<0.05$）。

7.2.5.2　对大麻产量的影响

作物的产量结果详见表 7.27。从表 7.27 中可以看出，作物的试验组的产量要高于对照组，达到了显著水平（$P<0.05$），大麻的产量提高了 9.88%，说明气化渣掺入风沙土中能提高大麻的产量。

表 7.27　作物产量结果

大麻	试验组	对照组	增产率 / %
产量 / （$kg \cdot hm^{-2}$）	251.02a	228.45b	9.88

注：同组间不同字母表示处理间差异显著（$P<0.05$）。

7.2.6　重构土壤对蓖麻生长适应性研究

7.2.6.1　对蓖麻生长性状的影响

蓖麻试验组和对照组的作物性状详见表 7.28。从表 7.28 中可以看出，试验组的株高、茎粗、根深和叶绿素含量都要高于对照组，其中茎粗和地上下干湿重在生育期后期达到显著水平（$P<0.05$），根长的总差异不明显；株高、茎粗和地上下干湿重的变化趋势要比对

照组大，表明试验组的增长速度要比对照组快，生长发育要好。以上结果说明气化渣掺入风沙土中能对蓖麻的生长起促进作用。

表 7.28　蓖麻作物性状结果

作物性状		6 月 19 日	7 月 1 日	7 月 30 日	9 月 18 日
株高 / cm	试验组	14.54 a	30.73a	90.34 a	95.83 a
	对照组	16.54 a	28.47 a	71.99 b	88.63 a
茎粗 / mm	试验组	8.11a	13.30 a	22.45 a	23.24 a
	对照组	8.10 a	13.77 a	17.27 b	21.66 a
根长 / cm	试验组	15.92 a	20.20 a	24.06 a	26.91a
	对照组	15.32 a	18.52 a	24.56 a	27.43 a
根宽 / cm	试验组	8.23 a	20.46 a	40.48a	56.00a
	对照组	8.87 a	20.83 a	36.53 b	50.30b
地上湿重 / g	试验组	57.42a	487.22 a	2251.33 a	2548.00 a
	对照组	48.85 a	477.54 a	1642.67 b	1614.67 b
地上干重 / g	试验组	34.32 a	74.46 a	560.94 a	712.73 a
	对照组	42.30 a	73.75 a	260.04 b	475.84 b
地下湿重 / g	试验组	35.58 a	57.10 a	200.67 a	240.00 a
	对照组	34.41 a	50.37 a	104.67 b	182.67 b
地下干重 / g	试验组	5.69 a	8.77 a	51.40 a	60.77 a
	对照组	5.45 a	9.18 a	25.56 b	42.36 b

注：同组间不同字母表示处理间差异显著（P<0.05）。

7.2.6.2　对蓖麻产量的影响

作物的产量结果详见表 7.29。从表 7.29 中可以看出，作物的试验组的产量要高于对照组，达到了显著水平（P<0.05），蓖麻的产量提高了 9.59%，说明气化渣掺入风沙土中能提高蓖麻的产量。

表 7.29　作物产量结果

亚麻	试验组	对照组	增产率 / %
产量 / （$kg \cdot hm^{-2}$）	310.96a	283.74b	9.59

注：同组间不同字母表示处理间差异显著（P<0.05）。

7.3　2020 年重构土壤对作物生长适应性

7.3.1　重构土壤对菊芋生长适应性研究

7.3.1.1　对菊芋土壤含水率的影响

菊芋试验组和对照组 0 ～ 50 cm 厚度土壤含水率变化趋势见图 7.8。从图 7.8 中可以看出，对于菊芋整个生育期，试验组 0 ~ 10 cm 厚度土层的含水率都要高于对照组，达到了极显著水平（$P<0.05$）；试验组 10 ~ 20 cm 厚度土层的含水率也基本高于对照组，达到显著水平（$P<0.05$），但是差异程度没有 0 ~ 10 cm 厚度土层那么明显；在 0 ~ 50 cm 厚度土层，试验组与对照组的含水率相差不多，差异性不显著（$P>0.05$）。

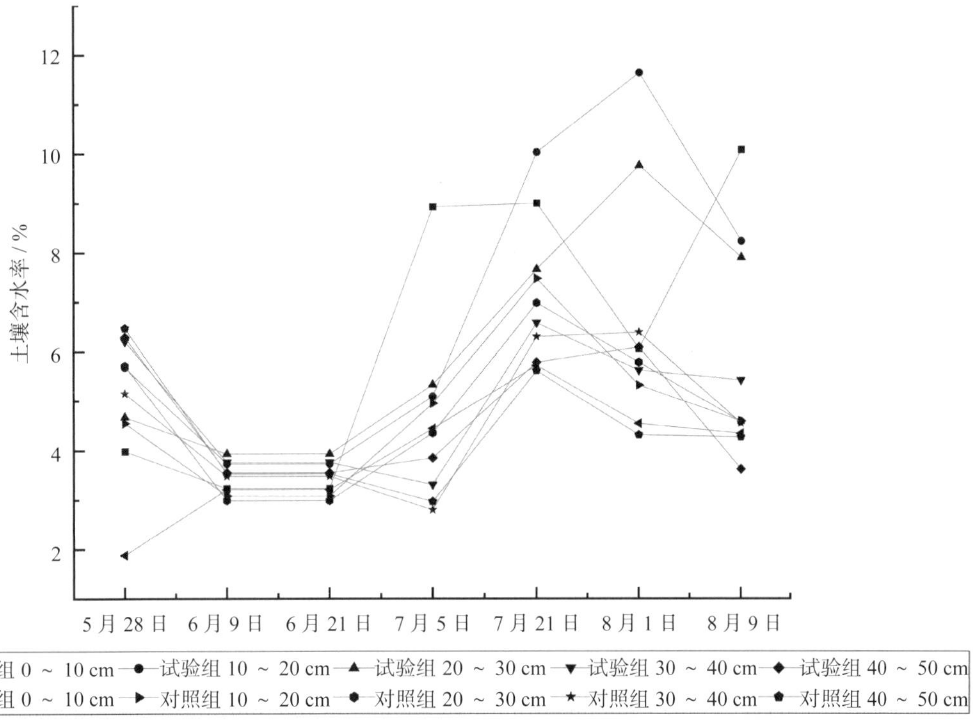

图 7.8　土壤水分动态变化

7.3.1.2　对菊芋土壤肥力的影响

菊芋试验组和对照组的土壤养分含量详见表 7.30。从表 7.30 中可以看出，在菊芋各生育期内，试验组的土壤养分含量基本都要高于对照组，其中全盐含量在幼苗期、开花期达到显著水平，整个生育期内提高了 18.66% ~ 140.97%；有机质含量在整个生育期内达到显著水平，整个生育期内提高了 20.58% ~ 212.09%；全氮含量在幼苗期、开花期、成熟期内达到显著水平，整个生育期内提高了 67.72% ~ 113.52%；碱解氮含量在开花期、成熟期内达到显著水平，整个生育期内提高了 10.22% ~ 44.10%；有效磷在幼苗期、成熟期达到显著水平，整个生育期内提高了 11.79% ~ 174.08%；速效钾含量在整个生育期内不显著，提高了 2.44% ~ 15.00%。由于土壤养分含量基数小，所以有些含量变化幅度大。

表 7.30　菊芋土壤养分含量结果

土壤养分		6月9日	7月23日	8月28日	9月21日
全盐 /($g \cdot kg^{-1}$)	试验组	2.523 a	0.655 a	1.603 a	1.002 a
	对照组	1.047 b	0.552 a	1.311 b	0.831 a
有机质 /($g \cdot kg^{-1}$)	试验组	10.286 a	9.562 a	14.942 a	16.750 a
	对照组	4.866 b	5.692 b	5.676 b	5.367 b

续表

土壤养分		6月9日	7月23日	8月28日	9月21日
全氮 /%	试验组	2.014 a	0.478 a	1.247 a	1.838 a
	对照组	1.243 b	0.285 a	0.584 b	1.268 b
碱解氮 /($mg \cdot kg^{-1}$)	试验组	35.415 a	16.740 a	18.844 a	9.614 a
	对照组	35.547 a	15.188 a	13.077 b	6.881 b
有效磷 /($mg \cdot kg^{-1}$)	试验组	35.483 a	14.209 a	11.936 a	13.622 a
	对照组	29.215 b	12.710 a	10.011 a	4.970 b
速效钾 /($mg \cdot kg^{-1}$)	试验组	72.065 a	69.654 a	63.135 a	45.042 a
	对照组	71.346 a	60.568 a	60.777 a	39.610 a

注：同组间不同字母表示处理间差异显著（$P<0.05$）。

7.3.1.3 对菊芋生长性状的影响

菊芋试验组和对照组的作物性状详见表7.31。从表7.31中可以看出，试验组的株高、茎粗、根深和叶绿素含量都要高于对照组，其中株根深在所有生育期达到显著水平（$P<0.05$），叶绿素b的差异不明显；株高、茎粗和根深前期的变化趋势要比对照组大，表明试验组前期增长速度要比对照组快，生长发育好。以上结果说明气化渣掺入风沙土中能促进菊芋的生长。

表7.31 菊芋作物性状结果

作物性状		7月8日	7月23日	8月11日
株高 / cm	试验组	62.56 a	136.80 a	146.07 a
	对照组	60.24 a	134.10 a	135.62 b
茎粗 / cm	试验组	11.04 a	11.04 a	17.52 a
	对照组	10.93 a	10.88 a	14.51 b
叶绿素 /($mg \cdot L^{-1}$)	试验组	41.80 a	39.17 a	41.70 a
	对照组	37.97b	38.57 b	34.70 a
根深 / cm	试验组	22.00 a	37.93 a	39.83 a
	对照组	10.00 b	21.07 b	32.83 b

注：同组间不同字母表示处理间差异显著（$P<0.05$）。

7.3.1.4 对菊芋产量的影响

作物的产量结果详见表7.32。从表7.32中可以看出，作物的试验组的产量要高于对照组，达到了显著水平（$P<0.05$），菊芋的产量提高了11.11%，说明气化渣掺入风沙土中能提高菊芋的产量。

表7.32 作物产量结果

菊芋	试验组	对照组	增产率 / %
产量 /($kg \cdot hm^{-2}$)	16875.0a	15187.5a	11.11

注：同组间不同字母表示处理间差异显著（$P<0.05$）。

7.3.2 重构土壤对蓖麻生长适应性研究

7.3.2.1 对蓖麻土壤肥力的影响

蓖麻试验组和对照组的土壤养分含量详见表 7.33。从表 7.33 中可以看出，在蓖麻各生育期内，试验组的土壤养分含量基本都要高于对照组，其中 20 ~ 40 cm 厚度土层全盐含量在达到显著水平，整个生育期内提高了 0.00% ~ 18.75%；有机质含量达到显著水平，提高了 86.48% ~ 96.56%；全氮含量达到显著水平，提高了 66.67% ~ 68.31%；碱解氮含量达到显著水平，提高了 80.14% ~ 166.28%；有效磷达到显著水平，提高了 45.92% ~ 114.74%；速效钾含量达到显著水平，提高了 31.33% ~ 38.33%。由于土壤养分含量基数小，因此有些含量变化幅度大。

表 7.33　蓖麻土壤养分含量结果

土壤养分		0 ~ 20 cm	20 ~ 40 cm
全盐 /($g\cdot kg^{-1}$)	试验组	0.14a	0.19a
	对照组	0.14a	0.16b
有机质 /($g\cdot kg^{-1}$)	试验组	16.04a	6.90a
	对照组	8.14b	3.70b
全氮 / %	试验组	15.61a	16.41a
	对照组	9.36b	9.75b
碱解氮 /($mg\cdot kg^{-1}$)	试验组	25.22a	18.64a
	对照组	14.00b	7.00b
有效磷 /($mg\cdot kg^{-1}$)	试验组	16.75a	8.04a
	对照组	7.80b	5.51b
速效钾 /($mg\cdot kg^{-1}$)	试验组	68.62a	54.27a
	对照组	51.25b	39.23b

注：同组间不同字母表示处理间差异显著（$P<0.05$）。

7.3.2.2 对蓖麻生长性状的影响

蓖麻试验组和对照组的作物性状详见表 7.34。从表 7.34 中可以看出，试验组的株高、茎粗、根深和叶绿素含量都要高于对照组，其中根深全生育期达到显著水平（$P<0.05$），株高、茎粗和叶绿素的差异不明显；根深和根深的变化趋势要比对照组大，表明试验组的增长速度要比对照组快，生长发育好。以上结果说明气化渣掺入风沙土中能对蓖麻的生长起促进作用。

表 7.34　蓖麻作物性状结果

作物性状		6 月 28 日	7 月 25 日	8 月 3 日
株高 / cm	试验组	26.23 a	44.43 a	86.59 a
	对照组	23.47 a	36.89 b	70.64 a
茎粗 / cm	试验组	10.80 a	13.24 a	23.47 a
	对照组	8.66 a	10.15 a	17.61 b

续表

作物性状		6月28日	7月25日	8月3日
叶绿素 /(mg·L^{-1})	试验组	54.65a	59.63a	55.15a
	对照组	57.93a	51.95b	55.60a
根深 / cm	试验组	26.03a	26.79a	33.80 a
	对照组	22.79b	22.51b	28.28 b

注：同组间不同字母表示处理间差异显著（$P<0.05$）。

7.3.2.3 对蓖麻产量的影响

作物的产量结果详见表7.35。从表7.35中可以看出，作物的试验组的产量要高于对照组，达到了显著水平（$P<0.05$），蓖麻的产量提高了32.65%，说明气化渣掺入风沙土中能提高蓖麻的产量。

表7.35 作物产量结果

蓖麻	试验组	对照组	增产率 / %
产量 / (kg·hm^{-2})	193.12a	145.59b	32.65

注：同组间不同字母表示处理间差异显著（$P<0.05$）。

7.3.3 重构土壤对玉米万瑞5号生长适应性研究

7.3.3.1 对玉米万瑞5号土壤肥力的影响

玉米万瑞5号试验组和对照组的土壤养分含量详见表7.36。从表7.36中可以看出，在玉米万瑞5号各生育期内，试验组的土壤养分含量基本都要高于对照组，其中0 ~ 20 cm厚度土层全盐含量达到显著水平，整个生育期内提高了20.68% ~ 30.00%；20 ~ 40 cm厚度土层有机质含量达到显著水平，提高了0.09% ~ 111.75%；全氮含量达到显著水平，提高了45.50% ~ 245.60%；碱解氮含量达到显著水平，提高了80.27% ~ 219.51%；有效磷达到显著水平，整个生育期内提高了18.21% ~ 144.12%；速效钾含量未达到显著水平，提高了9.36% ~ 11.58%。由于土壤养分含量基数小，因此有些含量变化幅度大。

表7.36 玉米万瑞5号土壤养分含量结果

土壤养分		0 ~ 20 cm	20 ~ 40 cm
全盐 /(g·kg^{-1})	试验组	0.35a	0.26b
	对照组	0.29b	0.20b
有机质 /(g·kg^{-1})	试验组	22.68a	13.15a
	对照组	22.66a	6.21b
全氮 / %	试验组	17.33a	14.93a
	对照组	11.91b	4.32b
碱解氮 /(mg·kg^{-1})	试验组	32.27a	27.19a
	对照组	17.90b	8.51b

续表

土壤养分		0 ~ 20 cm	20 ~ 40 cm
有效磷 /（$mg \cdot kg^{-1}$）	试验组	20.78a	19.75a
	对照组	17.51b	8.09b
速效钾 /（$mg \cdot kg^{-1}$）	试验组	55.19a	48.37a
	对照组	49.46a	44.23a

注：同组间不同字母表示处理间差异显著（$P<0.05$）。

7.3.3.2　对玉米万瑞 5 号生长性状的影响

玉米万瑞 5 号试验组和对照组的作物性状详见表 7.37。从表 7.37 中可以看出，试验组的株高、茎粗、根深和叶绿素含量都要高于对照组，其中茎粗、叶绿素达到显著水平（$P<0.05$）；株高、茎粗和根深的变化趋势要比对照组大，表明试验组的增长速度要比对照组快，生长发育要好。以上结果说明气化渣掺入风沙土中能对玉米万瑞 5 号的生长起促进作用。

表 7.37　玉米万瑞 5 作物性状结果

作物性状		7 月 12 日	7 月 23 日	8 月 11 日
株高 / cm	试验组	146.56 a	226.40 a	241.68a
	对照组	131.71 b	219.59 a	237.86a
茎粗 / cm	试验组	26.07 a	26.58 a	31.01 a
	对照组	27.09 a	26.63 a	25.00 b
叶绿素 /（$mg \cdot L^{-1}$）	试验组	59.40 a	52.85 a	55.78 a
	对照组	57.93 a	53.82 a	55.97a
根深 / cm	试验组	19.23 a	27.68 a	27.53 a
	对照组	18.08 a	28.71 a	29.06 a

注：同组间不同字母表示处理间差异显著（$P<0.05$）。

7.3.3.3　对玉米万瑞 5 号产量的影响

作物的产量结果详见表 7.38。从表 7.38 中可以看出，作物的试验组的产量要高于对照组，玉米万瑞 5 号的产量提高了 4.16%，说明气化渣掺入风沙土中能提高玉米万瑞 5 号的产量。

表 7.38　作物产量结果

糜子	试验组	对照组	增产率 / %
产量 /（$kg \cdot hm^{-2}$）	10945.25a	10508.19a	4.16

注：同组间不同字母表示处理间差异显著（$P<0.05$）。

7.3.4　重构土壤对玉米中榆 968 生长适应性研究

7.3.4.1　对玉米中榆 968 土壤肥力的影响

玉米中榆 968 试验组和对照组的土壤养分含量详见表 7.39。从表 7.39 中可以看出，玉米中榆 968 试验组的土壤养分含量基本都要高于对照组，其中全盐含量达到显著水平，整个生育期内提高了 23.52% ～ 33.33%；有机质含量达到显著水平，提高了 32.07% ～ 36.61%；全氮含量达到显著水平，提高了 28.77% ～ 43.44%；碱解氮含量达到显著水平，提高了 4.22% ～ 39.57%；有效磷达到显著水平，整个生育期内提高了 23.12% ～ 151.47%；速效钾含量未达到显著水平，提高了 14.85% ～ 17.39%。由于土壤养分含量基数小，因此有些含量变化幅度大。

表 7.39　玉米中榆 968 土壤养分含量结果

土壤养分		0 ～ 20 cm	20 ～ 40 cm
全盐 /(g·kg^{-1})	试验组	0.24a	0.21a
	对照组	0.18b	0.17b
有机质 /(g·kg^{-1})	试验组	2.91a	2.80a
	对照组	2.13b	2.12b
全氮 /%	试验组	7.34a	5.58a
	对照组	5.70b	3.89b
碱解氮 /(mg·kg^{-1})	试验组	30.40a	22.18a
	对照组	21.78b	21.28a
有效磷 /(mg·kg^{-1})	试验组	11.97a	14.11a
	对照组	4.76b	11.46a
速效钾 /(mg·kg^{-1})	试验组	48.72a	48.24a
	对照组	41.50a	42.02a

注：同组间不同字母表示处理间差异显著（$P<0.05$）。

7.3.4.2　对玉米中榆 968 生长性状的影响

玉米中榆 968 试验组和对照组的作物性状详见表 7.40。从表 7.40 中可以看出，试验组的株高、茎粗、根深和叶绿素含量都要高于对照组，其中根深达到显著水平（$P<0.05$），株高、叶绿素和茎粗的总差异不明显；株高、茎粗和根深的变化趋势要比对照组大，表明试验组的增长速度要比对照组快，生长发育要好。以上结果说明气化渣掺入风沙土中能对玉米中榆 968 的生长起促进作用。

表 7.40　玉米中榆 968 作物性状结果

作物性状		7 月 12 日	7 月 28 日	8 月 9 日
株高 / cm	试验组	143.98a	229.92a	171.66 a
	对照组	112.74 a	219.94b	212.52 a
茎粗 / cm	试验组	27.74 a	24.50 a	27.44 a
	对照组	28.49 a	25.04 a	26.33 a
叶绿素 /(mg·L^{-1})	试验组	54.87 a	59.03 a	54.00 a
	对照组	51.65 a	62.90 a	53.85 a
根深 / cm	试验组	29.11 a	28.60a	28.69 a
	对照组	23.30 b	25.09 b	26.98a

注：同组间不同字母表示处理间差异显著（$P<0.05$）。

7.3.4.3 对玉米中榆 968 产量的影响

作物的产量结果详见表 7.41。从表 7.41 中可以看出，作物的试验组的产量要高于对照组，未达到显著水平（$P<0.05$），产量提高了 2.26%，说明气化渣掺入风沙土中能提高玉米中榆 968 的产量。

表 7.41 作物产量结果

玉米赤单	试验组	对照组	增产率 / %
产量 / ($kg \cdot hm^{-2}$)	717.17 a	701.33 a	2.26

注：同组间不同字母表示处理间差异显著（$P<0.05$）。

7.3.5 重构土壤对大麻生长适应性研究

7.3.5.1 对大麻土壤肥力的影响

大麻试验组和对照组的土壤养分含量详见表 7.42。从表 7.42 中可以看出，试验组的土壤养分含量基本都要高于对照组，其中全盐含量在出苗期、拔节期未达到显著水平，整个生育期内提高了 0.00% ~ 7.69%；0 ~ 20 cm 厚度土层全氮含量达到显著水平，整个生育期内提高了 14.45% ~ 20.28%；碱解氮含量达到显著水平，整个生育期内提高了 14.16% ~ 139.34%；有效磷在达到显著水平，整个生育期内提高了 30.31% ~ 73.42%；速效钾含量在出苗期、抽雄期、灌浆期、成熟期内达到显著水平，提高了 2.45% ~ 20.84%。由于土壤养分含量基数小，因此有些含量变化幅度大。

表 7.42 大麻土壤养分含量结果

土壤养分		0 ~ 20 cm	20 ~ 40 cm
全盐 /($g \cdot kg^{-1}$)	试验组	0.31a	0.28a
	对照组	0.31a	0.26a
全氮 / %	试验组	12.69a	7.68a
	对照组	10.55b	6.71a
碱解氮 /($mg \cdot kg^{-1}$)	试验组	13.14a	9.55a
	对照组	11.51b	3.99b
有效磷 /($mg \cdot kg^{-1}$)	试验组	42.94a	11.81a
	对照组	32.95b	6.81b
速效钾 /($mg \cdot kg^{-1}$)	试验组	62.89a	50.00a
	对照组	52.04b	48.87a

注：同组间不同字母表示处理间差异显著（$P<0.05$）。

7.3.5.2 对大麻生长性状的影响

大麻试验组和对照组的作物性状详见表 7.43。从表 7.43 中可以看出，试验组的株高、茎粗、根深和叶绿素含量都要高于对照组，其中叶绿素的总差异不明显；株高、茎粗和根深的变化趋势要比对照组大，表明试验组的增长速度要比对照组快，生长发育要好。以上结果说明气化渣掺入风沙土中能对大麻的生长起促进作用。

表 7.43　大麻作物性状结果

作物性状		7 月 25 日	8 月 3 日	9 月 14 日
株高 /cm	试验组	94.27 a	112.44 a	211.52 a
	对照组	92.83 a	101.17 a	171.27 b
茎粗 /cm	试验组	11.07 a	12.82 a	19.19 a
	对照组	10.27 a	12.22 a	15.98 b
叶绿素 /（mg·L^{-1}）	试验组	52.68 a	55.50 a	54.38 a
	对照组	51.92 a	51.77 a	51.49 a
根深 /cm	试验组	29.79 a	23.67 a	31.79 a
	对照组	25.39 b	25.93 a	23.69 b

注：同组间不同字母表示处理间差异显著（$P<0.05$）。

7.3.5.3　对大麻产量的影响

作物的产量结果详见表 7.44。从表 7.44 中可以看出，作物的试验组的产量要高于对照组，达到了显著水平（$P<0.05$），试验组产量提高了 36.19%，说明气化渣掺入风沙土中能提高大麻的产量。

表 7.44　作物产量结果

大麻	试验组	对照组	增产率 / %
产量 /（kg·hm^{-2}）	110.25a	80.96b	36.19

注：同组间不同字母表示处理间差异显著（$P<0.05$）。

7.4　小结

由于风沙土的粒径大，大孔隙多，极容易造成水养流失和生产力低下，尤其在作物生长后期，水分和养分不足会抑制作物的生长发育，影响作物产量；根据对当地的农作物种植情况方面的调查发现，当地的大多数农作物生长期期间均需要进行多次灌溉，特别是玉米，并且由于当地降水不均和个别极端气候原因，加剧了当地作物对水分的需求，极大地提高了作物的种植成本，所以水分不仅限制着风沙地作物生长，还限制当地生产力。通过对风沙土土壤 0 ~ 50 cm 厚度含水率的研究发现，气化渣的掺入对 4 种作物 0 ~ 20 cm 厚度土层含水率的影响都比较大，也最为显著，原因一是与气化渣的施入深度有一定的关系，在气化渣施用于风沙土表面后，旋耕深度只有 15 cm；原因二是气化渣在形成过程中由于煤气化过程的高温（800 ~ 1300℃）和激冷作用，气化渣呈现出比表面积大、多孔均孔特性，使其具有较高的水吸附能力，能够吸收数倍于自身重量的水分，所以将气化渣掺入风沙土中，就相当于在表层土内形成了一种“储水池”，从而提高了风沙土的含水率。

通过对 4 种作物不同生育期内土壤养分含量的测定发现，风沙土中施加气化渣后，明显提高了土壤的养分含量，提升的原因可分为两个方面：①气化渣改善了风沙土土壤结构，显著提升了土壤的保水性能，减少了土壤养分随水分的流失；②气化渣自身含有大量的土壤营养元素，这些元素逐渐释放到土壤中，提高了土壤的养分含量，尤其是气化渣中含有大量有机质，显著增加了土壤有机质的含量，提高了土壤肥力，对提高作物产量起到了促进作用。

通过对 4 种作物不同生育期的植株性状和产量的研究发现，风沙土中掺入气化渣后，明显提高了作物株高、茎粗、叶绿素含量和根深，促进了作物的生长发育，主要原因是掺入气化渣后改良了风沙土的理化性状，改善了土壤水分和养分含量状况，提高了土壤肥力，为作物提供了较好的水分和养分环境，使作物生长发育良好，为作物产量的提高提供了重要的支撑。

各种作物的试验组的产量均要高于对照组，达到了显著水平（$P<0.05$），菊芋的产量提高了 6.21%，糜子的产量提高了 10.20%，玉米伊单的产量提高了 7.92%，玉米赤单的产量提高了 9.03%。说明气化渣掺入风沙土中能提高作物的产量。

最后，得出以下结论：

（1）气化渣掺入风沙土后可以提高土壤 0 ~ 20 cm 厚度土层含水率

通过对 4 种不同作物土壤 0 ~ 50 cm 厚度含水率的研究发现，风沙土中掺入水煤浆气化渣后，均显著提高了 4 种作物 0 ~ 20 cm 厚度土壤的含水率，对 20 ~ 50 cm 厚度土层含水率无影响，为作物生长发育和提高产量提供了较好的水环境。

（2）气化渣掺入风沙土后可以提高土壤的养分含量

通过对 4 种作物不同生育期内土壤养分含量的测定发现，风沙土中施加气化渣后，均明显提高了土壤的养分含量，为作物生长发育和提高产量提供了良好的物质条件。

（3）气化渣掺入风沙土后可以促进作物生长并提高作物产量

通过对 4 种作物不同生育期的植株性状和产量的研究发现，风沙土中掺入气化渣后，明显提高了作物株高、茎粗、叶绿素含量和根深，促进了作物的生长发育，显著提高了作物产量。

综上所述，掺入气化渣后改善了风沙土的土壤水分和养分含量状况，提高了土壤肥力，为作物提供了较好的水分和养分环境，使作物的生长发育良好，为作物产量的提高提供了重要的支撑，进一步说明气化渣对风沙土的改良效果明显。

第 8 章　施加气化渣对环境与生态的影响

8.1　不同作物对重金属的响应

从图 8.1 至图 8.3 可以看出，菊芋、玉米赤单 208、玉米伊单 131 对照与试验样地的 5 种重金属含量总体表现为根较茎和籽实相比含量较高。籽实的重金属含量满足《食品安全国家标准》（GB2762—2012）。表 8.1 中，试验地的菊芋籽实的 5 种重金属含量均低于玉米

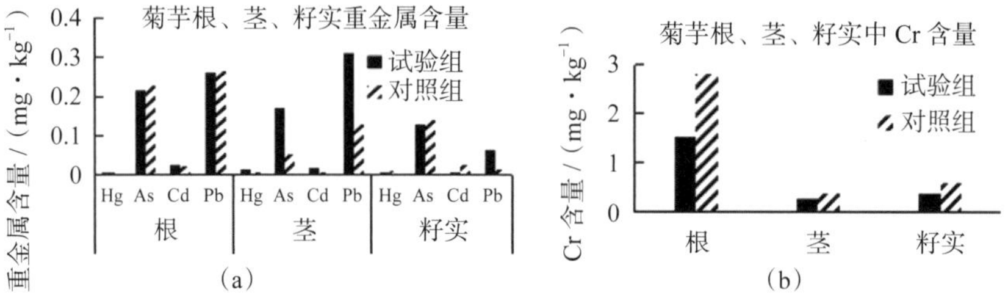

图 8.1　菊芋根、茎、果实重金属含量

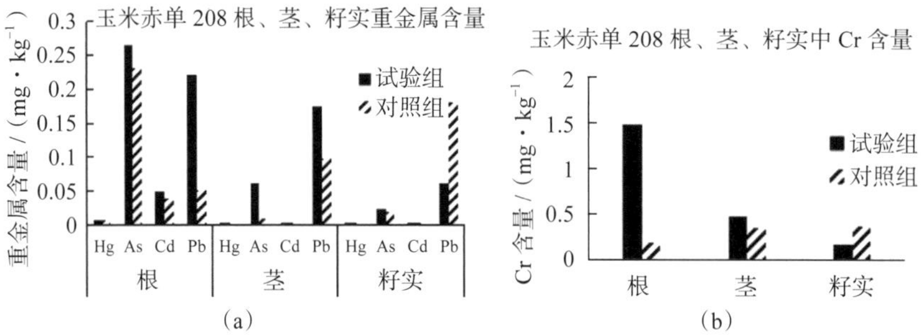

图 8.2　玉米赤单 208 根、茎、果实重金属含量

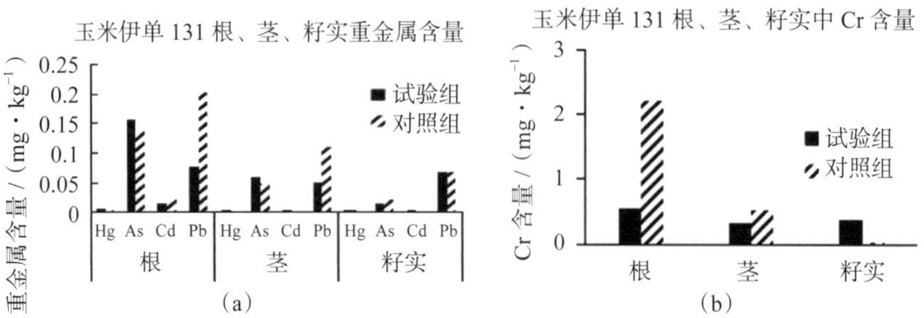

图 8.3　玉米伊单 131 根、茎、果实重金属含量

赤单208、玉米伊单131，故菊芋对改良土壤适应性较强，同时菊芋对5种重金属的富集作用最为明显，尤其是对重金属Hg的富集作用，可以达到80%，如表8.1和表8.2所示。

表8.1 不同作物中5种重金属的含量

器官	作物	处理	Hg含量 / (mg·kg^{-1})	As含量 / (mg·kg^{-1})	Cd含量 / (mg·kg^{-1})	Cr含量 / (mg·kg^{-1})	Pb含量 / (mg·kg^{-1})
根	JY	试验	0.005	0.217	0.027	1.533	0.261
		对照	0.006	0.227	0.021	2.800	0.264
	CD	试验	0.007	0.265	0.049	1.503	0.220
		对照	0.007	0.231	0.039	0.180	0.052
	YD	试验	0.006	0.156	0.015	0.553	0.077
		对照	0.006	0.136	0.021	2.200	0.202
茎	JY	试验	0.013	0.172	0.017	0.287	0.310
		对照	0.002	0.053	0.002	0.380	0.130
	CD	试验	0.001	0.062	0.001	0.473	0.173
		对照	0.001	0.008	0.001	0.350	0.098
	YD	试验	0.001	0.060	0.001	0.340	0.050
		对照	0.002	0.048	0.000	0.530	0.110
籽实	JY	试验	0.002	0.130	0.007	0.387	0.062
		对照	0.012	0.139	0.026	0.590	0.013
	CD	试验	0.002	0.022	0.001	0.163	0.061
		对照	0.002	0.019	0.002	0.370	0.180
	YD	试验	0.001	0.015	0.001	0.370	0.067
		对照	0.001	0.023	0.001	0.005	0.067

表8.2 不同作物中5种重金属的富集　　单位：mg·kg^{-1}

作物	Hg	As	Cd	Cr	Pb
JY	0.804	0.010	0.009	0.003	0.004
CD	0.152	0.001	0.001	0.002	0.001
YD	0.137	0.003	0.001	0.004	0.002

8.2 气化渣对土壤重金属含量的影响

数据表明，随着施加的气化渣数量增多，土壤中不同重金属的含量也随着增加，且同为5 cm厚度的气化渣、粉煤灰，粉煤灰的添加对土壤中重金属的含量影响最小（表8.3）。5 cm厚度气化细渣添加样地土壤重金属含量最大值分别是Cr（106.43 mg/kg）、Ni（22.94 mg/kg）、Cu（18.68 mg/kg）、Zn（105.66 mg/kg）、Cd（0.47 mg/kg）、Pb（39.98 mg/kg）；10 cm厚度气化细渣添加样地土壤重金属含量最大值分别是Cr（219.46 mg/kg）、Ni（32.10 mg/kg）、Cu（24.12 mg/kg）、Zn（178.32 mg/kg）、Cd（0.56 mg/kg）、Pb（59.66 mg/kg）；5 cm厚度粉煤灰添加样地土壤重金属含量最大值分别是 Cr（91.61 mg/kg）、Ni（19.49 mg/kg）、Cu（12.07 mg/kg）、Zn（81.14 mg/kg）、Cd（0.42 mg/kg）、Pb（29.27 mg/kg）；气化粗渣添加样地土壤重金属含量最大值出现在 12 cm 厚度气化粗渣添加样地，分别是 Cr（175.33 mg/kg）、Ni（27.78 mg/kg）、Cu（22.80 mg/kg）、Zn（166.01 mg/kg）、Cd（0.45 mg/kg）、Pb（85.59 mg/kg）。

表 8.3　固体废物添加样地土壤重金属含量

作物	处理方式	重金属含量 /（mg・kg^{-1}）					
		Cr	Ni	Cu	Zn	Cd	Pb
公司土豆	对照	30.70	13.70	10.19	73.06	0.00	16.95
	5 cm 厚度气化细渣	89.16	20.01	18.68	82.98	0.35	20.19
	10 cm 厚度气化细渣	155.67	27.69	21.12	178.32	0.53	47.72
	5 cm 厚度粉煤灰	106.43	19.08	9.88	71.23	0.15	28.51
公司玉米	对照	30.72	13.7	10.19	73.06	0.00	16.95
	5 cm 厚度气化细渣	53.01	22.94	17.21	87.73	0.47	30.95
	10 cm 厚度气化细渣	219.46	23.26	24.12	166.36	0.56	51.23
	5 cm 厚度气化细渣	79.03	19.01	15.79	105.66	0.23	39.98
王家土豆	对照	31.73	11.13	6.04	19.11	0.00	27.49
	10 cm 厚度气化细渣	146.11	32.1	21.01	144.85	0.50	59.66
	5 cm 厚度气化细渣	82.74	19.59	16.03	97.09	0.11	37.48
	5 cm 厚度粉煤灰	39.58	19.49	12.07	81.14	0.42	20.28
王家玉米	对照	33.4	13.37	5.85	35.62	0.00	23.92
	5 cm 厚度气化细渣	78.06	20.02	16.83	48.78	0.47	33.32
	5 cm 厚度粉煤灰	91.61	11.32	11.26	76.11	0.15	29.27
水稻样地	对照	37.88	18.87	15.66	76.47	0.24	16.2
	8 cm 厚度气化粗渣	75.83	21.52	20.83	147.46	0.33	58.55
	5 cm 厚度气化粗渣	63.05	16.5	18.8	149.89	0.28	50.13
消防样地	对照	37.57	18.04	14.8	89.96	0.16	29.34
	12 cm 厚度气化粗渣	175.33	27.78	22.8	166.01	0.45	85.59
	5 cm 厚度气化细渣	83.96	22.36	14.03	90.21	0.15	23.36
	8 cm 厚度气化粗渣	79.75	26.84	20.19	136.54	0.37	70.28
	土壤标准值	350	60	100	300	0.6	350

注：参考标准:《土壤环境质量标准》（GB15618 — 1995）。

虽然施加固体废物后，土壤中的重金属含量不超出《土壤环境质量标准》(GB15618—1995)，但却导致土壤中重金属含量有显著的增加，如添加 10 cm 厚度气化细渣的土豆样地土壤重金属含量是相应对照土壤的 2.02 ~ 5.07 倍，添加 8 cm 厚度粗渣的水稻样地重金属含量是相应对照土壤的 1.14 ~ 3.61 倍，此外，施加 12 cm 厚度的粗渣导致土壤中重金属 Pb 的含量超出《食用农产品产地环境质量评价标准》（HJ/T332—2006），考虑到土壤中重金属的累积与富集作用，且表 8.3 所列结果仅说明施加渣土 1 年内对土壤重金属含量的影响，长期施加是否会导致土壤中重金属含量超标需做进一步的长期监测。

随着土壤垂直深度的增加，土壤重金属含量和对照相比，没有显著增加（$P>0.05$）。可见，由于重金属难于迁移转化，渣土中重金属主要富集在土壤耕层，对下层土壤重金属含量影响较小。

8.3 农作物籽粒重金属含量

虽然施加固体废物后，籽粒中的重金属含量不超出《食品安全国家标准》(GB-2762—2012)，但却导致籽粒中重金属含量有显著的增加，如表 8.4 所列，添加 8 cm 厚度气化粗渣的消防基地玉米样地玉米种重金属含量是相应对照籽粒的 1.01 ~ 4.50 倍，添加 10 cm 厚度细渣的王家基地土豆样地土豆中重金属含量是相应对照籽粒的 1.20 ~ 2.00 倍。由此可见，虽然 1 年的固体废物添加不会导致籽粒中的重金属含量超出标准阈值，但却使其与对照相比有显著提高，可见其具有一定的潜在风险，长期施加是否会导致籽粒中重金属含量超标需做进一步的长期监测。

表 8.4　固体废物添加样地农作物籽粒重金属含量

作物	样地	处理方式	重金属含量 / ($mg \cdot kg^{-1}$)						
			Cr	Ni	Cu	Zn	As	Cd	Pb
玉米	公司基地	对照	0.21	0.06	4.68	10.18	0.00	0.00	0.02
		5 cm 厚度气化细渣	0.24	0.10	4.84	12.82	0.00	0.00	0.09
		10 cm 厚度气化细渣	0.44	0.15	5.63	16.69	0.00	0.00	0.12
	消防基地	5 cm 厚度气化细渣	0.47	0.21	5.33	24.89	0.01	0.00	0.08
		8 cm 厚度气化粗渣	0.53	0.23	4.72	12.73	0.00	0.00	0.09
	王家基地	5 cm 厚度粉煤灰	0.60	0.13	4.44	11.09	0.00	0.04	0.11
	食品卫生标准（玉米）		1.0	0.4	10.0	50.0	0.5	0.1	0.2
水稻		对照	0.31	0.10	3.26	9.97	0.06	0.00	0.08
		8 cm 厚度气化粗渣	0.53	0.13	3.55	9.42	0.11	0.06	0.11
		5 cm 厚度气化粗渣	0.30	0.26	4.64	9.12	0.07	0.00	0.12
	食品卫生标准（水稻）		1.0	0.4	10.0	50.0	0.2	0.2	0.2
土豆	王家基地	对照	0.20	0.05	5.27	8.14	0.01	0.00	0.16
		5 cm 厚度气化细渣	0.27	0.06	6.49	10.82	0.05	0.05	0.15
		10 cm 厚度气化细渣	0.39	0.06	7.54	12.02	0.02	0.06	0.09
		5 cm 厚度粉煤灰	0.28	0.10	7.47	14.61	0.00	0.00	0.11
	消防基地	12 cm 厚度气化粗渣	0.22	0.12	4.48	15.78	0.00	0.00	0.08
	公司基地	对照	0.33	0.06	5.91	10.73	0.00	0.00	0.00
		5 cm 厚度气化细渣	0.12	0.09	7.72	12.17	0.00	0.00	0.15
		10 cm 厚度气化细渣	0.13	0.15	7.33	14.89	0.00	0.00	0.05
		5 cm 厚度粉煤灰	0.45	0.09	8.06	14.57	0.00	0.00	0.05
	食品卫生标准（土豆）		0.5	0.3	10.0	20.0	0.5	0.1	0.3

注：参考标准:《食品安全国家标准 —— 食品中污染物限量》(GB-2762 — 2012)。

数据表明，随着固体废物施加量的增加，当季籽粒中的重金属含量随之升高，但基于已开展的样地布设基础上，10 cm 厚度气化细渣、12 cm 厚度气化粗渣、5 cm 厚度粉煤灰的添加量都不会导致籽粒中重金属含量超出《食品安全国家标准》(GB-2762—2012)。

8.4 根茎叶重金属含量情况

数据表明，添加了不同固体废物的样地，当季农作物根茎叶重金属含量总体表现为根>茎>叶（表 8.5）。如添加 5 cm 厚度气化细渣的王家玉米样地，根茎叶中重金属 Cr 的含量分别为 10.65 mg/kg、8.47 mg/kg 和 4.24 mg/kg，重金属 Cd 的含量在茎叶中含量低于监测浓度，但在根中的浓度为 0.064 mg/kg。

表 8.5　固体废物添加样地农作物根茎叶重金属含量

作物	样地	处理方式	含量 /(mg·kg^{-1})						
			Cr	Ni	Cu	Zn	As	Cd	Pb
根	WY	对照	8.62	1.58	3.96	16.15	0.84	0.000	2.27
	XY	5 cm 厚度粉煤灰	15.62	8.37	7.29	22.52	9.02	0.035	6.06
	WY	5 cm 厚度气化细渣	10.65	5.90	5.90	21.04	4.47	0.064	5.59
	XY	8 cm 厚度气化粗渣	16.09	6.03	5.84	16.15	4.29	0.000	2.29
茎	WY	对照	5.16	0.29	2.72	14.35	0.12	0.000	0.27
	WY	5 cm 厚度粉煤灰	11.26	0.42	2.91	18.90	0.17	0.000	0.14
	WY	5 cm 厚度气化细渣	8.47	0.45	2.17	29.85	0.28	0.000	0.07
	XY	8 cm 厚度气化粗渣	7.92	0.59	2.19	18.25	0.12	0.011	0.11
叶	WY	对照	3.19	0.18	2.15	15.78	0.19	0.000	0.19
	WY	5 cm 厚度粉煤灰	7.85	0.47	3.14	14.01	0.20	0.000	0.20
	WY	5 cm 厚度气化细渣	4.24	0.42	4.80	24.59	0.33	0.000	0.55
	XY	8 cm 厚度气化粗渣	5.14	1.02	5.14	30.13	0.87	0.000	0.22

注：XY 表示消防玉米种植基地；WY 表示王家玉米种植基地。

调查样点土壤重金属含量低于《土壤环境质量二级标准》(GB15618—1995)，但比对照土壤大幅度提高了 14% ~ 658%，平均高出 132%，少数土壤 Cd 含量接近《土壤环境质量二级标准》(GB15618—1995)。添加固体废物的样地，土壤重金属含量也大幅度增加，但仍然低于《食品安全国家标准》(GB-2762—2012)。

第 9 章　结论与展望

9.1　研究创新点

目前将水煤浆气化渣应用到土壤改良方面的研究比较少，还处于起步阶段，各项技术还不成熟。本书是以我区中西部地区煤气化工业生产中产生的大量固废水煤浆气化渣大量堆积尚无合理的开发利用途径为背景，利用水煤浆气化渣作为新的土壤改良材料，因地制宜以废治废，通过对风沙土的理化性质改良的室内试验和当地常种作物的生长响应开展研究。试验结果表明水煤浆气化渣可以作为风沙土改良的新材料，这为当地的水煤浆气化渣的批量化和资源化利用提供了可靠的理论支撑和事实依据。

9.2　结论

通过对内蒙古鄂尔多斯市乌审旗毛乌素沙地风沙土的改良试验，笔者从室内试验和大田种植试验两方面，探究了水煤浆气化渣作为土壤改良添加物在不同配比下对风沙土理化性质、保水性能和不同作物生长产量状况的改良效果，并得出以下结论。

（1）水煤浆气化渣对风沙土理化性质具有显著的改善作用

随着气化渣掺入比例的提高，显著降低了土壤容重和砂粒含量，显著提高了粉粒含量，而且黏粒含量也有所增加，毛管孔隙度也显著提高，优化了土壤孔隙结构，有效地减弱了风沙土的土壤渗透性，减缓了土壤水运移，提高了土壤保水性。气化渣按不同配比与风沙土混合之后，虽然有些土壤养分含量降低，但总体来看，对土壤养分含量的增长起了正向作用。

（2）水煤浆气化渣能够显著提高风沙土的保水性能

随着气化渣掺入量的增加，饱和含水量、毛管持水量和田间持水量均显著提高，并且与气化渣掺入量呈显著正相关；对风沙土水分特征参数的影响显著，水分特征曲线结果表明，气化渣的掺入能增大风沙土的有效水分含量，提高土壤持水性，即在相同水吸力下，随着气化渣掺入量的增大，土壤含水率也增大；在水平扩散率的试验中，气化渣能够优化土壤结构从而减弱风沙土中土壤水分运移。随着气化渣掺入量的增大，土壤水分扩散速率和单位时间内浸润峰距离都呈现减小的趋势，扩散率也随气化渣掺入量的增大而减小。

（3）水煤浆气化渣对作物的生长性状和产量都有不同程度的促进作用

通过大田试验研究气化渣对当地常见的 4 种农作物生长产量的改良效果发现，水煤浆气化渣对作物的生长性状和产量都有显著的促进作用，但程度有所不同。对于 4 种作物的生长环境，气化渣的掺入能显著增加 0 ~ 20 cm 土层的含水率，减少了土壤养分随水分的流失，再加上气化渣自身所含的营养元素也显著地提高了土壤养分含量，对作物的生长发育和提高产量起到了重要作用。

综合分析表明，水煤浆气化渣能够有效改善风沙土的理化性质，显著提高风沙土的保水性能，对供试的 4 种当地常种作物的生长发育和产量都有明显的促进作用，可以成为风沙土的一种新型土壤改良剂，可以为当地沙化区气化渣改良风沙土提供理论依据，也为当地的水煤浆气化渣利用提供了新思路，还可为其他地区的固废利用提供参考。

9.3 展望

本研究采用的是以当地产生的固体废弃物改良当地的风沙土的研究方案，获得了一系列具有理论价值的结论，为水煤浆气化渣在风沙土中的施用提供了理论依据。但是由于时间、人力、环境等各种因素的限制，使得很多测试指标都局限于室内复合土和研究区内的风沙土，由此得出的数据与结论难免会产生一定的波动性和局限性。由于书中所研究的内容涉及我国固废利用和土壤改良两大领域，并且该研究在国内正处于起步阶段，更因为不同地区的风沙土性质和不同地区不同批次的水煤浆气化渣性质的千差万别，使得二者的综合利用与治理存在很多问题。对于二者相互混合产生的作用条件、过程和机理都有很多可变因素，因此在利用水煤浆气化渣改良土壤之前，要对所用水煤浆气化渣和土壤进行全面分析，制定出合理有效的研究试验方案。

由于本次试验的研究时间较短，大田试验设计也比较单一，很多方面和指标都需要进一步深入研究，可以从以下几个方面进行深入研究：①水煤浆气化渣对土壤改良是否长期有效；②多次施用是否会造成重金属积累；③重金属的迁移是否会对土壤和作物造成潜在危害；④能否应用于其他问题土壤，改良效果如何等。

参 考 文 献

白壮壮，崔建新 . 2019. 近 2000a 毛乌素沙地沙漠化及成因 [J]. 中国沙漠，39(2)：177–185.

鲍超，凌琪，伍昌年，等 . 2016. 改性煤气化灰渣吸附重金属离子的研究 [J]. 应用化工，45(4)：630–633.

曹诗瑜，郭全恩，车宗贤，等 . 2016. 磷石膏改良剂对土壤水分扩散率的影响 [J]. 干旱区研究，33(3)：506–510.

曾健，费良军，陈琳，杨扬 . 2018. 添加 γ – 聚谷氨酸对土壤结构及持水特性的影响 [J]. 水土保持学报，32(1)：217–224.

晁岳建，王洪记 . 2015. 循环流化床锅炉掺烧气化渣和煤泥的可行性研究 [J]. 化肥工业，42(3)：48–50.

程东娟，齐鸣，刘淙琮 . 2020. 秸秆还田量对土壤持水性质影响的室内试验研究 [J]. 节水灌溉 (9)：30–32+38.

代镇，李伟，韩娟，温晓霞 . 2019. 生物炭对塿土持水能力的影响 [J]. 干旱地区农业研究，37(6)：265–273.

邓海，吴德礼，李灵，李勇 . 2016. 气化炉粗渣资源化利用技术探讨 [J]. 氮肥技术，37(6)：18–19+25.

丁奠元，赵英，方圆，冯浩 . 2018. 活性炭对农田土壤孔隙结构的影响 [J]. 干旱地区农业研究，36(1)：36–42.

董永波 . 2018. 水煤浆气化细渣碳资源回收及循环利用 [J]. 氮肥技术，39(3)：25–26+35.

费超，张士荣，梁斌，等 . 2018. 不同种植年限设施菜地土壤微生物量磷变化特征及相关性分析 [J]. 华北农学报，33(1)：195–202.

高旭霞，郭晓镭，龚欣 . 2009. 气流床煤气化渣的特征 [J]. 华东理工大学学报（自然科学版），35(5)：677–683.

葛顺峰，彭玲，任饴华，姜远茂 . 2014. 秸秆和生物质炭对苹果园土壤容重、阳离子交换量和氮素利用的影响 [J]. 中国农业科学，47(2)：366–373.

顾惠敏，陈波浪，王庆惠 . 2019. 施磷对不同质地棉田土壤磷素有效性及磷肥利用率的影响 [J]. 中国土壤与肥料 (3)：100–108.

韩雪莹，杨光，秦富仓，等 . 2019. 毛乌素沙地近 30a 沙漠化土地时空动态演变格局 [J]. 水土保持研究，26(5)：144–150+157.

何莉莉，黄佳佳，刘玉学，等 . 2020. 猪粪炭对茶园土壤硝化过程及微生物酶活性的影响 [J]. 农业环境科学学报，39(12)：2824–2832.

胡攀，张以河，周风山，等 . 2016. 工业固废土壤改良及新型矿物复合肥研究进展 [A]// 全国矿物科学与工程学术研讨会摘要集 .

胡文豪，张建波，李少鹏，等 . 2019. 煤气化渣制备聚合氯化铝工艺研究 [J]. 洁净煤技术，25(1)：154–159.

胡永宁，王林和，张国盛，等 . 2013. 毛乌素沙地 1969 ~ 2009 年主要气候因子时间序列小波分析 [J]. 中国沙漠，33(2)：390–395.

黄安，杨联安，杜挺，等 . 2014. 基于主成分分析的土壤养分综合评价 [J]. 干旱区研究，31(5)：819–825.

黄国勤，杨滨娟，王淑彬，等 . 2015. 稻田实行保护性耕作对水稻产量、土壤理化及生物学性状的影响 [J]. 生态学报，35(4)：1225–1234.

江胜国 . 2019. 国内土壤容重测定方法综述 [J]. 湖北农业科学，58(S2)：82–86+91.

居萍，李良俊，李丽 . 2018. 不同植被类型土壤氮素对侵蚀环境的响应 [J]. 水土保持研究，25(6)：1–6.

李彬楠，樊贵盛 . 2018. 土壤水分特征曲线 Van–Genuchten 模型参数的土壤传输函数比选 [J]. 中国农村水利水电 (5)：33–36.

李争争，屈忠义，王丽萍，等 . 2020. 絮凝黄河泥沙复配生物炭对盐碱土水盐运移及水力特征参数影响 [J]. 水土保持学报，34(3)：326-331.
梁官考，李维 . 2018. 内蒙古现代煤化工产业发展现状及趋势分析 [J]. 中国煤炭，44(7)：15-20.
林玉锁，等 . 2018. 土壤环境质量标准（GB/T 15618-2018）[S]. 生态环境部，国家市场监督管理总局，北京 .
凌琪，鲍超，伍昌年，等 . 2016. 改性煤气化灰渣调理污泥脱水性能研究 [J]. 安徽建筑大学学报，24(3)：50-53.
刘刚，王光彪，章明洪，等 . 2019. 肥料中砷、镉、铅、铬、汞、生态指标（GB/T 23349-2000）[S]. 中华人民共和国国家质量监督检验检疫总局，北京 .
刘建明 . 2020. 工业固废用于农业土壤修复改良的三大技术体系及案例分享 [A]// 京津冀及周边地区工业固废综合利用高层论坛论文集 .
刘开平，赵红艳，李祖仲，等 . 2017. 煤气化渣对水泥混凝土性能的影响 [J]. 建筑科学与工程学报，34(5)：190-195.
刘新平，张铜会，何玉惠，等 . 2008. 不同粒径沙土水分扩散率 [J]. 干旱区地理 (2)：249-253.
刘玉环，闫治斌，王学，等 . 2018. 功能型土壤改良剂对灰棕荒漠土的改良效果 [J]. 土壤通报，49(1)：150-158.
牛庚，邵龙潭，孙德安，等 . 2020. 土 - 水特征曲线测量过程中孔隙分布的演化规律探讨 [J]. 岩土力学，41(4)：1195-1202.
潘金华，庄舜尧，曹志洪，等 . 2016. 生物炭添加对皖南旱地土壤物理性质及水分特征的影响 [J]. 土壤通报，47(2)：320-326.
潘攀，刘贝贝，吴琳 . 蚯蚓粪、生物炭和海泡石对酸性土壤改良和镉铅风险控制的对比研究 [A]// 第十届重金属污染防治技术及风险评价研讨会论文集 .
全思懋，管晓进，王绪奎，胡锋 . 2019. 江苏省域农田土壤速效钾含量变化及其影响因子研究 [J]. 土壤，51(2)：257-262.
商晓甫，游洋洋，周金倩，等 . 2016. 煤气化渣利用技术研究现状及应用趋势浅析 [A]. 中国环境科学学会 . 中国环境科学学会学术年会论文集 . 第三卷 . 823-826.
史兆臣，戴高峰，王学斌，等 . 2020. 煤气化细渣的资源化综合利用技术研究进展 [J]. 华电技术，42(7)：63-73.
帅航，尹洪峰，袁蝴蝶，陈金学 . 2015. 煤气化炉渣的高温物相组成演变与黏温特性 [J]. 煤炭转化，38(3)：44-48.
宋玉春 . 2017. 现代煤化工：探索“黑色产业绿色发展、高碳产业低碳发展”新路：2017(第六届)中国国际煤化工发展论坛综述 [J]. 中国石化 (10)：37-40.
宋玉春 . 2018. 继续把科技创新摆在煤化工行业发展全局的核心位置：2018（第七届）中国国际煤化工发展论坛综述 [J]. 中国石化 (11)：42-45.
苏志珠，刘蓉，梁爱民，等 . 2018. 晋西北沙化土地土壤机械组成与有机质的初步研究 [J]. 水土保持研究，25(6)：61-67.
唐琨，朱伟文，周文新，等 . 2013. 土壤 pH 对植物生长发育影响的研究进展 [J]. 作物研究，27(2)：207-212.
滕云，张忠学，司振江，等 . 2017. 振动深松耕作对不同类型土壤水分特征曲线影响研究 [J]. 灌溉排水学报，36(5)：52-58.
汪言在，苏正安，周明华 . 2020. 北方农牧交错带表层土壤孔隙度特征及其影响因素 [J]. 草业科学，37(7)：1249-1258.
王波，罗婷，匀曦，等 . 2021. 碱活化载镁橘皮生物炭除磷后对土壤的改良作用 [J]. 农业环境科学学报，40(1)：155-162.
王军龙，胡鹏刚，杨冰凌，朱建宏 . 2018. 煤矸石和气化渣在水泥生料配料中的应用及比较 [J]. 水泥 (4)：23-25.
王丽丽，甄庆，王颖，等 . 2018. 晋陕蒙矿区排土场不同改良模式下土壤养分效应研究 [J]. 土壤学报，55(6)：1525-1533.
王睿垠，魏永霞，刘慧，等 . 2018. 生物炭对东北草甸黑土水分运动参数的影响 [J]. 农业机械学报，49(7)：186-194.
王伟，傅臣家，李光永，曾德超 . 2011. 水质对土壤水分扩散率的影响 [J]. 山东农业大学学报(自然科学版)，

42(4)：627–631+640.
王幼奇，包维斌，白一茹，等 . 2020. 生物炭对黑垆土土壤水分运移特征参数影响 [J]. 排灌机械工程学报，38(3)：292–297.
王湛，李银坤，徐志刚，等 . 2019. 生物质炭对土壤理化性状及氮素转化影响的研究进展 [J]. 土壤，51(5)：835–842.
王珍，冯浩，吴淑芳 . 2011. 秸秆不同还田方式对土壤低吸力段持水能力及蒸发特性的影响 [J]. 土壤学报，48(3)：533–539.
王珍，冯浩 . 2010. 秸秆不同还田方式对土壤入渗特性及持水能力的影响 [J]. 农业工程学报，26(4)：75–80.
王志，彭茹燕，王蕾，刘连友 . 2006. 毛乌素沙地南缘改良与利用风沙土性质研究 [J]. 水土保持学报 (2)：14–16+21.
魏飒，任树梅 . 2007. 承德围场地区土壤水分扩散率的研究 [J]. 中国农村水利水电 (1)：55–56+61.
魏永霞，王鹤，吴昱，刘慧 . 2019. 生物炭对不同坡度坡耕地土壤水动力学参数的影响 [J]. 农业机械学报，50(3)：231–240.
魏永霞，王鹤，肖敬萍，刘慧 . 2020. 生物炭对黑土区土壤水分扩散与溶质弥散持续效应研究 [J]. 农业机械学报，51(4)：308–319.
文东光，孙继朝，何江涛，等 . 2017. 地下水质量标准（GB/T 14848–2017）[S]. 中华人民共和国国家质量监督检验检疫总局，北京 .
吴克宁，赵瑞 . 2019. 土壤质地分类及其在我国应用探讨 [J]. 土壤学报，56(1)：227–241.
伍海兵，李爱平，方海兰，郝冠军 . 2015. 绿地土壤孔隙度检测方法及其对土壤肥力评价的重要性 [J]. 浙江农林大学学报，32(1)：98–103.
武琳，郑永红，张治国，等 . 2020. 粉煤灰用作土壤改良剂的养分和污染风险评价 [J]. 环境科学与技术，43(9)：219–227.
肖占文，闫治斌，王学，等 . 2017. 有机碳土壤改良剂对风沙土改土效应的影响 [J]. 水土保持通报，37(3)：35–42.
辛景树，等 . 2012. 土壤检测（NY/T 1121–2012）[S]. 中华人民共和国农业部，北京 .
徐怡婷，柴晓利 . 2016. 铁负载煤气化渣基活性炭非均相 Fenton 体系降解甲基橙染料废水的工艺优化及其机理研究 [J]. 山东化工，45(22)：159–164.
许继飞，康振中，赵吉，等 . 2017. 煤基固废与牲畜粪便固态发酵基质改良沙土的研究 [J]. 环境科学与技术，40(7)：160–166.
闫峰，吴波 . 2013. 近 40a 毛乌素沙地荒漠化过程研究 [J]. 干旱区地理，36(6)：987–996.
杨红，杜辉，陶雪娟，朱玉英 . 2013. 基于 VG 模型的生物有机肥对土壤水分特性的影响 [J]. 华中农业大学学报，32(5)：66–71.
杨帅，石立军 . 2013. 煤气化细渣组分分析及其综合利用探讨 [J]. 煤化工，41(4)：29–31+38.
姚晶晶，冯象千，肖贺，等 . 2021. 不同固废及其处理产物对黄骅港盐碱土的改良效果 [J/OL]. 南京林业大学学报(自然科学版)，1–9[2021–03–18]. http: //kns.cnki.net/k cms/detail/32.1161.s.20200925.0859.002.html.
姚淑霞，赵传成，张铜会，等 . 2014. 科尔沁沙地不同生境土壤水分扩散率 [J]. 生态学杂志，33(4)：867–873.
姚淑霞，赵传成，张铜会 . 2014. 科尔沁沙地土壤水分扩散率比较研究 [J]. 土壤通报，45(3)：595–600.
袁蝴蝶，尹洪峰，汤云，等 . 2017. Texaco 气化炉渣制备硅酸盐水泥的研究 [J]. 硅酸盐通报，36(9)：3053–3056.
张旭，章国权，杨炳飞 . 2020. 天然多孔矿物材料在土壤改良和土壤环境修复中的应用及研究进展 [J]. 中国土壤与肥料 (4)：223–230.
章丽萍，温晓东，史云天，等 . 2015. 煤间接液化灰渣制备免烧砖研究 [J]. 中国矿业大学学报，44(2)：354–358.
赵丽云 . 2018. 内蒙古环境规制对能源效率的影响研究 [D]. 呼和浩特：内蒙古财经大学 .
赵亮，唐泽军，刘芳 . 2009. 粉煤灰改良沙质土壤水分物理性质的室内试验 [J]. 环境科学学报，29(9)：1951–1957.
赵永彬，吴辉，蔡晓亮，等 . 2015. 煤气化残渣的基本特性研究 [J]. 洁净煤技术，21(3)：110–113+74.

中华环保联合会固危废治理专业委员会 . 中国大宗工业固体废弃物综合利用产业发展报告 [R]. 2016 ~ 2019.
周昊，郭娇娇，何绪文，等 . 2018. 煤矿区固废改良土壤对植物生长的影响 [J]. 煤炭技术，37(3)：23-25.
周磊 . 2019. 改性膨润土对科尔沁沙地土壤改良效应及机制研究 [D]. 呼和浩特：内蒙古农业大学 .
朱瑜，张卓栋，刘畅，张欣 . 2018. 激光粒度仪与吸管法测定土壤机械组成的比较研究——以不同退化程度栗钙土为例 [J]. 水土保持研究，25(3)：62-67+204.
Chemicals and Chemistry - Catalysis Research; New Catalysis Research Study Findings Reported from Taiyuan University of Technology (Characteristics of Vanadium-Based Coal Gasification Slag and the NH3-Selective Catalytic Reduction of NO)[J]. Energy Weekly News. 2018,
Dandan Zhu, Shiding Miao, Bing Xue, et al. 2019. Effect of Coal Gasification Fine Slag on the Physicochemical Properties of Soil[J]. Water, Air, & Soil Pollution, 230(7): 1-11.
Daniel Schwitalla, Markus Reinmöller, Clemens Forman, et al. 2018. Ash and slag properties for co-gasification of sewage sludge and coal: An experimentally validated modeling approach[J]. Fuel Processing Technology, 175: 1-9.
Environmental Pollution; New Environmental Pollution Findings from Jilin University Described (Using Chemical Experiments and Plant Uptake To Prove the Feasibility and Stability of Coal Gasification Fine Slag As Silicon Fertilizer) [J]. Ecology, Environment & Conservation, 2019.
Fuel Research; Investigators at Nanyang Technological University Discuss Findings in Fuel Research (Nickel-based Catalysts for Steam Reforming of Naphthalene Utilizing Gasification Slag From Municipal Solid Waste As a Support) [J]. Energy Weekly News. 2019.
GB 15618—1995，土壤环境质量标准 [S].
GB/T 14848—1993，地下水质量标准 [S].
GB/T 23349—2009，肥料中砷、镉、铅、铬、汞生态指标 [S].
Han Fang, Gao Yanchun, Huo Qihuang, et al. 2018. Characteristics of vanadium-based coal gasification slag and the NH_3-selective catalytic reduction of NO [J]. Catalysts, 8(8)：327.
Mónica Aineto, Anselmo Acosta, Isabel Iglesias. 2006. The role of a coal gasification fly ash as clay additive in building ceramic[J]. Journal of the European Ceramic Society, 26(16): 3783-3787.
NY/T 1121-2006-2012，土壤检测 [S].
Teoh Florence, Veksha Andrei, Chia Victor W K, et al. 2019. Nickel-based catalysts for steam reforming of naphthalene utilizing gasification slag from municipal solid waste as a support [J]. Fuel, 254：115561.
Yuchi Chen, Xian Zhou, Sha Wan, et al. 2019. Synthesis and characterization of geopolymer composites based on gasification coal fly ash and steel slag[J]. Construction and Building Materials, 211: 646-658.
Zhao Shenwei, Yao Linying. He Haibin, et al. 2019. Preparation and environmental toxicity of non-sintered ceramsite using coal gasification coarse slag[J]. Archives of Environmental Protection, 45(2): 84-90.
Zhu Dandan, Xue Bing, Jiang Yinshan, et al. 2019. Using chemical experiments and plant uptake to prove the feasibility and stability of coal gasification fine slag as silicon fertilizer [J]. Environmental Science and Pollution Research, 26(6)：525-533.